卓越工程技术人才培养特色教材

大学基础物理学
学习指导

主　编　杨建华　成鸣飞

副主编　周　玲　彭　菊

编　委　（按姓氏笔画为序）

王　全　成鸣飞　朱　敏　仲志强　孙锦如

李　颂　杨建华　沐仁旺　张　平　罗礼进

周　玲　姚　力　秦玉明　徐　讯　彭　菊

葛一兵　韩良恺　谭志中　潘俊饶

江苏大学出版社
JIANGSU UNIVERSITY PRESS

镇　江

图书在版编目(CIP)数据

大学基础物理学学习指导 / 杨建华，成鸣飞主编
．—镇江：江苏大学出版社，2014.2(2023.3 重印)
ISBN 978-7-81130-695-8

Ⅰ．①大… Ⅱ．①杨… ②成… Ⅲ．①物理学－高等学校－教学参考资料 Ⅳ．①O4

中国版本图书馆 CIP 数据核字(2014)第 035134 号

大学基础物理学学习指导

主　　编/杨建华　成鸣飞
责任编辑/吴昌兴
出版发行/江苏大学出版社
地　　址/江苏省镇江市京口区学府路 301 号(邮编：212013)
电　　话/0511-84446464(传真)
网　　址/http://press.ujs.edu.cn
排　　版/镇江文苑制版印刷有限责任公司
印　　刷/广东虎彩云印刷有限公司
开　　本/718 mm×1 000 mm　1/16
印　　张/18
字　　数/335 千字
版　　次/2014 年 2 月第 1 版
印　　次/2023 年 3 月第 5 次印刷
书　　号/ISBN 978-7-81130-695-8
定　　价/40.00 元

江苏省卓越工程技术人才培养特色教材建设

指导委员会

序

深化高等工程教育改革、提高工程技术人才培养质量，是增强自主创新能力、促进经济转型升级、全面提升地区竞争力的迫切要求. 近年来，江苏高等工程教育飞速发展，全省 46 所普通本科院校中开设工学专业的学校有 45 所，工学专业在校生约占全省普通本科院校在校生总数的 40%，为“十一五”末江苏成功跻身全国第一工业大省做出了积极贡献.

“十二五”时期是江苏加快经济转型升级、发展创新型经济、全面建设更高水平小康社会的关键阶段. 教育部“卓越工程师教育培养计划”启动实施以来，江苏认真贯彻教育部文件精神，结合地方高等教育实际，着力优化高等工程教育体系，深化高等工程教学改革，努力培养造就一大批创新能力强、适应江苏社会经济发展需要的卓越工程技术后备人才.

教材建设是人才培养的基础工作和重要抓手. 培养高素质的工程技术人才，需要遵循工程技术教育规律，建设一套理念先进、针对性强、富有特色的优秀教材. 随着知识社会和信息时代的到来，知识综合、学科交叉趋势增强，教学的开放性与多样性更加突出，加之图书出版行业体制机制也发生了深刻变化，迫切需要教育行政部门、高等学校、行业企业、出版部门和社会各界通力合作，协同作战，在新一轮高等工程教育改革发展中抢占制高点.

2010年以来，江苏大学出版社积极开展市场分析和行业调研，先后多次组织全省相关高校专家、企业代表就应用型本科人才培养和教材建设工作进行深入研讨.经各方充分协商，拟定了“江苏省卓越工程技术人才培养特色教材”开发建设的实施意见，明确了教材开发总体思路，确立了编写原则：

一是注重定位准确，科学区分.教材应符合相应高等工程教育的办学定位和人才培养目标，恰当把握与研究型工程人才、设计型工程人才及技能型工程人才的区分度，增强教材的针对性.

二是注重理念先进，贴近业界.吸收先进的学术研究与技术成果，适应经济转型升级需求，适应社会用人单位管理、技术革新的需要，具有较强的领先性.

三是注重三位一体，能力为重.紧扣人才培养的知识、能力、素质要求，着力培养学生的工程职业道德和人文科学素养、创新意识和工程实践能力、国际视野和沟通协作能力.

四是注重应用为本，强化实践.充分体现用人单位对教学内容、教学实践设计、工艺流程的要求以及对人才综合素质的要求，着力解决以往教材中应用性缺失、实践环节薄弱、与用人单位要求脱节等问题，将学生创新教育、创业实践与社会需求充分衔接起来.

五是注重紧扣主线，整体优化.把培养学生工程技术能力作为主线，系统考虑、整体构建教材体系和特色，包括合理设置课件、习题库、实践课题以及在教学、实践环节中合理设置基础、拓展、复合应用之间的比例结构等.

该套教材组建了阵容强大的编写专家及审稿专家队伍,汇集了国家教学指导委员会委员、学科带头人、教学一线名师、人力资源专家、大型企业高级工程师等.编写和审稿队伍主要由长期从事教育教学改革实践工作的资深教师、对工程技术人才培养研究颇有建树的教育管理专家组成.在编写、审定教材时,他们紧扣指导思想和编写原则,深入探讨、科学创新、严谨细致、字斟句酌,倾注了大量的心血,为教材质量提供了重要保障.

该套教材在课程设置上基本涵盖了卓越工程技术人才培养所涉及的有关专业的公共基础课、专业公共课、专业课、专业特色课等;在编写出版上采取突出重点、以点带面、有序推进的策略,成熟一本出版一本.希望大家在教材的编写和使用过程中,积极提出意见和建议,集思广益,不断改进,以期经过不懈努力,形成一套参与度与认可度高、覆盖面广、特色鲜明、有强大生命力的优秀教材.

江苏省教育厅副厅长 丁晓昌

2012年8月

前　　言

《大学基础物理学学习指导》是江苏省卓越工程技术人才培养特色教材《大学基础物理学》(江苏大学出版社)的辅助教材,旨在加强学生对相关物理内容学习方法的指导。本辅助教材依据《大学基础物理学》教材的内容安排顺序,对每章内容分"学习基本要求"、"基本定律和基本方法"、"问题与讨论"、"典型例题分析"、"本章自测"五个环节加以整理,力求通过对教材重、难点内容的系统分析和强化训练,帮助学习者理解和掌握教材的重、难点内容,实现学习者课后自主学习和课堂学习的相互促进。

本指导书由南通大学理学院牵头组织编写,其中上篇第1,2章和下篇第1,2,3章主要由彭菊编写;上篇第7,9章和下篇第7,11,12章主要由成鸣飞编写;上篇第3,4,5,6章和下篇第4,5,6章主要由周玲编写;上篇第8章和下篇第8,9,10,13,14章主要由杨建华编写。沐仁旺教授审阅了全书并提出了许多宝贵意见,江苏大学、扬州大学、江苏科技大学、常熟理工学院和南通大学的一些大学物理老师参与了部分编写工作。

江苏大学出版社吴昌兴编辑为本书的顺利出版付出了辛勤劳动,编者在此表示衷心的感谢,同时对于所有给予我们帮助的前辈和学生谨致以诚挚的谢意。

由于编者水平有限,书中难免有不妥甚至错误之处,敬请读者批评指正,我们将在此基础上不断完善。

编　者

2014年1月于南川园

目 录

上 篇

下　篇

上篇

大学基础物理学

学习指导

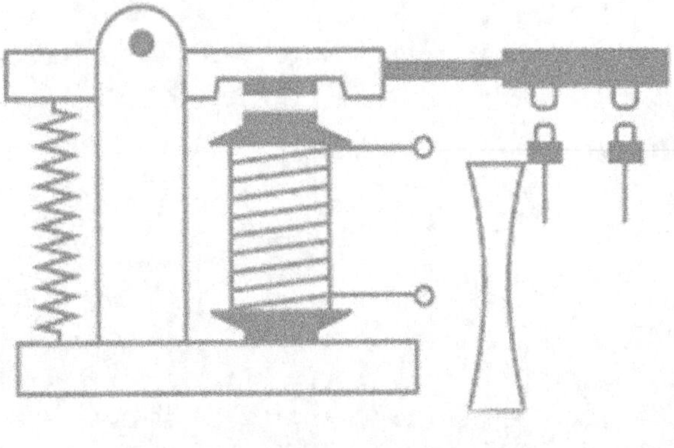

第1章

质点运动学

学习基本要求

(1) 了解描述运动的三个必要条件:参考系(坐标系),物理模型(质点、刚体),初始条件.

(2) 掌握描述质点运动及运动变化的四个物理量——位置矢量、位移、速度、加速度.理解这些物理量的矢量性、瞬时性和相对性.

(3) 掌握质点运动学两类问题:用微分方法由已知的运动学方程求速度、加速度;用积分的方法由已知质点的速度或加速度求质点的运动学方程.

(4) 掌握曲线运动的自然坐标表示法.能计算质点在平面内运动时的速度和加速度,以及质点做圆周运动时的角速度、角加速度、切向加速度和法向加速度.

基本定律和基本方法

1. 描述质点运动的基本物理量

(1) 位矢

$$\boldsymbol{r}=x\boldsymbol{i}+y\boldsymbol{j}+z\boldsymbol{k}. \tag{1-1}$$

大小

$$r=|\boldsymbol{r}|=\sqrt{x^2+y^2+z^2}. \tag{1-2}$$

方向

$$\cos\alpha=\frac{x}{r},\ \cos\beta=\frac{y}{r},\ \cos\gamma=\frac{z}{r}. \tag{1-3}$$

(2) 位移

$$\Delta\boldsymbol{r}=\boldsymbol{r}_2-\boldsymbol{r}_1. \tag{1-4}$$

(3) 运动方程

$$\boldsymbol{r}=\boldsymbol{r}(t). \tag{1-5}$$

(4) 速度

$$\boldsymbol{v}=\frac{\mathrm{d}\boldsymbol{r}}{\mathrm{d}t}=\frac{\mathrm{d}x}{\mathrm{d}t}\boldsymbol{i}+\frac{\mathrm{d}y}{\mathrm{d}t}\boldsymbol{j}+\frac{\mathrm{d}z}{\mathrm{d}t}\boldsymbol{k}=v_x\boldsymbol{i}+v_y\boldsymbol{j}+v_z\boldsymbol{k}. \tag{1-6}$$

(5) 加速度

$$\boldsymbol{a}=\frac{\mathrm{d}\boldsymbol{v}}{\mathrm{d}t}=\frac{\mathrm{d}^2\boldsymbol{r}}{\mathrm{d}t^2}. \tag{1-7}$$

2. 平面自然坐标系中的加速度

$$\boldsymbol{a}=\boldsymbol{a}_{\mathrm{t}}+\boldsymbol{a}_{\mathrm{n}}=\frac{\mathrm{d}v}{\mathrm{d}t}\boldsymbol{e}_{\mathrm{t}}+\frac{v^2}{R}\boldsymbol{e}_{\mathrm{n}}. \tag{1-8}$$

(1) 切向加速度

$$a_{\mathrm{t}}=\frac{\mathrm{d}v}{\mathrm{d}t}. \tag{1-9}$$

切向加速度反映了速度大小的改变.

(2) 法向加速度

$$a_{\mathrm{n}}=\frac{v^2}{R}. \tag{1-10}$$

法向加速度反映了速度方向的改变.

3. 圆周运动的角量表示

(1) 角位置,一般以逆时针转动的 θ 为正,顺时针转动的 θ 为负.

(2) 角位移

$$\Delta\theta=\theta_B-\theta_A. \tag{1-11}$$

(3) 角速度

$$\omega=\frac{\mathrm{d}\theta}{\mathrm{d}t}. \tag{1-12}$$

(4) 角加速度

$$\alpha=\frac{\mathrm{d}^2\theta}{\mathrm{d}t^2}=\frac{\mathrm{d}\omega}{\mathrm{d}t}. \tag{1-13}$$

角量表示的运动方程

$$\theta=\theta(t).$$

(5) 角量和线量的关系:

ω 与 v 之间的关系

$$v=R\omega. \tag{1-14}$$

α 与 a 之间的关系

$$a_{\mathrm{t}}=R\alpha, \tag{1-15}$$

$$a_{\mathrm{n}}=R\omega^2. \tag{1-16}$$

问题与讨论

问题 1 在曲线运动中，$|\Delta \boldsymbol{r}|$与 Δr 是否相同？$|\Delta \boldsymbol{v}|$与 Δv 是否相同？$\frac{\mathrm{d}\boldsymbol{r}}{\mathrm{d}t}$与$\frac{\mathrm{d}r}{\mathrm{d}t}$有何区别？$\frac{\mathrm{d}\boldsymbol{v}}{\mathrm{d}t}$和$\frac{\mathrm{d}v}{\mathrm{d}t}$有何区别？请举例说明.

答 (1) $|\Delta \boldsymbol{r}|$与$\Delta \boldsymbol{r}$不相同，$\Delta \boldsymbol{r}$是两矢量之差，即

$$\Delta \boldsymbol{r}=\boldsymbol{r}_2-\boldsymbol{r}_1,$$

模表示它的大小，而 Δr 是两个矢量的大小之差，即

$$\Delta r=|\boldsymbol{r}_2|-|\boldsymbol{r}_1|,$$

由图 1-1a 标注可见，两者是不同的概念.

(2) 同上题分析，可知$|\Delta \boldsymbol{v}|$与 Δv 也不相同，由图 1-1b 可见.

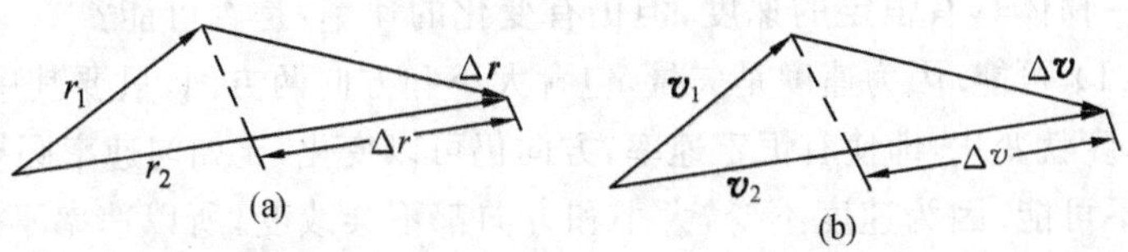

图 1-1

(3) $\frac{\mathrm{d}\boldsymbol{r}}{\mathrm{d}t}$是表示质点运动的速度，是矢量，有大小和方向；而$\frac{\mathrm{d}r}{\mathrm{d}t}$是矢径大小的变化率，只有大小.

(4) $\frac{\mathrm{d}\boldsymbol{v}}{\mathrm{d}t}=\boldsymbol{a}$ 是质点运动的总加速度，表示速度大小和方向的改变率；而$\frac{\mathrm{d}v}{\mathrm{d}t}=a_{\mathrm{t}}$ 仅仅是质点运动的切向加速度，只反映出速度大小的改变率.

问题 2 一质点做抛体运动(忽略空气阻力)，质点在运动过程中(见图 1-2)，请回答下列问题.

(1) $\frac{\mathrm{d}v}{\mathrm{d}t}$是否变化？

(2) $\frac{\mathrm{d}\boldsymbol{v}}{\mathrm{d}t}$是否变化？

(3) 法向加速度是否变化？

(4) 轨道何处曲率半径最大？其数值是多少？

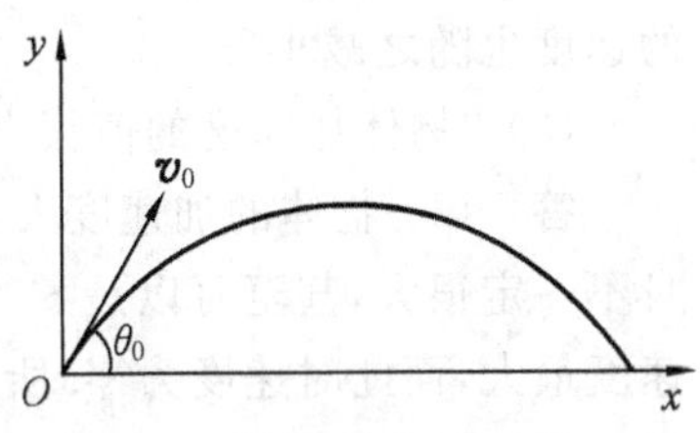

图 1-2

答 (1) $\frac{\mathrm{d}v}{\mathrm{d}t}$是指切向加速度的大小，已知抛体的总加速度 $\boldsymbol{a}=\boldsymbol{g}$，而物体是在一条曲线上运动，其曲线方向不断改变，即 θ 在不断地改变，所以切向加速度

的大小也不断地变化.

(2) $\frac{d\boldsymbol{v}}{dt}$是指总的加速度,是重力加速度 $\boldsymbol{g}$,所以不变.

(3) 法向加速度变化,法向加速度

$$a_n=\frac{v^2}{\rho}=g\cos\theta.$$

(4) 在轨道起点和终点 a_n 值最小,$v=v_0$ 值最大. 在最高点 a_n 值最大,$v=v_0\cos\theta$ 最小. 因此在起点和终点曲率半径的值一定最大,在最高点值最小. 最大值为

$$\rho=\frac{v^2}{a_n}=\frac{v_0^2}{g\cos\theta_0}$$

问题 3 (1) 一物体具有恒定的速率,但仍有变化的速度,是否可能?

(2) 一物体具有恒定的速度,但仍有变化的速率,是否可能?

答 (1) 可能. 因为速度是矢量,包含大小和方向两方面,只要其中一方面发生变化,速度就变化,即使有恒定速率,方向仍可以变化,比如匀速率圆周运动.

(2) 不可能. 因为速度不变,大小和方向都不会改变,所以速率不会变化.

问题 4 "瞬时速度就是很短时间内的平均速度"这一说法是否正确? 能否按照瞬时速度的定义通过实验测量瞬时速度?

答 这一说法不正确. 瞬时速度是某一时刻的速度,而很短时间仍然是一段时间. 但如果时间间隔取得很短,平均速度将非常接近于瞬时速度,因此实验上经常把很短时间内的平均速度近似当作瞬时速度.

问题 5 分析以下 3 种说法是否正确:

(1) "运动物体的加速度越大,物体的速度也越大".

(2) "物体在直线上向前运动时,若物体向前的加速度减小了,则物体前进的速度也随之减小".

(3) "物体加速度的值很大,而物体速度的值可以不变,这是不可能的".

答 (1) 物体的加速度大,说明物体运动速度的变化率大,但运动的速度本身不一定很大,甚至可以是零,比如弹簧振子在运动的过程中,于最大位移处加速度最大,而此时速度为零. 所以说法(1)是错误的.

(2) 物体做直线运动时,向前的加速度在减小,说明此时物体运动的速度的变化率在减小,也就是单位时间内,速度的增加量在变小,但速度本身仍然是在增加的,只不过增加得慢了. 所以说法(2)是错误的.

(3) 物体加速度的值很大,而物体速度的值不变是可以的. 因为速度的值不变意味着速度的大小不变,这是一个匀速率的运动,但此时它的方向是可以改变的,方向的改变同样可以带来很大的加速度. 所以说法(3)是错误的.

典型例题分析

例 1 一质点在平面 xOy 内运动，运动方程为 $\boldsymbol{r}=2t\boldsymbol{i}+(2-t^2)\boldsymbol{j}$，式中 x，y 的单位为 m，t 的单位为 s.

(1) 计算并画出质点的运动轨道.

(2) 写出 $t=1$ s 和 $t=2$ s 时刻质点的位置矢量，并计算这 1 s 内质点的平均速度.

(3) 计算 1 s 末和 2 s 末质点的瞬时速度和加速度.

解 (1) 质点的运动方程. 在参数方程中约掉参数即可得到

$$\begin{cases}x=2t,\\y=2-t^2,\end{cases}$$

即 $y=2-\dfrac{x^2}{4}$，这是一条抛物线(见图 1-3).

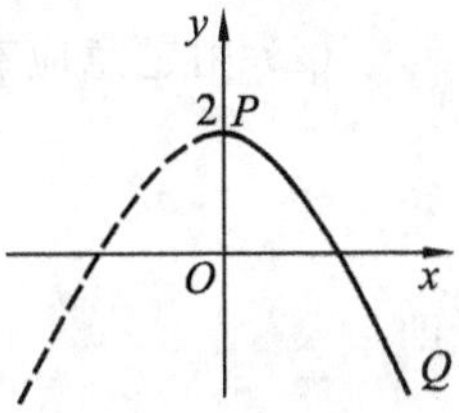

图 1-3

(2) 求位置矢量，只要直接代入时间即可.

$t=1$ s 时，$\boldsymbol{r}_1=2\boldsymbol{i}+\boldsymbol{j}$；

$t=2$ s 时，$\boldsymbol{r}_2=4\boldsymbol{i}-2\boldsymbol{j}$.

平均速度

$$\boldsymbol{v}=\frac{\boldsymbol{r}_2-\boldsymbol{r}_1}{\Delta t}=2\boldsymbol{i}-3\boldsymbol{j},$$

大小为 3.61 m/s，方向与 x 轴成 $-56.31°$ 角.

(3) 速度是位矢的一阶导数，加速度是位矢的两阶导数，所以，

$$\boldsymbol{v}=\frac{\mathrm{d}x}{\mathrm{d}t}\boldsymbol{i}+\frac{\mathrm{d}y}{\mathrm{d}t}\boldsymbol{j}=2\boldsymbol{i}-2t\boldsymbol{j},$$

$$\boldsymbol{a}=\frac{\mathrm{d}v_x}{\mathrm{d}t}\boldsymbol{i}+\frac{\mathrm{d}v_y}{\mathrm{d}t}\boldsymbol{j}=-2\boldsymbol{j}.$$

$t=1$ s 时，$\boldsymbol{v}=2\boldsymbol{i}-2\boldsymbol{j}$ 大小为 2.83 m/s，方向与 x 轴成 $-45°$ 角；

$t=2$ s 时，$\boldsymbol{v}=2\boldsymbol{i}-4\boldsymbol{j}$ 大小为 4.47 m/s，方向与 x 轴成 $-63.43°$ 角.

加速度 $\boldsymbol{a}=-2\boldsymbol{j}$ 大小为 2 $\mathrm{m/s^2}$，方向指向 y 轴负向.

例 2 一质点沿半径为 R 的圆周按规律 $s=v_0t-\dfrac{1}{2}bt^2$ 运动，式中 v_0，b 都是常数. 求：

(1) t 时刻质点的总加速度；

(2) t 为何值时总加速度在数值上等于 b？

解 (1)

$$v=\frac{\mathrm{d}s}{\mathrm{d}t}=v_0-bt,$$

$$a_t=\frac{dv}{dt}=-b,$$

$$a_n=\frac{v^2}{R}=\frac{(v_0-bt)^2}{R}.$$

则
$$a=\sqrt{a_t^2+a_n^2}=\sqrt{b^2+\frac{(v_0-bt)^4}{R^2}}.$$

加速度与半径的夹角为

$$\varphi=\arctan\frac{a_t}{a_n}=\arctan\frac{-Rb}{(v_0-bt)^2}.$$

(2) 由题意应有

$$a=b=\sqrt{b^2+\frac{(v_0-bt)^4}{R^2}},$$

即
$$b^2=b^2+\frac{(v_0-bt)^4}{R^2}\Rightarrow(v_0-bt)^4=0,$$

所以当 $t=\frac{v_0}{b}$ 时，$a=b$.

例 3 湖中有一小船岸边有人用绳子跨过一高处的滑轮拉船，如图 1-4 所示. 当人拉绳的速度大小为 u 时，问：

(1) 船的运动速度 v(沿水平方向)比 u 大还是小?

(2) 如果保持绳的速度 u 不变，求小船向岸边移动的加速度.

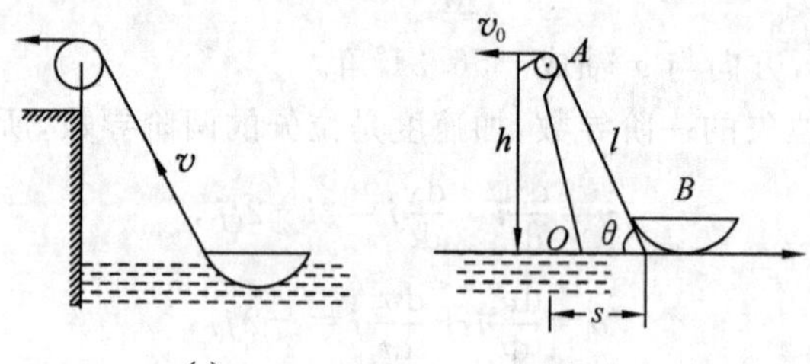

图 1-4

解 (1) 设人到船之间绳的长度为 l，此时绳与水面成 θ 角，由图 1-4 可知

$$l^2=h^2+s^2.$$

将上式对时间 t 求导，得

$$2l\frac{dl}{dt}=2s\frac{ds}{dt}.$$

根据速度的定义，并注意到 l,s 是随 t 减少的，所以，

$$v_{绳}=\frac{dl}{dt}=u,\ v_{船}=\frac{ds}{dt},$$

即得

$$v_{船}=\frac{\mathrm{d}s}{\mathrm{d}t}=-\frac{l}{s}\frac{\mathrm{d}l}{\mathrm{d}t}=\frac{l}{s}u=\frac{u}{\cos\theta}\quad 或\quad v_{船}=\frac{lv_0}{s}=\frac{(h^2+s^2)^{1/2}v_0}{s},$$

因此船的速度比 u 大.

(2) 将 $v_{船}$ 再对 t 求导,即得船的加速度

$$a=\frac{\mathrm{d}v_{船}}{\mathrm{d}t}=\frac{s\dfrac{\mathrm{d}l}{\mathrm{d}t}-l\dfrac{\mathrm{d}s}{\mathrm{d}t}}{s^2}v_0=\frac{-v_0s+lv_{船}}{s^2}v_0=\frac{\left(-s+\dfrac{l^2}{s}\right)v_0^2}{s^2}=\frac{h^2v_0^2}{s^3}.$$

例 4 一物体悬挂在弹簧上做竖直振动,其加速度为 $a=-ky$,式中 k 为常量,y 是以平衡位置为原点所测得的坐标. 假定振动的物体在坐标 y_0 处的速度为 v_0,试求速度 v 与坐标 y 的函数关系式.

解

$$a=\frac{\mathrm{d}v}{\mathrm{d}t}=\frac{\mathrm{d}v}{\mathrm{d}y}\frac{\mathrm{d}y}{\mathrm{d}t}=v\frac{\mathrm{d}v}{\mathrm{d}y}.$$

又

$$a=-ky,$$

所以

$$-ky=v\frac{\mathrm{d}v}{\mathrm{d}y},$$

因此

$$-\int_{y_0}^{y}ky\,\mathrm{d}y\int=\int_{v_0}^{v}v\mathrm{d}v,$$

即

$$v^2=v_0^2+k(y_0^2-y^2).$$

本章自测

一、选择题

1. 质点做曲线运动,$\boldsymbol{r}$ 表示位置矢量,$\boldsymbol{v}$ 表示速度,$\boldsymbol{a}$ 表示加速度,S 表示路程,a_t 表示切向加速度,下列表达式中,________.

(1) $\mathrm{d}v/\mathrm{d}t=a$　　(2) $\mathrm{d}r/\mathrm{d}t=v$

(3) $\mathrm{d}S/\mathrm{d}t=v$　　(4) $|\mathrm{d}\boldsymbol{v}/\mathrm{d}t|=a_t$

(A) 只有(1)、(4)是对的　　(B) 只有(2)、(4)是对的

(C) 只有(2)是对的　　(D) 只有(3)是对的

2. 一运动质点在某瞬时位于位矢 $\boldsymbol{r}(x,y)$ 的端点处,其速度大小为________.

(A) $\frac{\mathrm{d}r}{\mathrm{d}t}$ (B) $\frac{\mathrm{d}\boldsymbol{r}}{\mathrm{d}t}$

(C) $\frac{\mathrm{d}|\boldsymbol{r}|}{\mathrm{d}t}$ (D) $\sqrt{\left(\frac{\mathrm{d}x}{\mathrm{d}t}\right)^2+\left(\frac{\mathrm{d}y}{\mathrm{d}t}\right)^2}$

3. 几个不同倾角的光滑斜面有共同的底边,顶点也在同一竖直面上.若使一物体(视为质点)从斜面上端由静止滑到下端的时间最短,则斜面的倾角应选________.

(A) 60° (B) 45° (C) 30° (D) 15°

4. 一质点在平面 xOy 上运动,其运动方程为 $x=A\cos t, y=B\sin t$,且 $A\neq B$,则该质点运动轨迹是________.

(A) 椭圆 (B) 双曲线 (C) 抛物线 (D) 圆

5. 做直线运动的物体,其速度与时间成反比,则其加速度与速度的关系是________.

(A) 与速度成正比 (B) 与速度的平方成正比

(C) 与速度成反比 (D) 与速度的平方成反比

6. 一质点做直线运动,某时刻的瞬时速度 $v=2$ m/s,瞬时加速度 $a=-2$ m/s^2,则 1 s 后质点的速度________.

(A) 等于零 (B) 等于 -2 m/s

(C) 等于 2 m/s. (D) 不能确定

7. 一个质点在做匀速率圆周运动时,________.

(A) 切向加速度改变,法向加速度也改变

(B) 切向加速度不变,法向加速度改变

(A) 切向加速度不变,法向加速度也不变

(D) 切向加速度改变,法向加速度不变

8. 在高台上分别沿 45°仰角方向和水平方向,以同样速率投出两颗小石子,忽略空气阻力,则它们落地时速度________.

(A) 大小不同、方向不同 (B) 大小相同、方向不同

(C) 大小相同、方向相同 (D) 大小不同、方向相同

9. 一物体从某一确定高度以 v_0 的速度水平抛出,已知它落地时的速度为 v_t,那么它运动的时间是________.

(A) $\frac{v_t-v_0}{g}$ (B) $\frac{v_t-v_0}{2g}$

(C) $\frac{(v_t^2-v_0^2)^{1/2}}{g}$ (D) $\frac{(v_t^2-v_0^2)^{1/2}}{2g}$

10. 质点由静止开始以匀角加速度 α 沿半径为 R 的圆周运动,如果在某一

时刻此质点的总加速度 $\boldsymbol{a}$ 与切向加速度 $\boldsymbol{a}_t$ 成 45°角，则此时刻质点已转过的角度 θ 为________.

(A) $\frac{1}{6}$ rad　　(B) $\frac{1}{4}$ rad

(C) $\frac{1}{3}$ rad　　(D) $\frac{1}{2}$ rad

二、填空题

1. 一质点沿直线运动，其运动学方程为 $x=t^2-4t+2$ (SI)，则在 t 由 0 至 5 s的时间间隔内，质点的位移大小为________，走过的路程为________.

2. 已知 $\boldsymbol{r}=5\sin 2\pi t\boldsymbol{i}+4\cos 2\pi t\boldsymbol{j}$，则 $t_1=0.25$ s→1 s 的位移为________，1 s 末的速度为______，1 s 末的加速度为______，轨道方程为________.

3. 一质点从点 O 出发以匀速率 1 cm/s 做顺时针转向的圆周运动，圆的半径为 1 m，如图 1-5 所示. 当它走过 $\frac{2}{3}$ 圆周时，走过的路程是________，这段时间内的平均速度大小为________，方向是________.

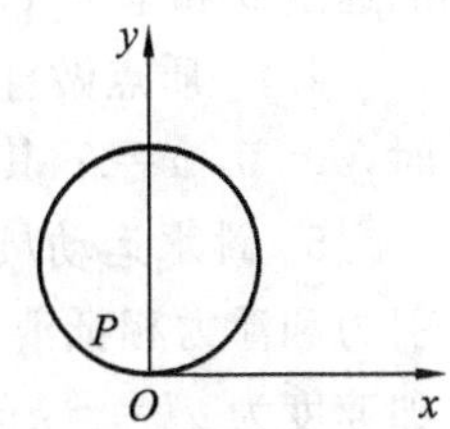

图 1-5

4. 物体 A,B 的运动方程分别为 $x_A=2+8t$, $x_B=4+2t^2$ (SI)，经时间________秒时，B 物体的速度为 A 物体速度的两倍；此时 B 物体的加速度 $a_B=$________.

5. 沿半径为 R 的圆周运动，其路程 S 随时间 t 的变化规律为 $S=bt-\frac{ct^2}{2}$，则质点运动的切向加速度 $a_t=$________，法向加速度 $a_n=$________.

6. 质点沿半径为 R 的圆周运动，其运动学方程为 $\theta=3+2t^2$ (SI)，则 t 时刻质点的法向加速度大小为 $a_n=$________，角加速度 $\alpha=$________.

7. 一物体做斜抛运动，测得在点 A 处其速度大小为 v，方向与水平方向成 30°角，则物体在点 A 处的切向加速度为________.

8. 在半径为 R 的圆周上运动的质点，其速率与时间关系为 $v=ct^2$ (c 为常量)，则从 $t=0$ 到 t 时刻质点走过的路程 $S(t)=$________；t 时刻质点的切向加速度 $a_t=$________；t 时刻质点的法向加速度 $a_n=$________.

9. 一物体做斜抛运动，初速度 $\boldsymbol{v}_0$ 与水平方向夹角为 θ，如图 1-6 所示. 物体轨道最高点处的曲率半径 ρ 为________.

10. 以一定初速度斜向上抛出一个物体，若忽略空气阻力，当该物体的速度 $\boldsymbol{v}$ 与水平面的夹角为 θ 时，它的切向加速度 a_t 的大小为________，法向加速度 a_n 的大小为________.

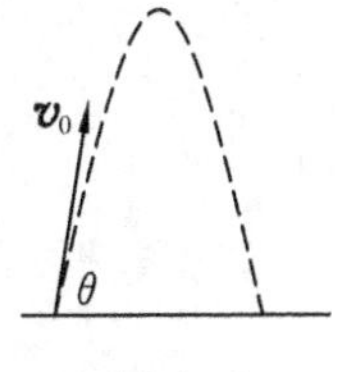

图 1-6

三、计算题

1. 一质点做匀加速直线运动,初速度大小等于 3 m/s,加速度的大小等于 $4\ m/s^2$,试计算 7 s 末质点的速度和 7 s 内质点走过的路程,设:

(1) 加速度与初速度同向;

(2) 加速度与初速度反向.

2. 有一质点沿 x 轴做直线运动,其运动方程为 $x=3-5t+6t^2$(SI).试求:

(1) 质点的初始位置和初始速度;

(2) 质点在任意时刻的速度和加速度;

(3) 证明质点做匀加速直线运动.

3. 做直线运动的质点 $a=-kv$($k=$常数),$t=0$ 时 $x_0=0$,$v=v_0$,求 t 时刻的速度 v 和坐标 x.

4. 一质点做直线运动,其瞬时加速度的变化规律为 $a=-A\omega^2\cos\omega t$,在$t=0$时,$v_x=0$,$x=A$,其中 A,ω 均为正常数,求此质点的运动学方程.

5. 跳水运动员沿铅直方向入水,接触水面时速率为 v_0,入水后地球对它的引力和浮力相抵消,仅受水的阻碍而减速.自水面向下取 Oy 轴,运动员在水中加速度为 $a_y=-kv_y^2$,求入水后运动员速度随时间的变化.

6. 某发动机工作时,主轴边缘一点做圆周运动的方程为 $\theta=t^3+4t+3$(SI),问:

(1) $t=2$ s 时,该点的角速度和角加速度为多大?

(2) 若主轴直径 $D=40$ cm,求 $t=1$ s 时该点的速度和加速度.

7. 一质点沿半径为 0.2 m 的圆周运动,其角位置 θ(以弧度表示)随时间的变化关系为 $\theta=6+5t^2$,式中 t 的单位为 s,问:

(1) 在 $t=2$ s 时,它的法向加速度和切向加速度各为多少?

(2) 当法向加速度跟切向加速度大小恰好相等时,θ 的值是多少?

8. 已知质点 P 沿螺旋 $x=2\sin 4t$,$y=2\cos 4t$,$z=4t$ 运动,试求质点运动的速度、加速度的大小及轨道曲率半径.

第2章

质点动力学

学习基本要求

(1) 理解牛顿运动定律的内容和实质,明确牛顿运动定律的使用范围及条件;掌握用隔离法分析质点受力和解题的基本方法,能用微积分求解一维变力作用下简单的质点动力学问题.

(2) 准确理解动量、冲量的物理概念.掌握质点和质点系的动量定理和动量守恒定律,掌握运用守恒定律分析问题的思想和方法,能分析质点或质点组在平面内运动的力学问题.

(3) 准确理解功和功率的概念,能计算变力的功.理解保守力做功的特点和势能的概念,会计算重力、弹性力和万有引力势能.

(4) 掌握质点系的动能定理、功能原理和机械能守恒定律,掌握运用守恒定律分析问题的思想和方法.

(5) 准确理解质点的角动量的概念.掌握质点的角动量守恒定律,并能用于求解一些简单的力学问题.

基本定律和基本方法

1. 牛顿第二定律

$$\boldsymbol{F}=m\boldsymbol{a}. \tag{2-1}$$

(1) 直角坐标系中分量表达式

$$\begin{cases}F_x=ma_x,\\F_y=ma_y,\\F_z=ma_z.\end{cases} \tag{2-2}$$

(2) 自然坐标系中分量表达式

$$\begin{cases} F_t = ma_t = m\dfrac{dv}{dt}, \\ F_n = ma_n = m\dfrac{v^2}{\rho}. \end{cases} \tag{2-3}$$

2. 质点的动量定理

(1) 质点的动量定义

$$\boldsymbol{p} = m\boldsymbol{v}. \tag{2-4}$$

(2) 冲量定义

$$\boldsymbol{I} = \int_{t_0}^{t} \boldsymbol{F}\mathrm{d}t. \tag{2-5}$$

(3) 质点的动量定理

$$\boldsymbol{I} = \int_{t_0}^{t} \boldsymbol{F}\mathrm{d}t = \boldsymbol{p} - \boldsymbol{p}_0. \tag{2-6}$$

分量形式：

$$\begin{cases} I_x = \int_{t_0}^{t} F_x \mathrm{d}t = mv_x - mv_{0x}, \\ I_y = \int_{t_0}^{t} F_y \mathrm{d}t = mv_y - mv_{0y}, \\ I_z = \int_{t_0}^{t} F_z \mathrm{d}t = mv_z - mv_{0z}. \end{cases} \tag{2-7}$$

3. 质点系的动量定理　动量守恒定律

(1) 质点系的动量定理

$$\int_{t_0}^{t} \left(\sum \boldsymbol{F}_{i外}\right)\mathrm{d}t = \sum m_i\boldsymbol{v}_i - \sum m_i\boldsymbol{v}_{i0}. \tag{2-8}$$

(2) 质心运动定理

$$\sum \boldsymbol{F}_i = M\boldsymbol{a}_C. \tag{2-9}$$

(3) 动量守恒定律

$$\sum \boldsymbol{F}_i = 0 \text{ 时}, \sum \boldsymbol{p}_i = \text{恒量}. \tag{2-10}$$

分量形式：

$$\begin{cases} \text{若} \sum F_x = 0, \quad \text{则} \sum p_x = \text{恒量}, \\ \text{若} \sum F_y = 0, \quad \text{则} \sum p_y = \text{恒量}, \\ \text{若} \sum F_z = 0, \quad \text{则} \sum p_z = \text{恒量}. \end{cases} \tag{2-11}$$

4. 功和功率的基本概念

(1) 功

$$W_{AB}=\int_a^b \mathrm{d}W=\int_a^b \boldsymbol{F}\cdot \mathrm{d}\boldsymbol{r} \tag{2-12}$$

(2) 功率

$$P=\frac{\mathrm{d}W}{\mathrm{d}t}=\frac{\boldsymbol{F}\cdot \mathrm{d}\boldsymbol{r}}{\mathrm{d}t}=\boldsymbol{F}\cdot \boldsymbol{v}. \tag{2-13}$$

5. 动能定理

(1) 动能

$$E_{\mathrm{k}}=\frac{1}{2}mv^2. \tag{2-14}$$

(2) 质点的动能定理

$$W=E_{\mathrm{k}b}-E_{\mathrm{k}a}=\frac{1}{2}mv_b^2-\frac{1}{2}mv_a^2 \tag{2-15}$$

(3) 质点系的动能定理

$$\sum_{i=1}^{n}\int_a^b \boldsymbol{F}_{i外}\cdot \mathrm{d}\boldsymbol{r}_i+\sum_{i=1}^{n}\int_a^b \sum_{j=1}^{n-1}\boldsymbol{f}_{ji}\cdot \mathrm{d}\boldsymbol{r}_i=\sum_{i=1}^{n}\frac{1}{2}m_iv_{ib}^2-\sum_{i=1}^{n}\frac{1}{2}m_iv_{ia}^2. \tag{2-16}$$

6. 势能

$$W_{保守内力}=-(E_{\mathrm{p}}-E_{\mathrm{p}0}). \tag{2-17}$$

(1) 重力势能(以地面为零势能点)

$$E_{\mathrm{p}}=mgy. \tag{2-18}$$

(2) 弹性势能(以弹簧原长为零势能点)

$$E_{\mathrm{p}}=\frac{1}{2}kx^2. \tag{2-19}$$

(3) 系统的机械能

$$E=E_{\mathrm{k}}+E_{\mathrm{p}}. \tag{2-20}$$

7. 机械能守恒定律和能量守恒定律

(1) 质点系的功能原理

$$W_{外}+W_{非保守内力}=E_b-E_a. \tag{2-21}$$

(2) 机械能守恒定律:

$$W_{外}+W_{非保守内力}=0,$$

则

$$E_{\mathrm{k}1}+E_{\mathrm{p}1}=E_{\mathrm{k}2}+E_{\mathrm{p}2}. \tag{2-22}$$

8. 质点的角动量定理

(1) 质点的角动量

$$\boldsymbol{L}=\boldsymbol{r}\times m\boldsymbol{v}=\boldsymbol{r}\times\boldsymbol{p}. \tag{2-23}$$

(2) 质点的角动量定理

$$\boldsymbol{F}=\frac{\mathrm{d}\boldsymbol{L}}{\mathrm{d}t}. \tag{2-24}$$

(3) 质点的角动量守恒定律

$$\boldsymbol{F}=0,$$

则
$$\boldsymbol{r}\times\boldsymbol{p}=\text{常量}. \tag{2-25}$$

问题与讨论

问题 1 一物体静止于固定斜面上,因此可将物体所受重力分解为沿斜面的下滑力和作用于斜面的正压力,这种说法正确吗?

答 不正确.这句话有两点错误:(1) 重力是物体受到的,因此分解后的分力也是物体所受的,而"作用于斜面的正压力"是斜面受到的,两者虽然数值上相等,但施力物体和受力物体是不同的;(2) 分解后的力只是分力,而不是特定性质和特定定义的力,所以"下滑力"的说法也是不对的.

问题 2 如图 2-1 所示,用一斜向上的力 $\boldsymbol{F}$(与水平成 30°角),将一重为 $\boldsymbol{G}$ 的木块压靠在竖直壁面上,如果不论用怎样大的力 $\boldsymbol{F}$,都不能使木块向上滑动,则说明木块与壁面间的静摩擦系数的大小为多少?

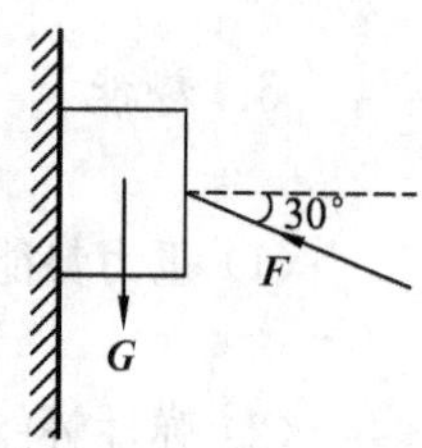

图 2-1

解 假设墙壁对木块的压力为 $\boldsymbol{N}$,将 $\boldsymbol{F}$ 进行分解后,并判断出摩擦力方向为向下(题中 $\boldsymbol{F}$ 不能使木块向上滑动),由受力分析图可知

$$\begin{cases}F\sin\alpha=G+\mu N,\\ N=F\cos\alpha.\end{cases}$$

整理上式,并且根据题意,如果不论用怎样大的力 F,都不能使木块向上滑动,则说明

$$\frac{1}{2}F\leqslant G+\mu\frac{\sqrt{3}}{2}F,$$

即当 $\frac{1}{2}F<\mu\frac{\sqrt{3}}{2}F$ 时,无论 F 为多大,上式总成立,则可得

$$\mu>\frac{\sqrt{3}}{3}.$$

问题 3 为什么人从桌面跳下的过程中都有个下蹲动作?

答 因为人从桌面跳到地上时，人具有一定向下的动量，最终人是静止于地面，也就是人在着地过程有向上的动量改变，根据动量定理

$$\boldsymbol{p}-\boldsymbol{p}_0=\int_{t_0}^{t}\boldsymbol{F}\mathrm{d}t=\overline{\boldsymbol{F}}\Delta t,$$

在此过程中人受到向上的合外力，而且此过程时间越长，人受到地面的向上的力越小，人越不容易受伤，所以人都通过下蹲增长时间而减小受力.

问题 4 试用所学的力学原理解释逆风行舟的现象.

答 本现象可用动量定理来解释. 设风沿与航向成 α 角的方向从右前方吹来，以风中一小块沿帆面吹过来的空气为研究对象，Δm 表示这块空气的质量，$\boldsymbol{v}_1$ 和 $\boldsymbol{v}_2$ 分别表示它吹向帆面和离开帆面时的速度. 由于帆面比较光滑，风速大小基本不变，但是由于 Δm 的速度方向改变了，所以一定是受到帆的作用力，根据牛顿第三定律，Δm 必然对帆有一个反作用力 $\boldsymbol{f}'$，此力的方向偏向船前进的方向，将 $\boldsymbol{f}'$ 分解为两个分量，垂直船体的分量与水对船的阻力相平衡，与船的航向平行的分量就是推动帆及整个船体前进的作用力.

问题 5 弹性势能一定是正的，而引力势能一定是负的，这种说法正确吗?

答 不正确. 势能是位置的函数，是相对于势能零点而言的，在保守力场中处于一定位置的物体具有势能值，其大小与零势能的选择有关. 由于势能零点选择的任意性，所有势能都可正可负，因此弹性势能和引力势能也都可有正负. 但在习惯上，为方便处理问题，弹性势能一般以弹簧原长为零势能点，因此取正值；引力势能以无穷远为零势能点，因此取负值.

问题 6 (1) 质点系的动量为零，则质点系的角动量也为零；(2) 质点系的角动量为零，则质点系的动量也为零. 这两种说法是否正确?

答 根据角动量的定义

$$\boldsymbol{L}=\boldsymbol{r}\times\boldsymbol{p}$$

发现角动量由动量、质点的位置矢量以及两者之间的夹角共同决定，有一个因素为零，则角动量就为零，因此第一种说法是正确的，而第二种说法是错误的.

典型例题分析

例 1 如图 2-2 所示，光滑水平面上放一光滑斜块，斜面与水平面的夹角为 α，斜块质量为 m，质量为 M 的物体放在斜块上并用绳子拴在立柱上，问斜块在水平面上以多大加速度运动时，

(1) 斜块对物体的支持力等于零；

(2) 绳子拉力等于零.

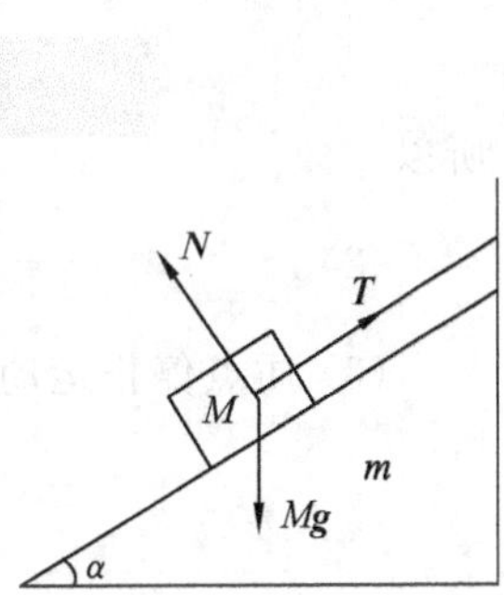

图 2-2

解 当没有脱离斜块时,物体随斜块一起运动.

对物体受力进行分析如图 2-2 所示,向右为正方向,由牛顿第二定律得

$$\begin{cases} T\cos\alpha - N\sin\alpha = Ma, \\ N\cos\alpha + T\sin\alpha = Mg. \end{cases}$$

(1) $N=0$ 时,

$$\begin{cases} T\cos\alpha = Ma, \\ T\sin\alpha = Mg. \end{cases}$$

此时的 $a_1 = g\cot\alpha$,方向向右.

(2) $T=0$ 时,

$$\begin{cases} -N\sin\alpha = Ma, \\ N\cos\alpha = Mg. \end{cases}$$

此时加速度大小为 $a_2 = g\tan\alpha$,方向向左.

例 2 质点在流体中做直线运动,受与速度成正比的阻力 kv(k 为常数)作用,$t=0$ 时质点的速度为 v_0,证明:(1) t 时刻的速度为 $v=v_0 e^{-\frac{k}{m}t}$;(2) 由 0 到 t 的时间内经过的距离为 $x=\frac{mv_0}{k}(1-e^{-\frac{k}{m}t})$;(3) 停止运动前经过的距离为$\frac{mv_0}{k}$;(4) 当$t=\frac{m}{k}$时速度减至 v_0 的$\frac{1}{e}$,式中的 m 为质点的质量.

证明 (1) 由题意得

$$a=\frac{-kv}{m}=\frac{dv}{dt}.$$

分离变量,得

$$\frac{dv}{v}=\frac{-kdt}{m}.$$

即

$$\int_{v_0}^{v}\frac{dv}{v}=\int_0^t\frac{-kdt}{m},$$

$$\ln\frac{v}{v_0}=\ln e^{-\frac{kt}{m}},$$

所以

$$v=v_0 e^{-\frac{k}{m}t}.$$

(2)
$$x=\int v dt=\int_0^t v_0 e^{-\frac{k}{m}t}dt=\frac{mv_0}{k}(1-e^{-\frac{k}{m}t}).$$

(3) 质点停止运动时速度为零,即 $t\to\infty$, 故有

$$x'=\int_0^{\infty}v_0 e^{-\frac{k}{m}t}dt=\frac{mv_0}{k}.$$

(4) 当 $t=\frac{m}{k}$时,其速度为

$$v=v_0\mathrm{e}^{-\frac{k}{m}\cdot\frac{m}{k}}=v_0\mathrm{e}^{-1}=\frac{v_0}{\mathrm{e}},$$

即速度减至 v_0 的$\frac{1}{\mathrm{e}}$.

例 3 如图 2-3 所示,气体分子对器壁的碰撞:分子质量为 m,入射速度 v,方向与器壁法线成 60°,反射后速度大小不变,方向与法线另一侧成 60°,求器壁受到气体分子的冲量.

解 把气体分子视为质点,碰撞前后动量增量

$$\Delta\boldsymbol{p}=\boldsymbol{p}-\boldsymbol{p}_0.$$

可以看出(见图 2-4):

$$|\Delta\boldsymbol{p}|=mv,\ 方向:水平向左(即向器壁内).$$

根据牛顿第三定律,得到器壁受到分子的冲量为

$$|\boldsymbol{I}|=|\Delta\boldsymbol{p}|=mv,\ 方向:向器壁外.$$

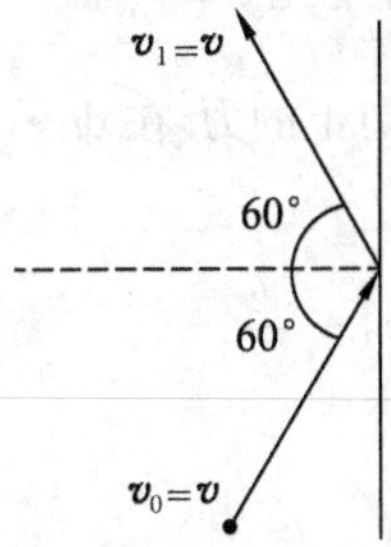

图 2-3

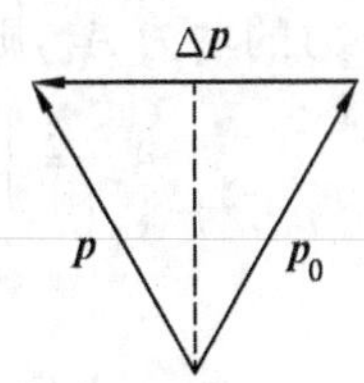

图 2-4

例 4 一质量为 3.0 kg 的物体,被一压缩的弹簧弹出,劲度系数为 $k=120\ \mathrm{N\cdot m^{-1}}$,物体离开弹簧后在一水平面上滑行 8.0 m,然后停止.若水平面的摩擦因数为 0.2.求:

(1) 物体的最大动能;

(2) 弹簧被压缩的距离.

解 (1) 根据动能定理得

$$E=W=\mu mgs=0.2\times3\times9.8\times8=47\ \mathrm{J},$$

(2)
$$E=\frac{1}{2}kx^2,$$

所以
$$x=\sqrt{\frac{2\times47}{120}}=0.89\ \mathrm{m}.$$

例 5 质量 $m=10$ kg 的质点受力 $F=30+40t$ 的作用,且力方向不变.$t=0$ s 时从 $v_0=10$ m/s 开始做直线运动(v_0 方向与力的方向相同),求:

(1) 0~2 s 内力的冲量 I;

(2) $t=2$ s 时质点的速率 v_2.(式中力的单位为 N,时间单位为 s)

解 (1) $I=\int F(t)\cdot \mathrm{d}t=\int_0^2(30+40t)\mathrm{d}t=140\ \mathrm{N\cdot s}.$

(2) 应用质点动量定理

$$mv_2-mv_0=I,$$
$$v_2=24\ \mathrm{m\cdot s^{-1}}.$$

例 6 以铁锤将一铁钉击入木板,设木板对铁钉的阻力与铁钉进入木板的深度成正比,在铁锤击第一次时,能将小钉击入木板 1 cm,问击第二次时能击入多深,假定铁锤两次打击铁钉时的速度相同.

解 以木板上界面为坐标原点,向内为 y 坐标正向,则铁钉所受阻力为

$$f=-ky.$$

第一锤外力的功为 A_1,则

$$A_1=\int_s f'\mathrm{d}y=\int_s -f\mathrm{d}y=\int_0^1 ky\,\mathrm{d}y=\frac{k}{2},$$

式中,f'是铁锤作用于钉上的力,f 是木板作用于钉上的力.在 $\mathrm{d}t\to 0$ 时,$f'=-f$.

设第二锤外力的功为 A_2,则同理有

$$A_2=\int_1^{y_2}ky\,\mathrm{d}y=\frac{1}{2}ky_2^2-\frac{k}{2}.$$

由题意,有

$$A_2=A_1=\Delta\left(\frac{1}{2}mv^2\right)=\frac{k}{2},$$

即
$$\frac{1}{2}ky_2^2-\frac{k}{2}=\frac{k}{2},$$

所以,
$$y_2=\sqrt{2}.$$

于是钉子第二次能进入的深度为

$$\Delta y=y_2-y_1=\sqrt{2}-1=0.414\ \mathrm{cm}.$$

本章自测

一、选择题

1. 水平地面上放一物体 A,它与地面间的滑动摩擦系数为 μ. 现加一恒力 $\boldsymbol{F}$(见图 2-5),欲使物体 A 有最大加速度,则恒力 $\boldsymbol{F}$ 与水平方向夹角 θ 应满足________.

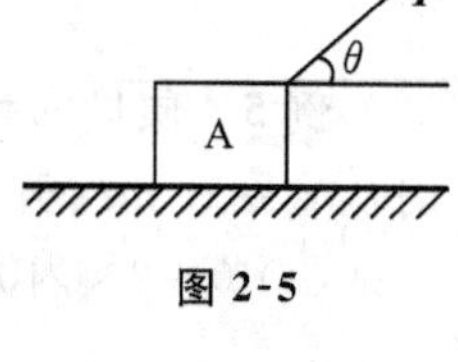

图 2-5

(A) $\sin\theta=\mu$　　(B) $\cos\theta=\mu$

(C) $\tan\theta=\mu$　　(D) $\cot\theta=\mu$

2. 质量分别为 m_1 和 m_2 的两滑块A和B通过一轻弹簧水平联结后置于水平桌面上，滑块与桌面间的摩擦系数均为 μ，系统在水平拉力 $\boldsymbol{F}$ 作用下匀速运动，如图 2-6 所示. 如突然撤销拉力，则刚撤销后瞬间，二者的加速度 a_A 和 a_B 分别为________.

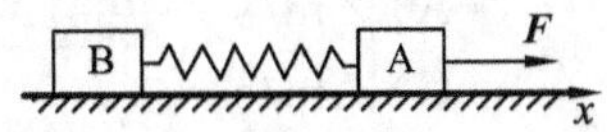

图 2-6

(A) $a_A=0$, $a_B=0$　　(B) $a_A>0$, $a_B<0$

(C) $a_A<0$, $a_B>0$　　(D) $a_A<0$, $a_B=0$

3. 质量为 m 的小球，放在光滑的木板和光滑的墙壁之间，并保持平衡，如图 2-7 所示. 设木板和墙壁之间的夹角为 α，当 α 逐渐增大时，小球对木板的压力将________.

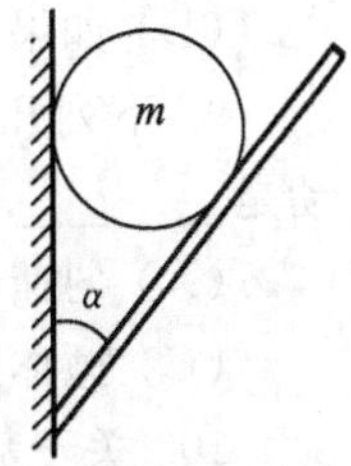

图 2-7

(A) 增加

(B) 减少

(C) 不变

(D) 先增加，后减小，压力增减的分界角为 45°

4. 如图 2-8 所示，假设物体沿着竖直面上圆弧形轨道下滑，轨道是光滑的，在从点 A 至点 C 的下滑过程中，下列说法正确的是________.

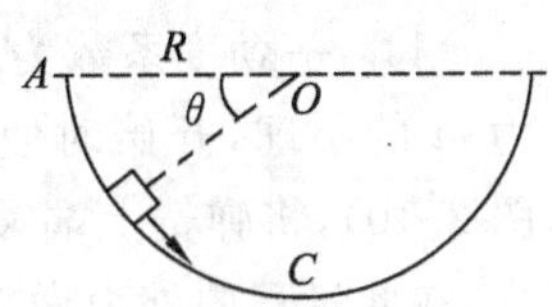

图 2-8

(A) 它的加速度大小不变，方向永远指向圆心

(B) 它的速率均匀增加

(C) 它的合外力大小变化，方向永远指向圆心

(D) 它的合外力大小不变

(E) 轨道支持力的大小不断增加

5. 一条被压缩了的弹簧用细线固定，两端各放一个质量不等的球，当线被剪断后两球获得________.

(A) 相等的加速度

(B) 相等的速度

(C) 相等的动能

(D) 大小相等，方向相反的动量

6. 质量为 m 的小球，沿水平方向以速率 v 与固定的竖直壁做弹性碰撞，设指向壁内的方向为正方向，则由于此碰撞，小球的动量增量为________.

(A) mv　　(B) 0

(C) $2mv$　　(D) $-2mv$

7. 质量为 20 g 的子弹，以 400 m/s 的速率沿如图 2-9 所示方向射入一原来静止的质量为 980 g 的摆球中，摆线长度不可伸缩. 子弹射入后开始与摆球一起运动的速率为________.

(A) 2 m/s　　(B) 4 m/s

(C) 7 m/s　　(D) 8 m/s

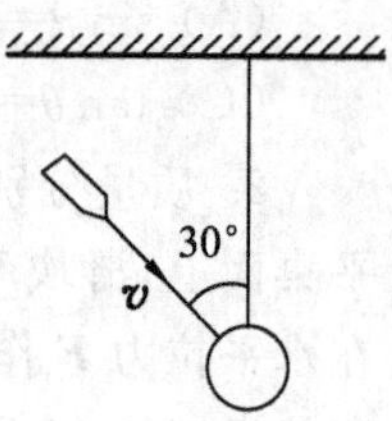

图 2-9

8. 下列说法正确的是________.

(A) 如果物体的动能不变，则动量也一定不变

(B) 如果物体的动能变化，则动量不一定变化

(C) 如果物体的动量变化，则动能也一定变化

(D) 如果物体的动量不变，则动能也一定不变

9. 下列几种运动中，在任何相等的时间内，物体动量的增量总是相等的运动是________.

(A) 匀速圆周运动　　(B) 弹簧振子的运动

(C) 抛体运动　　(D) 直线运动

10. 关于势能的下列说法正确的是________.

(A) 势能既可为正也可为负　　(B) 弹性势能总是为正

(C) 万有引力势能总是为负　　(D) 重力势能总是为正

11. 一劲度系数为 k 的轻弹簧，竖直放置，下端悬一质量为 m 的小球，开始时使弹簧为原长而小球恰好与地接触(见图 2-10)，将弹簧上端缓慢地提起，直到小球刚能脱离地面为止，在此过程中外力做功为________.

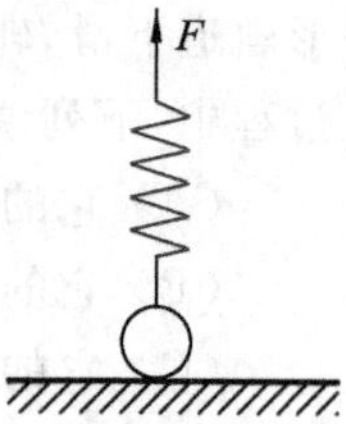

图 2-10

(A) $\dfrac{m^2g^2}{4k}$　　(B) $\dfrac{m^2g^2}{3k}$　　(C) $\dfrac{m^2g^2}{2k}$

(D) $\dfrac{2m^2g^2}{k}$　　(E) $\dfrac{4m^2g^2}{k}$

12. 人造地球卫星绕地球做椭圆轨道运动，地球在椭圆的一个焦点上，则卫星的________.

(A) 动量不守恒，动能守恒

(B) 动量守恒，动能不守恒

(C) 对地心的角动量守恒，动能不守恒.

(D) 对地心的角动量不守恒，动能守恒.

二、填空题

1. 两个质量相等的小球由一轻弹簧相连接，再用一细绳悬挂于天花板上，处于静止状态，如图 2-11 所示. 将绳子剪断的瞬间，球 1 的加速度大小 $a_1=$________，球 2 的加速度大小

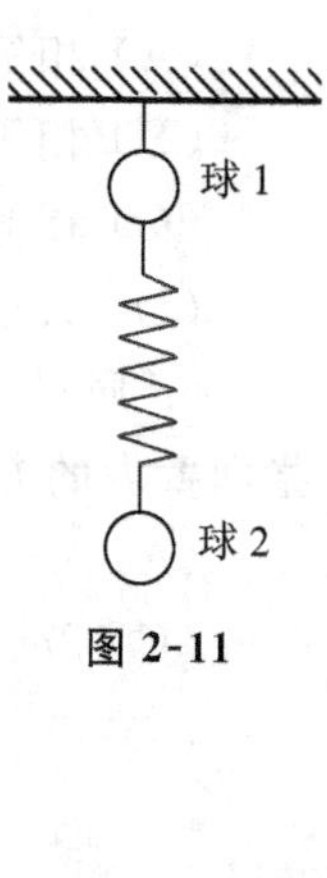

图 2-11

$a_2=$______.

2. 如图 2-12 所示，摆长为 l 的圆锥摆，细绳一端固定在天花板上，另一端悬挂质量为 m 的小球. 小球经推动后，绕通过圆心 O 的铅直轴在锥顶角为 θ 的水平面内做匀速率圆周运动. 则小球的速率为______，绳子的张力为______.

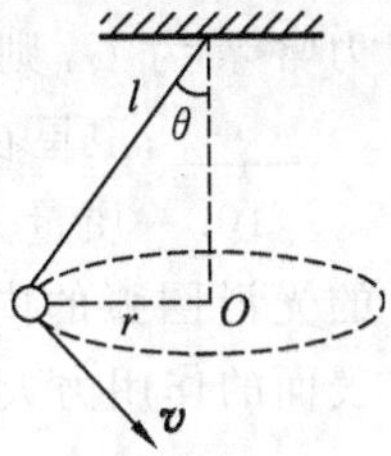

图 2-12

3. 如图 2-13 所示，在光滑水平桌面上，有两个物体 A 和 B 紧靠在一起. 它们的质量分别为 $m_A=2$ kg，$m_B=1$ kg. 用一水平力 $F=3$ N 推物体 B，则 B 推 A 的力等于______. 如用同样大小的水平力从右边推 A，则 A 推 B 的力等于______.

4. 质量 $m=10$ kg 的木箱放在地面上，在水平拉力 $\boldsymbol{F}$ 的作用下由静止开始沿直线运动，其拉力随时间的变化关系如图 2-14 所示. 若已知木箱与地面间的摩擦系数 $\mu=0.2$，那么在 $t=4$ s 时，木箱的速度大小为______；在 $t=7$ s时，木箱的速度大小为______.（g 取10 m/s^2）

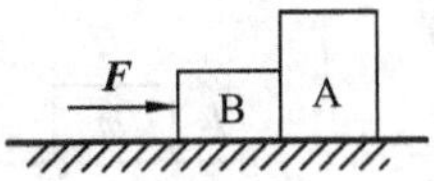

图 2-13

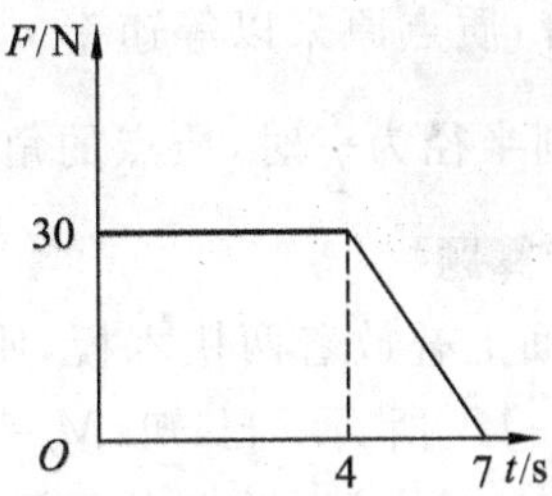

图 2-14

5. 质量分别为 m 和 $4m$ 的两个质点分别以动能 E 和 $4E$ 沿一直线相向运动，它们的总动量大小为______.

6. 一质量为 m 的物体，原来以速率 v 向北运动，它突然受到外力打击，变为向西运动，速率仍为 v，则外力的冲量大小为______，方向为______.

7. 一颗子弹在枪筒里前进时所受的合力大小为 $F=400-4\times10^5t/3$ (SI)，子弹从枪口射出时的速率为 300 m/s. 设子弹离开枪口处合力刚好为零，则子弹走完枪筒全长所用的时间 $t=$______；子弹在枪筒中所受力的冲量大小 $I=$______；子弹的质量 $m=$______.

8. 一竖直悬挂的轻弹簧下系一小球，平衡时弹簧伸长量为 d. 现用手将小球托住，使弹簧不伸长，然后将其释放，不计一切摩擦，则弹簧的最大伸长量为______.

9. 一人造地球卫星绕地球作椭圆运动，近地点为 A，远地点为 B. A，B 两

点距地心分别为 r_1，r_2（见图 2-15）. 设卫星质量为 m，地球质量为 M，万有引力常量为 G，则卫星在 A，B 两点处的万有引力势能之差 $E_{pB}-E_{pA}=$ ________；卫星在 A、B 两点的动能之差 $E_{kB}-E_{kA}=$ ________.

10. 一质量为 m 的小球最初位于如图 2-16 所示的点 A，然后沿半径为 r 的光滑圆弧的内表面 $ADCB$ 下滑，小球在 C 时的角速度为________；对圆弧表面的作用力大小为________，作用力方向为________.

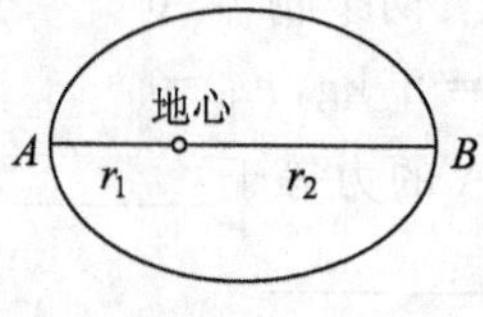

图 2-15

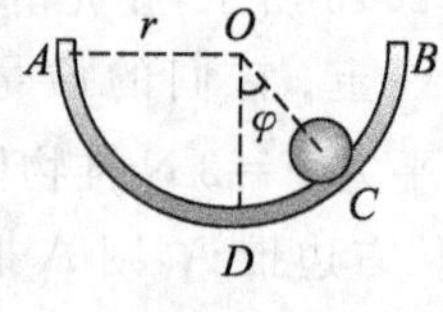

图 2-16

11. 物理量质量、动量、冲量、动能、势能、功中与参考系的选取有关的物理量是________.（不考虑相对论效应）

12. 轻绳一端系着质量为 m 的质点，另一端穿过光滑水平桌面上的小孔 O 用力拉着，质点原来以等速率 v 做半径为 r 的圆周运动，则当拉动绳子向正下方移动到半径为 $\frac{r}{2}$ 时，质点的角速度为________.

三、计算题

1. 桌面上叠放着两块木板，质量分别为 M，m，如图 2-17 所示. 已知 $M=1.5$ kg，$m=2.45$ kg，板与板之间、板与桌面间的摩擦系数均为 $\mu=0.25$. 要把木板从下面抽出来，至少需要多大的水平力？

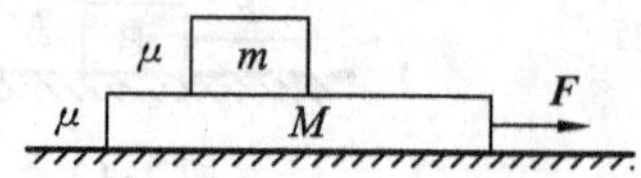

图 2-17

2. 已知在半径为 R 的光滑球面上，一物体自顶端静止下滑，问物体在何处脱离球面？

3. 在图 2-18 所示装置中，物体 A，B 的质量各为 m_1，m_2 且两不相等. 若物体 A 与桌面间的摩擦系数为 μ，求这两个物体的加速度及绳内的张力（不计绳和滑轮的质量，不计轴承摩擦，绳不可伸长）.

4. 一质量为 0.2 kg 的盘子，用一弹簧悬挂起来，使弹簧伸长 0.1 m，现有一质量为 0.2 kg 的油灰在高 0.3 m处从静止开始落进盘子上，求此盘子向下运动的最大距离.（弹簧质量不计，空气阻力不计）

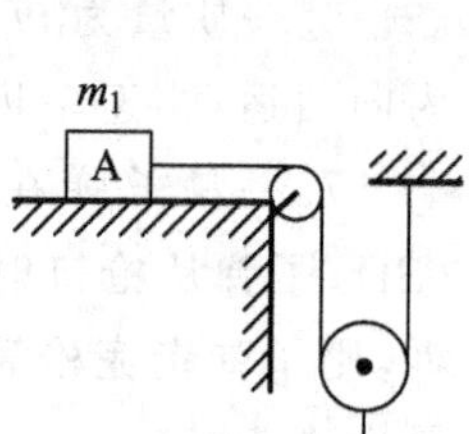

图 2-18

5. 如图 2-19 所示，一轻质弹簧劲度系数为 k，两端各固定一质量均为 M 的物块 A 和 B，置于光滑水平桌面上，最初弹簧自由伸张. 现有质量为 m 的子弹以速率 v_0 沿水平方向射入一物块内而不射出，问弹簧的最大压缩长度.

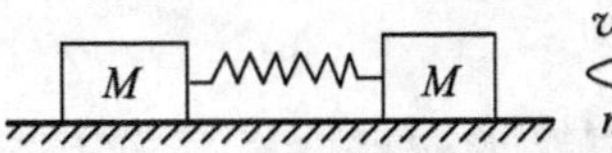

图 2-19

6. 如图 2-20 所示，质量为 $m=2$ g 的子弹以 500 m/s 的水平速度射向用 1 m长的细绳悬挂的摆，摆的质量为 1 kg，刚穿出时子弹的速度大小 100 m/s，问摆沿铅直方向上升的高度是多少?.

7. 如图 2-21 所示，质量 m 为 0.1 kg 的木块，在一个水平面上和一个劲度系数 k 为 20 N/m 的轻弹簧碰撞，木块将弹簧由原长压缩了 $x=0.4$ m. 假设木块与水平面间的滑动摩擦系数 μ 为 0.25，问在将要发生碰撞时木块的速率 v 为多少?

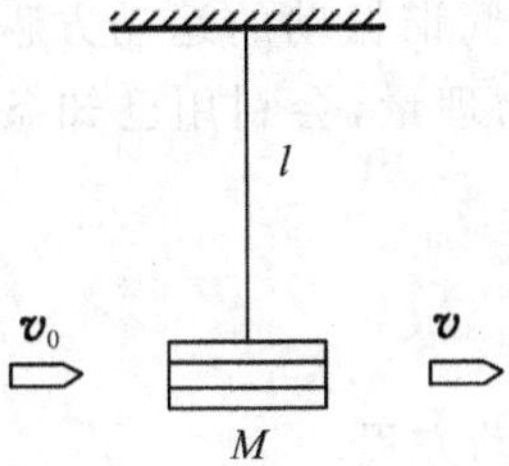

图 2-20

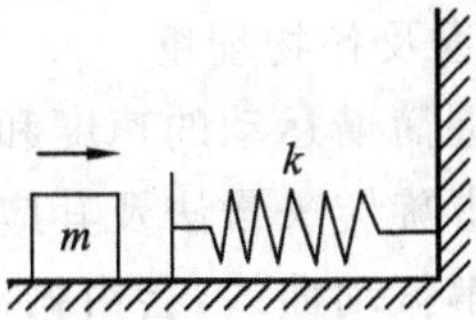

图 2-21

第3章 机械振动

学习基本要求

(1) 掌握简谐振动的概念和特征,掌握简谐振动的运动方程(振动方程)和动力学方程,掌握描述简谐振动的各个物理量,会利用已知条件求简谐振动的运动方程及各物理量.

(2) 掌握简谐运动的速度和加速度公式.

(3) 掌握旋转矢量法及其应用.

(4) 理解振动曲线,会由振动曲线求运动方程.

(5) 理解简谐振动的能量.

(6) 掌握同方向同频率简谐振动的合成,了解同方向不同频率简谐振动的合成.

(7) 了解阻尼振动和受迫振动.

基本定律和基本方法

1. 简谐振动的概念和特征

(1) 简谐振动的定义:一个做来回往复运动的质点,若其偏离平衡位置的位移随时间的变化规律满足余弦(或正弦)函数关系,则该质点做的是简谐振动.

简谐振动方程为

$$x=A\cos(\omega t+\varphi).$$

(2) 简谐振动的特征.

① 动力学特征:质点所受的合外力的大小与质点偏离平衡位置的位移的大小成正比,方向与位移的方向相反,则该质点做简谐振动.

相应方程为

$$F=-kx.$$

② 运动学特征：

a. 质点的位移对时间的关系具有如下形式，则该质点做简谐振动.

$$\frac{d^2x}{dt^2}+\omega^2x=0.$$

b. 质点偏离平衡位置的位移随时间的变化规律满足余弦（或正弦）函数关系，则该质点做简谐振动.

运动方程（振动方程）为

$$x=A\cos(\omega t+\varphi).$$

上述几种特征中的任意一个都是判断一个物体是否做简谐振动的依据.它们只是形式不同，物理实质是一致的.分析它们之间的关系，可以发现从动力学角度分析，质点所受合外力满足 $F=-kx$ 的关系式，这是质点做简谐振动的原因.将牛顿第二定律

$$F=ma=m\frac{d^2x}{dt^2},$$

代入 $F=-kx$，并定义 $\omega^2=\frac{k}{m}$，就可以得到简谐振动的动力学方程

$$\frac{d^2x}{dt^2}+\omega^2x=0;$$

解这个方程可以得到 $x=A\cos(\omega t+\varphi)$，此即简谐振动的运动方程.

(3) 描述简谐振动的基本物理量.

① 振幅 A：质点做简谐振动时，质点偏离平衡位置的最大位移的绝对值，即 $A=|x_{\max}|$.

② 角频率 ω：系统在 2π s 内完成的完全振动的次数.角频率由振动系统决定，如弹簧振子 $\omega=\sqrt{\frac{k}{m}}$.

角频率 ω 与周期 T 和频率 ν 之间存在关系：$\omega=2\pi\nu=\frac{2\pi}{T}$.

③ 相位和初相位：确定系统任意时刻振动状态的物理量 $(\omega t+\varphi)$ 称为相位或者位相，其中 φ 称为初相位或者初位相、初相.振幅 A 和初相位 φ 由初始条件确定.

若 $t=0$ 时，$x=x_0$，$v=v_0$，则

$$A=\sqrt{x_0^2+\frac{v_0^2}{\omega^2}},\ \varphi=\arctan\left(-\frac{v_0}{\omega x_0}\right).$$

注意：在 $0\sim2\pi$ 范围内，φ 有两个取值，到底取哪一个，应根据初始速度的方向

加以确定.

2．简谐振动的描述

(1) 数学描述.

位移：$x=A\cos(\omega t+\varphi)$；

速度：$v=\frac{dx}{dt}=-\omega A\sin(\omega t+\varphi)=\omega A\cos\left(\omega t+\varphi+\frac{\pi}{2}\right)$，

$v_{max}=\omega A$；

加速度：$a=\frac{d^2x}{dt^2}=-\omega^2A\cos(\omega t+\varphi)=\omega^2A\cos(\omega t+\varphi\pm\pi)$，

$a_{max}=\omega^2A$.

由此可见，速度的相位比位移超前$\frac{\pi}{2}$，加速度的相位比速度超前$\frac{\pi}{2}$，比位移的相位超前(或落后)π(反相).

(2) 曲线描述.

① 振动曲线，即 x-t 图，如图 3-1a 所示.

② 速度曲线，即 v-t 图，如图 3-1b 所示.

③ 加速度曲线，即 a-t 图，如图 3-1c 所示.

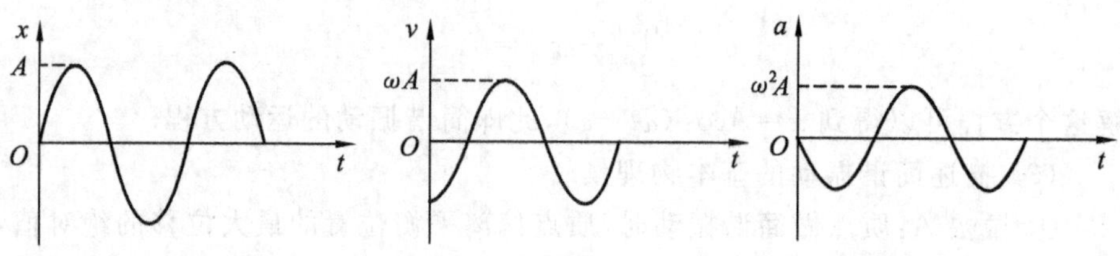

(a) (b) (c)

图 3-1

(3) 几何描述——旋转矢量法.

以简谐振动的振幅 A 为矢量的模，以角频率 ω 为角速度做逆时针匀速圆周运动，并以 $t=0$ 时与 x 轴的夹角为简谐振动的初相位 φ. 简谐振动的位移可以看作这一矢量的矢端在 x 轴上的投影点的运动(见图 3-2)，其位移 $x=A\cos(\omega t+\varphi)$.

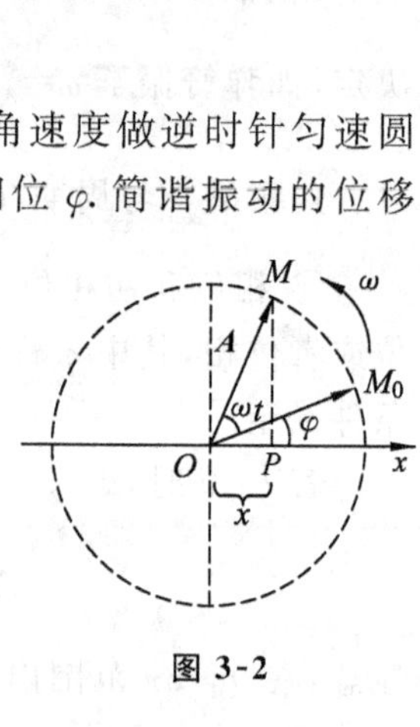

图 3-2

3．简谐振动的能量

以弹簧振子为例，有

动能：$E_k=\frac{1}{2}mv^2=\frac{1}{2}mA^2\omega^2\sin^2(\omega t+\varphi)$；

势能：$E_p=\frac{1}{2}kx^2=\frac{1}{2}mA^2\omega^2\cos^2(\omega t+\varphi)$；

总的机械能：$E=E_k+E_p=\frac{1}{2}mv^2+\frac{1}{2}kx^2=\frac{1}{2}kA^2=\frac{1}{2}mA^2\omega^2$.

由此可见，在振动时动能和势能呈周期性交替变化，但是总的机械能守恒.

4. 简谐振动的合成

(1) 两个同方向同频率简谐振动的合成.

若一质点同时参与以下两个同方向、同频率的分振动，

$$x_1=A_1\cos(\omega t+\varphi_1),$$
$$x_2=A_2\cos(\omega t+\varphi_2),$$

则合振动仍然是一个简谐振动. 合振动的运动方程为

$$x=A\cos(\omega t+\varphi),$$

式中，

$$A=\sqrt{A_1^2+A_2^2+2A_1A_2\cos(\varphi_2-\varphi_1)},$$
$$\varphi=\arctan\frac{A_1\sin\varphi_1+A_2\sin\varphi_2}{A_1\cos\varphi_1+A_2\cos\varphi_2}.$$

以上结果也可由旋转矢量图 3-3 直接得出.

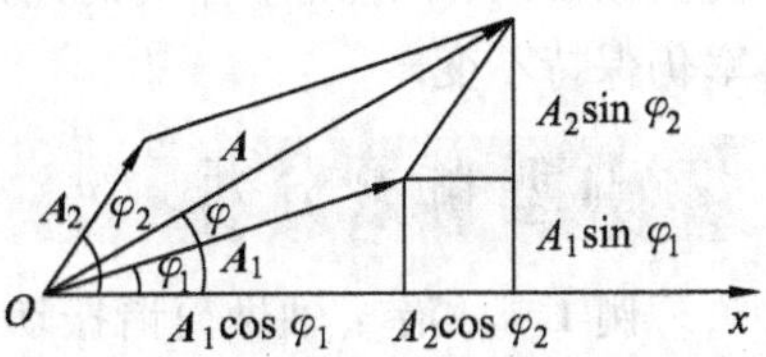

图 3-3

合振动加强减弱的条件：

当 $\Delta\varphi=\varphi_2-\varphi_1=\pm 2k\pi(k=0,1,2,3,\cdots)$时，合振动加强；

当 $\Delta\varphi=\varphi_2-\varphi_1=\pm(2k+1)\pi(k=0,1,2,3,\cdots)$时，合振动减弱.

(2) 两个同方向不同频率简谐振动的合成.

在两个简谐振动的频率都比较大，但频率之相差却很小的情况下，会出现合振幅随时间作周期性变化的现象，称为“拍”.

5. 阻尼振动和受迫振动

(1) 阻尼振动：在实际的物体振动中，往往不可避免地要受到阻力的作用，我们把振幅随时间不断衰减的振动叫做阻尼振动.

(2) 受迫振动：系统在周期性外力的持续作用下发生的振动，称为受迫振动.

当驱动力的角频率接近或等于系统的固有角频率时，物体的振动幅度会达到极大值，此称为共振现象.

问题与讨论

问题 1 分析以下几种运动是不是简谐振动？

(1) 小球在地面上下跳动，小球与地面的碰撞是完全弹性碰撞；

(2) 悬挂一重物的弹簧放置在斜面上，将重物从静止位置拉开一定距离(在弹性限度内)，然后放手任其运动.

答 (1) 不是简谐振动.如果只从位移来看，小球与地面发生的是完全弹性碰撞，每次弹回的高度都相同，而且是上下来回地运动，似乎应该是简谐振动.但是若从受力分析就会发现，在小球运动的过程中始终受到重力的作用，并且只在与地面碰撞的瞬间受到地面的冲击力，在空中找不到其平衡位置，所受力也不是与位移成正比而方向相反的回复力，不符合简谐振动的特征.

(2) 是简谐振动.垂直悬挂的弹簧振子可做简谐振动，物体受到弹力和重力的作用，平衡位置处弹力和重力的大小相等(弹簧有一伸长量)，物体是在这一位置附近振动.

如果将此装置放在斜面上，则重力沿斜面的分力作用在物体上，弹簧伸长，平衡位置处弹力和重力沿斜面的分力大小相等(弹簧也有一伸长量)，物体仍做简谐振动.由于系统中弹簧的劲度系数与物体的质量均没有改变，因此振动频率仍保持不变.

典型例题分析

例1 一沿 x 轴做简谐振动的弹簧振子，振幅为 A，振动周期为 T.求振子的初始状态分别为以下情况时的初相位：

(1) $x_0=A$；

(2) 过平衡位置且向 x 轴负方向运动；

(3) $x_0=\frac{A}{2}$ 且向 x 轴正方向运动；

(4) $x_0=-\frac{A}{\sqrt{2}}$ 且向 x 轴正方向运动.

解法1(解析法) 利用 $\cos\varphi=\frac{x_0}{A}$，$\sin\varphi=-\frac{v_0}{A\omega}$，求 φ；或利用 $\varphi=\arctan\left(-\frac{v_0}{\omega x_0}\right)$求 φ.

(1) 初始状态为 $x_0=A, v_0=0$，所以有

$$\cos\varphi=\frac{x_0}{A}=1,\ \varphi=0.$$

(2) 初始状态为 $x_0=0, v_0<0$.

由 $x_0=0$，有 $\cos\varphi=\frac{x_0}{A}=0$，所以 $\varphi=\pm\frac{\pi}{2}$.

考虑到 $v_0<0$，有 $\sin\varphi=-\frac{v_0}{A\omega}>0$，所以 φ 只能取$\frac{\pi}{2}$.

(3) 初始状态为 $x_0=\dfrac{A}{2},v_0>0$.

由 $x_0=\dfrac{A}{2}$,有 $\cos\varphi=\dfrac{x_0}{A}=\dfrac{1}{2}$, 所以 $\varphi=\pm\dfrac{\pi}{3}$.

考虑到 $v_0>0$,有 $\sin\varphi=-\dfrac{v_0}{A\omega}<0$, 所以 φ 只能取 $-\dfrac{\pi}{3}$.

(4) 初始状态为 $x_0=-\dfrac{A}{\sqrt{2}}=-\dfrac{\sqrt{2}}{2}A,v_0>0$.

由 $x_0=-\dfrac{\sqrt{2}}{2}A$,有 $\cos\varphi=\dfrac{x_0}{A}=-\dfrac{\sqrt{2}}{2}$, 所以 $\varphi=\pm\dfrac{3\pi}{4}$.

考虑到 $v_0>0$,有 $\sin\varphi=-\dfrac{v_0}{A\omega}<0$, 所以 φ 只能取 $-\dfrac{3\pi}{4}$.

解法 2(旋转矢量法) 分别画出四种初始状态所对应的旋转矢量图(见图 3-4),根据旋转矢量图可得:

(1) $\varphi=0$. 旋转矢量的投影在正的最大值,只有一个矢量方向.

(2) $\varphi=\dfrac{\pi}{2}$. 投影在平衡位置的矢量有两个,但向 x 轴负方向运动的矢量只有上面的矢量.

(3) $\varphi=-\dfrac{\pi}{3}$.

(4) $\varphi=-\dfrac{3\pi}{4}$.

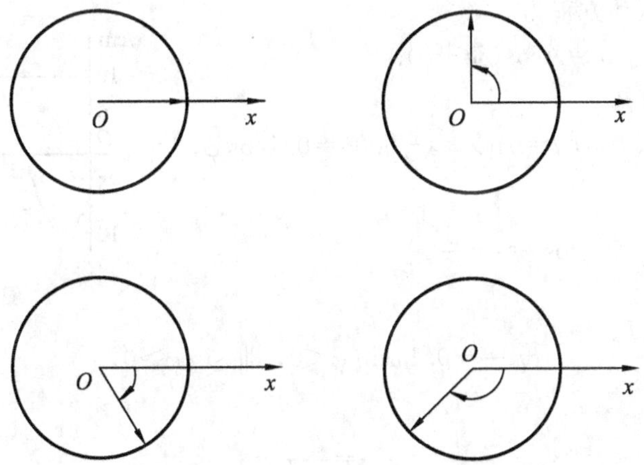

图 3-4

例 2 一质量 $m=0.25\ \text{kg}$ 的物体，在弹簧弹力作用下沿 x 轴运动，平衡位置在原点，弹簧的劲度系数 $k=25\ \text{N/m}$.

(1) 求振动的周期 T 和角频率 ω；

(2) 如果振幅 $A=15\ \text{cm}$，$t=0$ 时物体位于 $x=7.5\ \text{cm}$ 处，且物体沿 x 轴反向运动，求初速 v_0 及初相 φ；

(3) 写出运动方程.

解 (1)

$$\omega=\sqrt{\frac{k}{m}}=10\ \text{s}^{-1},$$

$$T=\frac{2\pi}{\omega}=0.63\ \text{s}.$$

(2) $A=15\ \text{cm}$，在 $t=0$ 时，$x_0=7.5\ \text{cm}$，$v_0<0$.

由

$$A=\sqrt{x_0^2+(v_0/\omega)^2},$$

得

$$v_0=-\omega\sqrt{A^2-x_0^2}=-1.3\ \text{m/s},$$

$$\varphi=\arctan\left(-\frac{v_0}{\omega x_0}\right)=\frac{\pi}{3}\ 或\ \frac{4\pi}{3}.$$

因为

$$x_0>0,\ v_0<0,$$

所以

$$\varphi=\frac{\pi}{3}.$$

(3)

$$x=0.15\cos\left(10t+\frac{\pi}{3}\right)(\text{SI}).$$

例 3 一简谐振动的振动曲线如图 3-5 所示，求运动方程.

解 设运动方程为

$$x=A\cos(\omega t+\varphi).$$

由曲线可知

$A=10\ \text{cm}=0.1\ \text{m}$，$t=0$，$x_0=-0.05=0.1\cos\varphi$，

所以

$$\cos\varphi=-\frac{1}{2}.$$

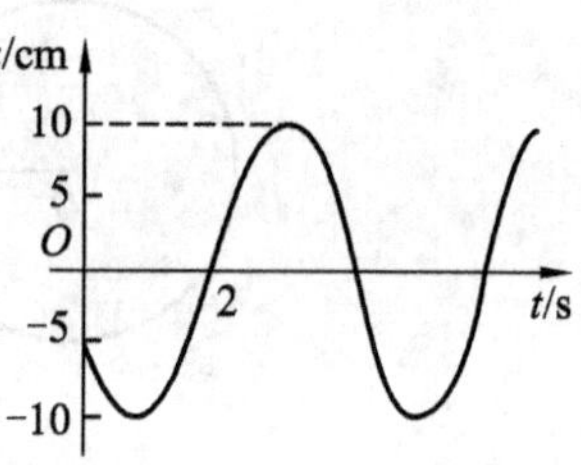

图 3-5

又因为

$$v_0=-0.1\omega\sin\varphi<0,\ 即\ \sin\varphi>0,$$

所以

$$\varphi=\frac{2}{3}\pi.$$

又由于 $t=2\ \text{s}$ 时，$x=0$ 和 $v>0$，代入运动方程得

$$0=0.1\cos\left(2\omega+\frac{2}{3}\pi\right)(\text{SI}),$$

则有 $$2\omega+\frac{2}{3}\pi=\frac{3}{2}\pi,$$

所以 $$\omega=\frac{5}{12}\pi.$$

故所求的运动方程为

$$x=0.1\cos\left(\frac{5}{12}\pi t+\frac{2}{3}\pi\right)\ (\mathrm{SI}).$$

例 4 一物体同时参与两个同方向的简谐振动：

$$x_1=0.04\cos\left(2\pi t+\frac{\pi}{2}\right)(\mathrm{SI}),$$

$$x_2=0.03\cos(2\pi t+\pi)\ (\mathrm{SI}),$$

求此物体的运动方程.

解 设合成运动(简谐振动)的运动方程为

$$x=A\cos(\omega t+\varphi),$$

则 $$A^2=A_1^2+A_2^2+2A_1A_2\cos(\varphi_2-\varphi_1).$$

将 $A_1=0.04$ cm, $A_2=0.03$ m, $\varphi_2-\varphi_1=\pi-\frac{\pi}{2}=\frac{\pi}{2}$ 代入上式，得

$$A=\sqrt{0.04^2+0.03^2}=0.05\ \mathrm{m}.$$

又 $$\varphi=\arctan\frac{A_1\sin\varphi_1+A_2\sin\varphi_2}{A_1\cos\varphi_1+A_2\cos\varphi_2}\approx2.22\ \mathrm{rad},$$

所以 $$x=0.05\cos(2\pi t+2.22)(\mathrm{SI}).$$

本章自测

一、选择题

1. 一个物体做简谐运动，运动方程为 $x=A\cos\left(\omega t+\frac{\pi}{4}\right)$，在 $t=\frac{T}{4}$（T 为周期）时刻，物体的加速度为________.

(A) $-\frac{\sqrt{2}}{2}\omega^2A$ (B) $\frac{\sqrt{2}}{2}\omega^2A$ (C) $-\frac{\sqrt{3}}{2}\omega^2A$ (D) $\frac{\sqrt{3}}{2}\omega^2A$

2. 对一个做简谐运动的物体，下列说法正确的是________.

(A) 物体处在运动正方向的端点时，速度和加速度都达到最大值

(B) 物体位于平衡位置且向负方向运动时，速度和加速度都为零

(C) 物体位于平衡位置且向正方向运动时，速度最大，加速度都为零

(D) 物体处在负方向的端点时，速度最大，加速度为零

3. 如图 3-6 所示，质量为 m 的物体由劲度系数为 k_1 和 k_2 的两个轻弹簧连接，在水平光滑导轨上做微小振动，则系统的振动频率为________.

(A) $\nu=2\pi\sqrt{\dfrac{k_1+k_2}{m}}$

(B) $\nu=\dfrac{1}{2\pi}\sqrt{\dfrac{k_1+k_2}{m}}$

(C) $\nu=\dfrac{1}{2\pi}\sqrt{\dfrac{k_1+k_2}{mk_1k_2}}$

(D) $\nu=\dfrac{1}{2\pi}\sqrt{\dfrac{k_1k_2}{m(k_1+k_2)}}$

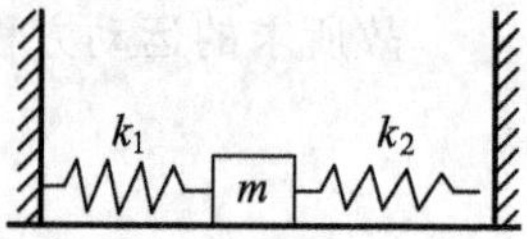

图 3-6

4. 一弹簧振子，重物的质量为 m，弹簧的劲度系数为 k，该振子做振幅为 A 的简谐振动. 当重物通过平衡位置且向规定的正方向运动时开始计时，则其运动方程为________.

(A) $x=A\cos\left(\sqrt{\dfrac{k}{m}}\,t+\dfrac{\pi}{2}\right)$ (B) $x=A\cos\left(\sqrt{\dfrac{k}{m}}\,t-\dfrac{\pi}{2}\right)$

(C) $x=A\cos\left(\sqrt{\dfrac{m}{k}}\,t+\dfrac{\pi}{2}\right)$ (D) $x=A\cos\left(\sqrt{\dfrac{m}{k}}\,t-\dfrac{\pi}{2}\right)$

5. 一简谐振动曲线如图 3-7 所示，则振动周期是________.

(A) 2.62 s

(B) 2.40 s

(C) 2.20 s

(D) 2.00 s

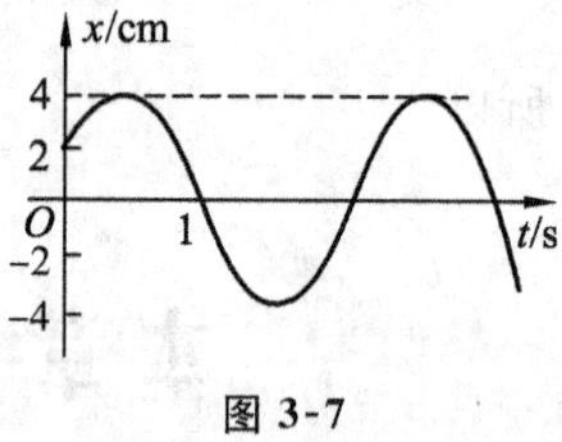

图 3-7

6. 已知某简谐振动的振动曲线如图 3-8 所示，位移的单位为 cm，时间单位为 s，则此简谐振动的运动方程为________.

(A) $x=2\cos\left(\dfrac{2}{3}\pi t+\dfrac{2}{3}\pi\right)$

(B) $x=2\cos\left(\dfrac{2}{3}\pi t-\dfrac{2}{3}\pi\right)$

(C) $x=2\cos\left(\dfrac{4}{3}\pi t+\dfrac{2}{3}\pi\right)$

(D) $x=2\cos\left(\dfrac{4}{3}\pi t-\dfrac{2}{3}\pi\right)$

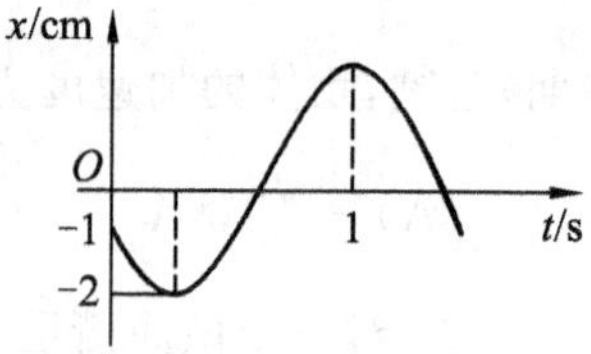

图 3-8

7. 一个质点做简谐振动，振幅为 A，在起始时刻质点的位移为 $\frac{1}{2}A$，且向 x 轴的正方向运动，代表此简谐振动的旋转矢量图为________.

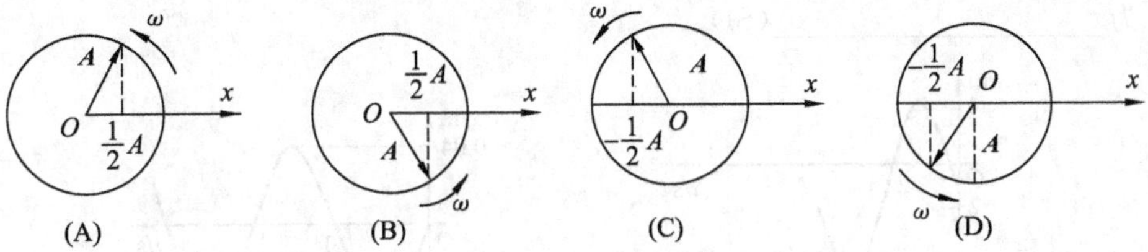

8. 一质点沿 x 轴做简谐振动，振动方程为 $x=0.04\cos\left(2\pi t+\frac{\pi}{3}\right)$ (SI). 从 $t=0$ 时刻起，到质点位置在 $x=-2$ cm 处，且向 x 轴正方向运动的最短时间间隔为________.

(A) $\frac{1}{2}$ s　　(B) $\frac{1}{8}$ s　　(C) $\frac{1}{4}$ s　　(D) $\frac{1}{3}$ s

9. 一弹簧振子做简谐振动，总能量为 E_1，如果简谐振动振幅增加为原来的 2 倍，重物的质量增为原来的 4 倍，则它的总能量 E_2 变为________.

(A) $\frac{E_1}{4}$　　(B) $\frac{E_1}{2}$　　(C) $2E_1$　　(D) $4E_1$

10. 一弹簧振子做简谐振动，当其偏离平衡位置的位移大小为振幅的 $\frac{1}{4}$ 时，其动能为振动总能量的________.

(A) $\frac{7}{16}$　　(B) $\frac{9}{16}$　　(C) $\frac{15}{16}$　　(D) $\frac{13}{16}$

二、填空题

1. 一物体做简谐振动，其振动方程为 $x=0.04\cos\left(\frac{5}{3}\pi t-\frac{\pi}{2}\right)$ (SI).

(1) 此简谐振动的周期 $T=$________ s；

(2) 当 $t=0.6$ s 时，物体的速度 $v=$________ m/s.

2. 一弹簧振子做简谐振动，振幅为 A，周期为 T，其运动方程用余弦函数表示. 若 $t=0$ 时，

(1) 振子在负的最大位移处，则初相为________；

(2) 振子在位移为 $\frac{A}{2}$ 处，且向负方向运动，则初见为________________.

3. 一质点做简谐振动. 其振动曲线如图 3-9 所示. 根据此图，它的周期 $T=$______ s，用余弦函数描述时初相位 $\varphi=$________.

4. 一质点做简谐振动,速度最大值 $v_m=0.05$ m/s,振幅 $A=0.02$ m. 若令速度具有正最大值的那一时刻为 $t=0$,则运动方程为______________(SI).

5. 一简谐振子的振动曲线如图 3-10 所示,则以余弦函数表示的运动方程为______________(SI).

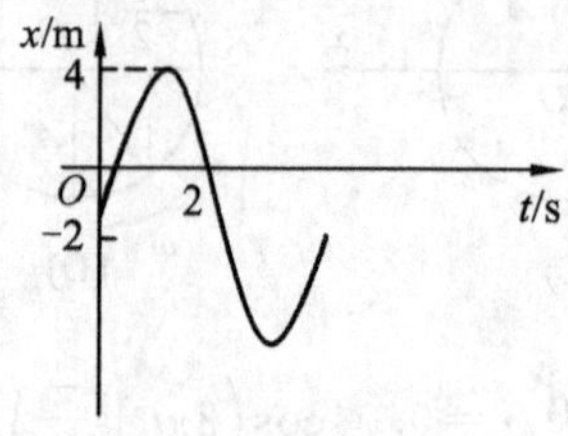

图 3-9

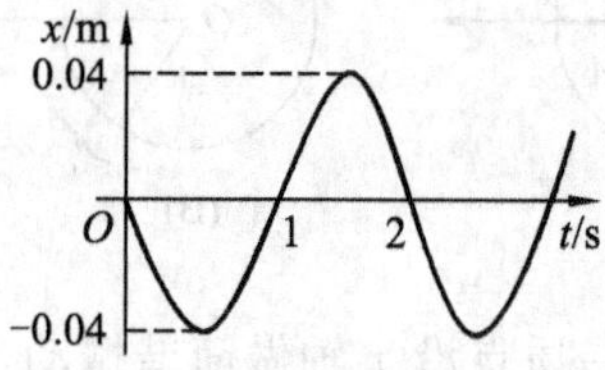

图 3-10

6. 两个弹簧振子的周期都是 0.4 s, 设开始时第一个振子从平衡位置向负方向运动,经过 0.5 s 后,第二个振子才从正方向的端点开始运动,则这两振动的相位差为________.

7. 一简谐振动的旋转矢量图如图 3-11 所示,振幅为2 cm,则该简谐振动的初相为________,振动方程为______________(SI).

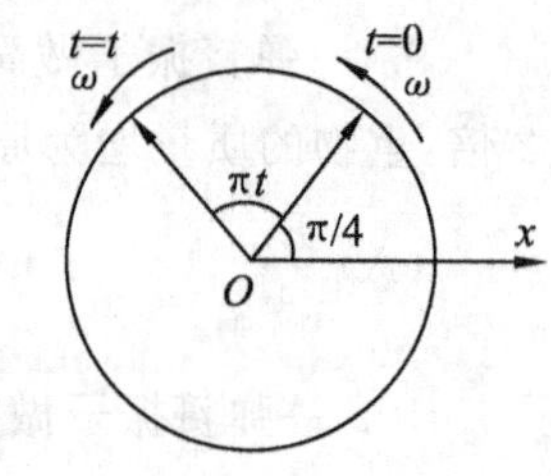

图 3-11

8. 一质点沿 x 轴以 $x=0$ 为平衡位置做简谐振动,频率为 0.25 Hz. 当 $t=0$ 时,$x=-0.37$ m,而速度为零,则振幅是________m,运动方程为__________(SI).

9. 一弹簧振子系统具有 1 J 的振动能量,0.1 m 的振幅和 1 m/s 的最大速率,则弹簧的劲度系数为________N/m,振子的振动频率为________Hz.

10. 一个质点同时参与两个在同一直线上的简谐振动,其运动方程分别为

$$x_1=0.04\cos\left(2t+\frac{\pi}{6}\right)(\mathrm{SI}),$$

$$x_2=0.03\cos\left(2t-\frac{5}{6}\pi\right)(\mathrm{SI}),$$

则其合成振动的振幅为________m,初相为__________.

三、计算题

1. 一质量为 m 的质点在力 $F=-\pi^2 x$ 的作用下沿 x 轴运动(见图 3-12),求其运动的周期.

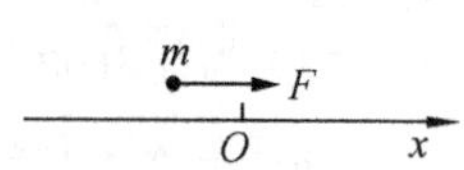

图 3-12

2. 一物体做简谐振动,其速度最大值 $v_m=0.03$ m/s,其振幅 $A=0.02$ m. 若 $t=0$ 时,物体位于平衡

位置且向x轴的负方向运动. 求：

(1) 振动周期 T；

(2) 加速度的最大值 a_m；

(3) 运动方程.

3. 一质点做简谐振动，其运动方程为 $x=0.06\cos\left(\frac{\pi}{3}t-\frac{\pi}{4}\right)$(SI)，求：

(1) 当 x 值为多大时，系统的势能为总能量的一半？

(2) 质点从平衡位置移动到上述位置所需最短时间为多少？

4. 一弹簧振子沿 x 轴做简谐振动(弹簧为原长时振动物体的位置取作 x 轴原点). 已知振动物体最大位移 $x_m=0.4$ m，最大回复力 $F_m=0.8$ N，最大速度 $v_m=0.8\pi$ m/s. 又知 $t=0$ 的初位移为 0.2 m，且初速度与所选 x 轴方向相反. 求：(1) 振动能量；(2) 运动方程.

5. 已知两个同方向简谐振动：

$$x_1=0.05\cos\left(10t+\frac{3}{4}\pi\right),$$

$$x_2=0.06\cos\left(10t+\frac{1}{4}\pi\right),$$

式中，x 的单位为 m，t 的单位为 s，求合振动的运动方程.

第4章

机械波

学习基本要求

(1) 了解波的形成与传播,理解波动的物理本质,掌握描述波动的基本物理量(波长 λ、频率 ν、波速 u)的物理意义.

(2) 掌握平面简谐波的波动方程及其物理含义,会求波动方程.

(3) 掌握波动曲线及相关计算.

(4) 掌握惠更斯原理,理解波的叠加原理.

(5) 掌握波的干涉,掌握波程差和相位差的关系,会利用相干相长和相消公式计算相关问题.

基本定律和基本方法

1. 波动过程的几何描述方法

(1) 名词解释.

① 波线(波射线).沿着波的传播方向画一个带箭头的直线称为波线.

② 波面(同相面).不同波线上相位相同的点所连成的曲面,称为波面或同相面.

③ 波阵面(波前).在某一个时刻,由波源最初振动状态传到各点所连成的曲面称为波阵面或者波前.

波面可以有许多个,但是波阵面只有一个,它是传播到最前面的那个波面,实际上它是波面的一个特例.

④ 球面波和平面波.波阵面是球面的波称为球面波;波阵面是平面的波称为平面波.

(2) 惠更斯原理.

波所到达的每一点都可以看作是发射次级子波的波源,而在其后的任意时刻，这些子波的包络就是新的波前.

2. 波动过程的物理描述方法

(1) 描述波动过程的基本物理量.

① 波长 λ. 在波线上相邻的两个振动状态完全相同的点之间的距离称为波长，即在波的传播方向上，相位相差 2π 的两个点之间的距离.

② 波的周期 T 或频率 ν. 相位传播一个波长的距离所需要的时间称为波的周期. 单位时间内通过媒质中某固定点完整波的数目称为波的频率. 周期 T 与频率 ν 互为倒数.

波在传播过程中，$(t+kT)(k=1,2,3,\cdots)$ 时刻的波形与 t 时刻的波形完全相同. 波的周期等于波源的振动周期.

③ 波速 u. 波速即相速，是相位的传播速度，即单位时间内相位传播的距离.

λ，T 和 u 三者之满足关系：$u=\dfrac{\lambda}{T}=\lambda\nu$.

(2) 平面简谐波的波动方程.

若坐标原点处质元的振动方程为 $y(t)=A\cos(\omega t+\varphi)$，则该平面简谐波的波动方程为

$$
\begin{aligned}
y(x,t)&=A\cos\left[\omega\left(t\pm\frac{x}{u}\right)+\varphi\right]\\
&=A\cos\left[2\pi\left(\frac{t}{T}\pm\frac{x}{\lambda}\right)+\varphi\right]\\
&=A\cos\left[2\pi\left(\nu t\pm\frac{x}{\lambda}\right)+\varphi\right].
\end{aligned}
$$

平面简谐波沿 x 轴正方向传播，取“－”号；反之，则取“＋”号.

(3) 平面简谐波波动方程的物理意义.

① 对给定点 x：波动方程表示给定点 x 的振动方程.

② 对给定时刻 t：波动方程表示给定时刻 t 沿波线上各质元离开平衡位置的位移.

相位差 $\Delta\varphi$ 和波程差 Δx 的关系：$\Delta\varphi=\dfrac{2\pi}{\lambda}\Delta x$.

③ x 和 t 均为变量：波动方程表示任一点在任一时刻的位移，它既包含了各个时刻的波形，又反映了波形的传播.

3. 波的干涉

(1) 波的叠加原理.

每一列波在各自的传播方向上，都将独立地保持原有的特征（波长、波速、

振动方向等)传播,就像其他各列波不存在一样.在几列波相遇的区域,任一位置处质点的振动,等于各列波单独存在时在该点引起的振动的合振动,这就是波的叠加性.

(2) 波的干涉.

满足相干条件的两列波在空间相遇时出现稳定的振动加强或振动减弱的现象.

相干条件:频率相同,振动方向相同,相位差恒定或为零.

(3) 干涉加强或减弱的条件.

两列相干波在相遇处相干叠加,合振动振幅

$$A=\sqrt{A_1^2+A_2^2+2A_1A_2\cos\Delta\varphi},$$

$$\Delta\varphi=(\varphi_2-\varphi_1)-\frac{2\pi}{\lambda}(r_2-r_1),$$

$$\begin{cases}\Delta\varphi=(\varphi_2-\varphi_1)-\dfrac{2\pi}{\lambda}(r_2-r_1)=2k\pi, & (k=0,\pm1,\pm2,\cdots)\ \text{干涉加强},\\ \Delta\varphi=(\varphi_2-\varphi_1)-\dfrac{2\pi}{\lambda}(r_2-r_1)=(2k+1)\pi, & (k=0,\pm1,\pm2,\cdots)\ \text{干涉减弱}.\end{cases}$$

若$(\varphi_2-\varphi_1)=0$,则$\Delta\varphi$由(r_2-r_1)决定.

$\delta=r_2-r_1$称为波程差,则有

$$\begin{cases}\delta=2k\cdot\dfrac{\lambda}{2}\Rightarrow\Delta\varphi=2k\pi\Rightarrow A=(A_1+A_2)=A_{\max}, & \text{干涉加强},\\ \delta=(2k+1)\cdot\dfrac{\lambda}{2}\Rightarrow\Delta\varphi=(2k+1)\pi\Rightarrow A=|A_1-A_2|=A_{\min}, & \text{干涉减弱}.\end{cases}$$

问题与讨论

问题1 波动的物理本质是什么?

答 (1) 在振动的传播过程中,媒质中各质元本身并不随着波的传播而向前移动,媒质中各质元都在各自的平衡位置附近做同频率、同方向的振动,并不"随波逐流".各质元振动的相位各不相同,呈现有规则的"参差不齐".

(2) 在波的传播方向上,后一点总是重复前一点的振动过程,后一点的相位总是落后前一点的相位.振动的传播过程,是振动状态即相位的传播.振动传播的速度即相位传播的速度,因此波速又称为相速度.

(3) 尽管媒质中各质元的振动状态(相位)各不相同,但在波的传播方向(波线)上,总可以找到振动状态完全相同的点,表现为波动传播具有空间周期性.

(4) 振动传播的过程也是能量传播的过程.

问题2 振动与波动有什么区别和联系?

答 振动是单个质点的周期性往复运动,振动方程中只有时间 t 一个独立的自变量.简谐振动系统是一个孤立系统,机械能在振动物体的动能和势能之间相互转换,系统总的机械能守恒.振动曲线表示的是同一质点在不同时刻偏离平衡位置的位移,纵坐标为位移,横坐标为时间.

波动是振动在空间的传播.波动中虽然每个质元振动的频率、振动方向都相同,但振动相位却参差不齐.波动方程有时间 t 和位置坐标 x 两个自变量.波形图(即 y-x 图)表示的是波线上不同质元在同一时刻偏离各自平衡位置的位移.媒质中各质元都是一个开放系统,它不断地从前面的质元吸收能量并向后面的质元传递.

典型例题分析

例 1 已知一平面简谐波的波动方程为 $y=A\cos[\pi(4t+2x)]$(SI).

(1) 求该波的波长 λ、频率 ν 和波速 u 的值;

(2) 写出 $t=4.2$ s 时刻各波峰位置的坐标表达式,并求出此时离坐标原点最近的那个波峰的位置;

(3) 求 $t=4.2$ s 时离坐标原点最近的那个波峰通过坐标原点的时刻 t.

解 这是一个向 x 轴负方向传播的波.

(1) 与波动方程的标准形式 $y(x,t)=A\cos\left[\omega\left(t+\dfrac{x}{u}\right)+\varphi\right]$比较,可得

$$\omega=4\pi,\ \frac{\omega}{u}=2\pi.$$

所以频率 $\nu=\dfrac{\omega}{2\pi}=2$ Hz,波速 $u=2$ m/s,波长 $\lambda=u/\nu=1$ m.

(2) 波峰的位置,即 $y=A$ 的位置.

由
$$\cos[\pi(4t+2x)]=1,$$
有
$$\pi(4t+2x)=2k\pi\ (k=0,\pm1,\pm2,\cdots).$$

解上式,可得

$$x=k-2t.$$

则当 $t=4.2$ s 时,

$$x=(k-8.4)\ \text{m}.$$

要求离坐标原点最近的波峰,即求 $|x|$ 最小的波峰.在上式中取 $k=8$,可得 $x=-0.4$ m 的波峰离坐标原点最近.

(3) 设该波峰由原点传播到 $x=-0.4$ m 处所需的时间为 Δt,则

$$\Delta t=\frac{|\Delta x|}{u}=\frac{|\Delta x|}{\nu\lambda}=0.2\ \text{s},$$

所以该波峰经过原点的时刻 $t=4$ s.

例 2 平面简谐波沿 x 轴正方向传播，振幅为 2 cm，频率为 50 Hz，波速为 200 m/s. 在 $t=0$ 时，$x=0$ 处的质点正在平衡位置向 y 轴正方向运动，求：

(1) 波动方程；

(2) $x=4$ m 处媒质质点的运动方程及该点在 $t=2$ s 时的振动速度.

解 (1) 设 $x=0$ 处质点的运动方程为 $y_0=A\cos(\omega t+\varphi)$.

已知 $t=0$ 时，$y_0=0$，所以

$$\cos\varphi=0.$$

考虑到 $v_0=-\omega A\sin\varphi>0$，即 $\sin\varphi<0$，则 $\varphi=-\frac{\pi}{2}$，所以

$$y_0=A\cos(2\pi\nu t+\varphi)=0.02\cos\left(100\pi t-\frac{\pi}{2}\right)(\text{SI}).$$

由波的传播概念，可得该平面简谐波的波动方程为

$$y=0.02\cos\left[100\pi\left(t-\frac{x}{200}\right)-\frac{\pi}{2}\right](\text{SI}).$$

(2) $x=4$ m 处的质点在 t 时刻的位移

$$y=0.02\cos\left(100\pi t-\frac{\pi}{2}\right)(\text{SI}).$$

该质点在 $t=2$ s 时的振动速度为

$$v=-0.03\times100\pi\sin\left(200\pi-\frac{\pi}{2}\right)=6.28\ \text{m/s}.$$

例 3 一平面简谐波沿 x 轴正向传播，其振幅和角频率分别为 A 和 ω，波速为 u，设 $t=0$ 时的波形曲线如图 4-1 所示.

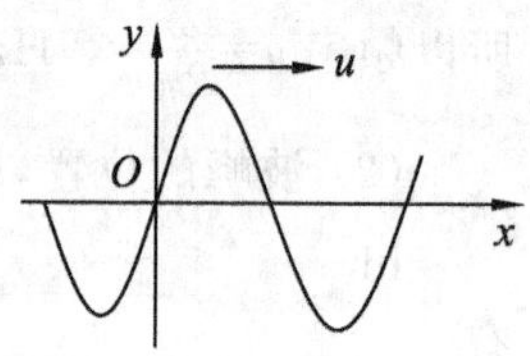

图 4-1

(1) 写出此波的波动方程；

(2) 求距点 O 分别为 $\lambda/8$ 和 $3\lambda/8$ 两处质点的振动方程；

(3) 求距点 O 分别为 $\lambda/8$ 和 $3\lambda/8$ 两处质点在 $t=0$ 时的振动速度.

解 (1) 以点 O 为坐标原点. 由图可知，该点振动初始条件为

$$y_0=A\cos\varphi=0,$$
$$v_0=-A\omega\sin\varphi<0,$$

所以

$$\varphi=\frac{\pi}{2},$$

波动方程为

$$y=A\cos\left[\omega\left(t-\frac{x}{u}\right)+\frac{\pi}{2}\right].$$

(2) 将 $x=\frac{\lambda}{8}$ 代入波动方程,则该处质点的振动方程为

$$y=A\cos\left[\omega t-2\pi\frac{\lambda/8}{\lambda}+\frac{\pi}{2}\right]=A\cos\left(\omega t+\frac{\pi}{4}\right).$$

将 $x=\frac{\lambda}{8}$ 代入波动方程,则该处质点的振动方程为

$$y=A\cos\left[\omega t-2\pi\frac{3\lambda/8}{\lambda}+\frac{\pi}{2}\right]=A\cos\left(\omega t-\frac{\pi}{4}\right).$$

(3) $\frac{\mathrm{d}y}{\mathrm{d}t}=-\omega A\sin\left(\omega t-\frac{2\pi x}{\lambda}+\frac{\pi}{2}\right).$

$t=0,x=\lambda/8$ 处质点振动速度

$$\frac{\mathrm{d}y}{\mathrm{d}t}=-\omega A\sin\left[\left(\frac{-2\pi\lambda}{8\lambda}\right)+\frac{\pi}{2}\right]=-\frac{\sqrt{2}}{2}\omega A.$$

$t=0,x=3\lambda/8$ 处质点振动速度

$$\frac{\mathrm{d}y}{\mathrm{d}t}=-\omega A\sin\left[\left(-2\pi\times\frac{3\lambda}{8\lambda}\right)+\frac{\pi}{2}\right]=\frac{\sqrt{2}}{2}\omega A.$$

例 4 一列平面简谐波在媒质中以波速 $u=5\ \mathrm{m/s}$ 沿 x 轴正向传播,原点 O 处质元的振动曲线如图 4-2 所示.

(1) 求解并画出 $x=25\ \mathrm{m}$ 处质元的振动曲线;

(2) 求解并画出 $t=3\ \mathrm{s}$ 时的波形曲线.

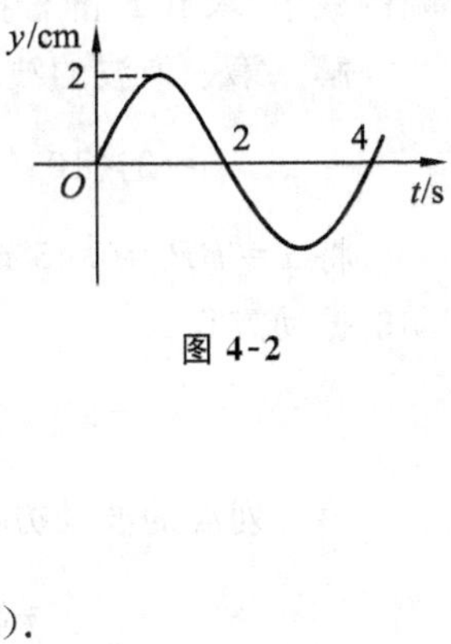

图 4-2

解 (1) 原点 O 处质元的运动方程为

$$y=0.02\cos\left(\frac{\pi}{2}t-\frac{\pi}{2}\right)(\mathrm{SI}),$$

则波动方程为

$$y=0.02\cos\left[\frac{\pi}{2}\left(t-\frac{x}{5}\right)-\frac{\pi}{2}\right](\mathrm{SI}).$$

将 $x=25\ \mathrm{m}$ 代入上式,可得该处质元的运动方程为

$$\begin{aligned}y&=0.02\cos\left(\frac{\pi}{2}t-3\pi\right)\\&=0.02\cos\left(\frac{\pi}{2}t-\pi\right)(\mathrm{SI}),\end{aligned}$$

振动曲线见图 4-3a.

(2) 将 $t=3$ s 代入波动方程，可得波形曲线方程

$$y=0.02\cos\left(\pi-\frac{\pi x}{10}\right)(\mathrm{SI}),$$

波形曲线见图 4-3b.

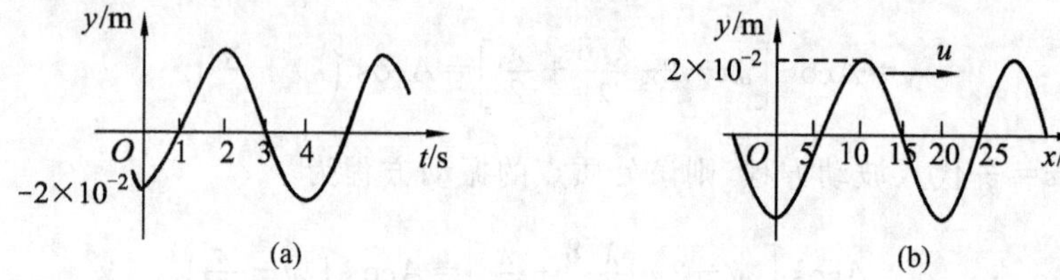

图 4-3

例 5 如图 4-4 所示，两列相干波在点 P 相遇. 一列波在点 B 引起的振动是

$$y_{10}=3\times10^{-3}\cos 2\pi t(\mathrm{SI});$$

另一列波在 C 点引起的振动是

$$y_{20}=3\times10^{-3}\cos\left(2\pi t+\frac{\pi}{2}\right)(\mathrm{SI});$$

令 $BP=0.45$ m，$CP=0.3$ m，两波的传播速度 $u=0.2$ m/s，不考虑传播途中振幅的减小，求点 P 的合振动的振动方程.

解 第一列波的波动方程可以表示为

$$y=3\times10^{-3}\cos\left[2\pi\left(t-\frac{x}{0.2}\right)\right](\mathrm{SI}).$$

将 $x=BP=0.45$ m 代入上式，可得在点 P 引起的振动的振动方程为

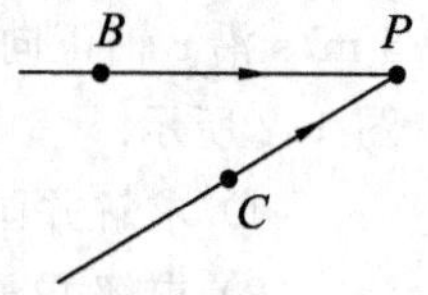

图 4-4

$$y_1=3\times10^{-3}\cos\left(2\pi t-\frac{\pi}{2}\right)(\mathrm{SI})$$

第二列波的波动方程可以表示为

$$y=3\times10^{-3}\cos\left[2\pi\left(t-\frac{x}{0.2}\right)+\frac{\pi}{2}\right](\mathrm{SI}).$$

将 $x=CP=0.3$ m 代入上式，可得在点 P 引起的振动的振动方程为

$$y_2=3\times10^{-3}\cos\left(2\pi t-\frac{\pi}{2}\right)(\mathrm{SI}).$$

所以点 P 的合振动的振动方程是

$$y=y_1+y_2=6\times10^{-3}\cos\left(2\pi t-\frac{\pi}{2}\right)(\mathrm{SI}).$$

本章自测

一、选择题

1. 已知一平面简谐波的波动方程为 $y=A\cos(at-bx)$(a,b 为正常数),则________.

(A) 波的频率为 a　　　　(B) 波的传播速度为 b/a

(C) 波长为 π/b　　　　(D) 波的周期为 $2\pi/a$

2. 横波以波速 u 沿 x 轴负方向传播. t 时刻波形曲线如图 4-5 所示,则该时刻________.

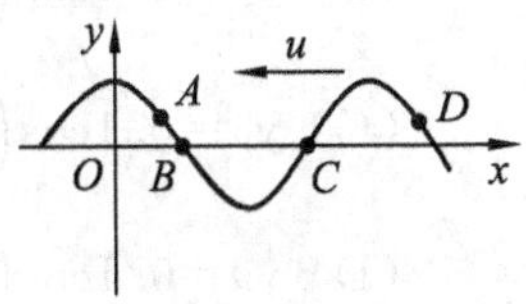

图 4-5

(A) 点 A 振动速度大于零

(B) 点 B 静止不动

(C) 点 C 向下运动

(D) 点 D 振动速度小于零

3. 一平面余弦波在 $t=0$ 时刻的波形曲线如图 4-6 所示,则点 O 的振动初相位为________.

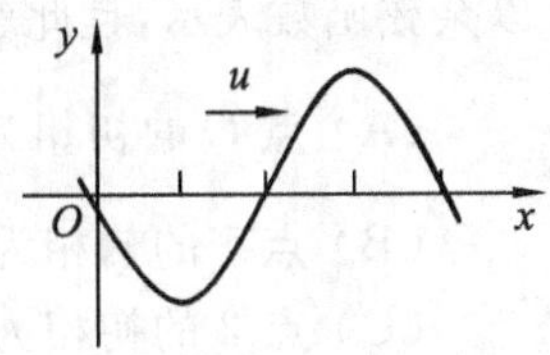

图 4-6

(A) 0　　　　(B) $\dfrac{\pi}{2}$

(C) π　　　　(D) $\dfrac{3}{2}\pi\left(\text{或}-\dfrac{\pi}{2}\right)$

4. 一平面简谐波在 $t=0$ 时刻的波形如图 4-7 所示,该波的波速 $u=200\ \text{m/s}$,则 P 处质点的振动曲线为________.

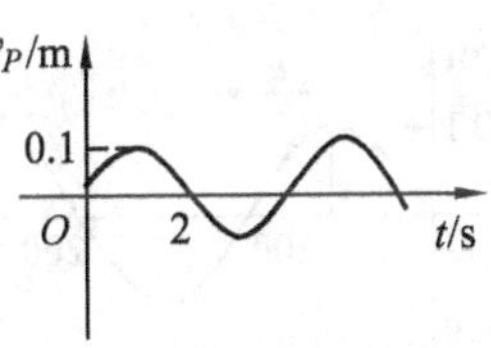

(A)

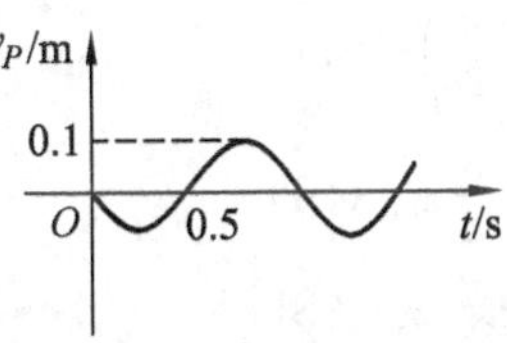

(B)

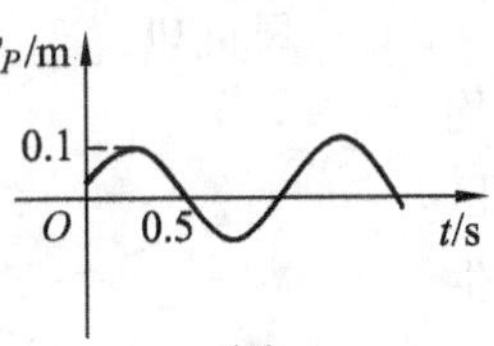

(C)

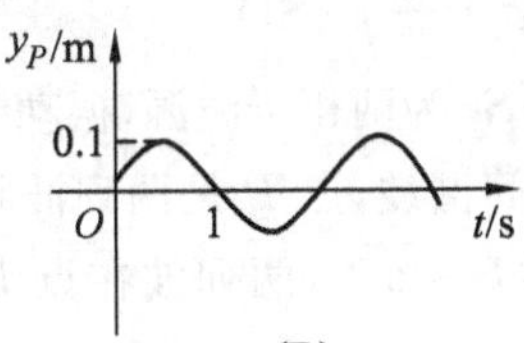

(D)

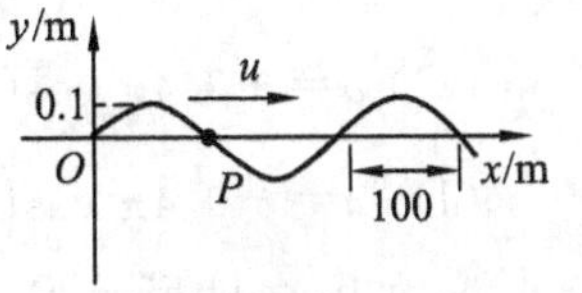

图 4-7

5. 频率为 100 Hz，传播速度为 300 m/s 的平面简谐波，波线上距离小于波长的两点振动的相位差为$\frac{\pi}{3}$，则此两点相距________.

（A）2.86 m　　　　（B）2.19 m

（C）0.5 m　　　　（D）0.25 m

6. 一平面简谐波沿 Ox 轴正方向传播，$t=0$ 时刻的波形图如图 4-8 所示，则 P 处介质质点的振动方程是________.

（A）$y_P=0.1\cos\left(4\pi t+\frac{\pi}{3}\right)$（SI）

（B）$y_P=0.1\cos\left(4\pi t-\frac{\pi}{3}\right)$（SI）

（C）$y_P=0.1\cos\left(2\pi t+\frac{\pi}{3}\right)$（SI）

（D）$y_P=0.1\cos\left(2\pi t+\frac{\pi}{6}\right)$（SI）

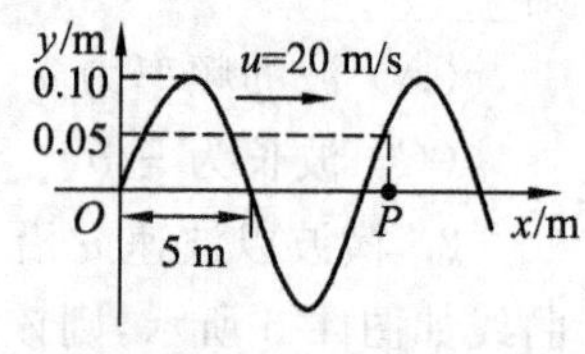

图 4-8

7. 一沿 x 轴正向传播的平面简谐波在 $t=0$ 时刻的波形（见图 4-9）. 若振动以余弦函数表示，且此题各点振动初相取 $-\pi$ 到 π 之间的值，则________.

（A）点 O 的初相为 $\varphi_0=-\frac{\pi}{2}$

（B）点 1 的初相为 $\varphi_1=0$

（C）点 2 的初相为 $\varphi_2=0$

（D）点 3 的初相为 $\varphi_3=0$

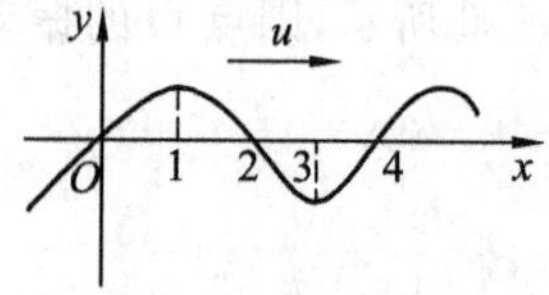

图 4-9

8. 图 4-10 所示为一简谐波在 $t=0$ 时刻的波形图，波速 $u=200$ m/s，则图中点 O 的振动加速度的表达式为________.

（A）$a=0.4\pi^2\cos\left(\pi t-\frac{\pi}{2}\right)$（SI）

（B）$a=0.4\pi^2\cos\left(\pi t-\frac{3}{2}\pi\right)$（SI）

（C）$a=-0.4\pi^2\cos(2\pi t-\pi)$（SI）

（D）$a=-0.4\pi^2\cos\left(2\pi t+\frac{\pi}{2}\right)$（SI）

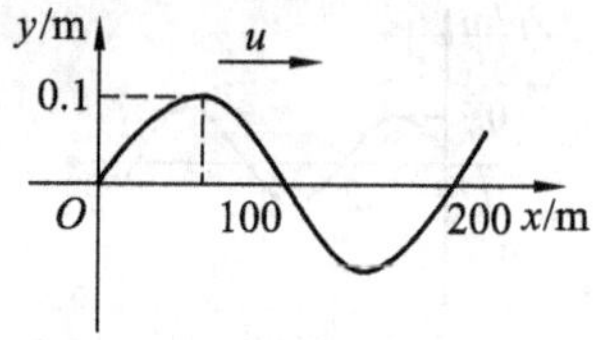

图 4-10

9. 如图 4-11 所示，S_1 和 S_2 为两相干波源，振动方向均垂直于图面，发出波长为 λ 的简谐波，点 P 是两列波相遇区域中的一点，已知 $S_1P=2\lambda$，$S_2P=2.2\lambda$，两列波在点 P 发生相消干涉. 若 S_1 的振动方程为 $y_1=A\cos\left(2\pi t+\frac{\pi}{2}\right)$，则 S_2 的振动方程为________.

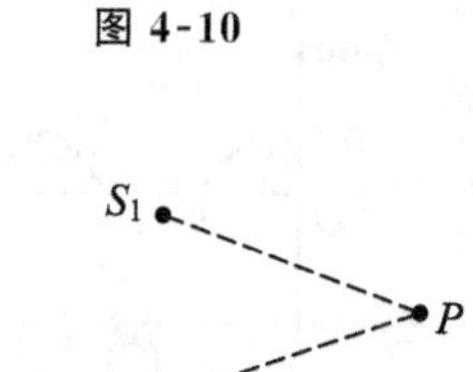

图 4-11

(A) $y_2=A\cos\left(2\pi t-\dfrac{\pi}{2}\right)$　　(B) $y_2=A\cos(2\pi t-\pi)$

(C) $y_2=A\cos\left(2\pi t+\dfrac{\pi}{2}\right)$　　(D) $y_2=2A\cos(2\pi t-0.1\pi)$

10. 两相干波源 S_1 和 S_2 相距 $\dfrac{\lambda}{4}$（λ 为波长），S_1 的相位比 S_2 的相位超前 $\dfrac{\pi}{2}$，在 S_1，S_2 的连线上，S_1 外侧各点（例如点 P）两波（见图 4-12）引起的两简谐振动的相位差是________.

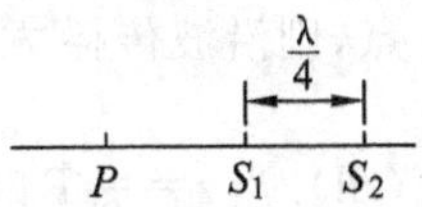

图 4-12

(A) 0　　(B) $\dfrac{\pi}{2}$　　(C) π　　(D) $\dfrac{3}{2}\pi$

二、填空题

1. 一个余弦横波以速度 u 沿 x 轴正向传播，t 时刻波形曲线如图 4-13 所示. 试分别指出图中 A，B，C 各质点在该时刻的运动方向. A ______；B ______；C ______.

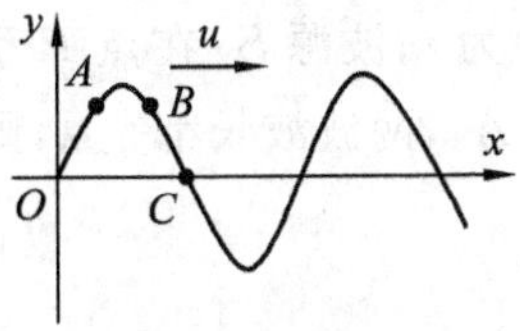

图 4-13

2. 一平面简谐波的表达式为 $y=0.25\cos(5\pi t-0.5\pi x)$（SI），其周期 $T=$ ______ s，波速 $u=$ ______ m/s，波长 $\lambda=$________ m.

3. 在简谐波的一条射线上，相距 0.2 m 两点的振动相位差为 $\dfrac{\pi}{6}$. 又知振动周期为 0.4 s，则波长为________ m，波速为________ m/s.

4. 一平面简谐波沿 x 轴正方向传播，波速 $u=100$ m/s，$t=0$ 时刻的波形曲线如图 4-14 所示. 可知波长 $\lambda=$________ m；振幅 $A=$________ m；频率 $\nu=$________ Hz.

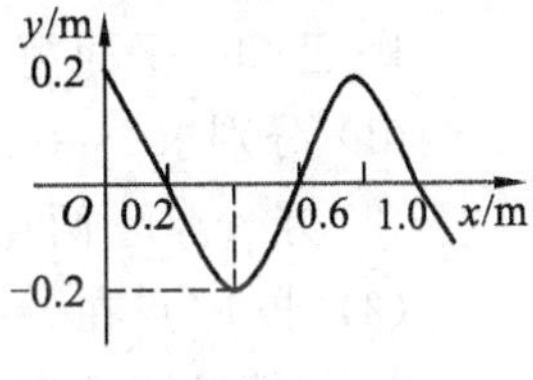

图 4-14

5. 一列平面简谐波沿 x 轴正向无衰减地传播，波的振幅为 2×10^{-3} m，周期为 0.01 s，波速为 400 m/s. 当 $t=0$ 时 x 轴原点处的质元正通过平衡位置向 y 轴正方向运动，则该简谐波的波动方程为____________________（SI）.

6. 已知一平面简谐波的波长 $\lambda=1$ m，振幅 $A=0.1$ m，周期 $T=0.5$ s. 波的传播方向为 x 轴正方向，并以振动初相为零的点为 x 轴原点，则波动方程为________________（SI）.

7. 一平面简谐波沿 x 轴正方向传播，波动表达式为 $y=0.2\cos\left(\pi t-\dfrac{\pi}{2}x\right)$

(SI),则 $x=-3$ m 处媒质质点的振动加速度 a 的表达式为________(SI).

8. 已知一平面简谐波沿 x 轴正向传播,振动周期 $T=0.5$ s,波长 $\lambda=10$ m,振幅 $A=0.1$ m. 当 $t=0$ 时波源振动的位移恰好为正的最大值. 若波源处为原点,则沿波传播方向距离波源为 $\frac{1}{2}\lambda$ 处质点的振动方程为 $y=$________(SI). 当 $t=\frac{1}{2}T$ 时,$x=\frac{1}{4}\lambda$ 处质点的振动速度为________m/s.

9. 一简谐波沿 $\overrightarrow{BP}$ 方向传播,它在点 B 引起的振动方程为 $y_1=A_1\cos 2\pi t$. 另一简谐波沿 $\overrightarrow{CP}$ 方向传播,它在 C 点引起的振动方程为 $y_2=A_2\cos(2\pi t+\pi)$. 点 P 与点 B 相距 0.40 m,与点 C 相距 0.5 m(见图 4-15),波速均为 $u=0.20$ m/s,则两波在点 P 的相位差为________.

10. 如图 4-16 所示,S_1 和 S_2 为同相位的两相干波源,相距为 L,点 P 距 S_1 为 r;波源 S_1 在点 P 引起的振动振幅为 A_1,波源 S_2 在点 P 引起的振动振幅为 A_2,两波波长都是 λ,则点 P 的振幅 $A=$________

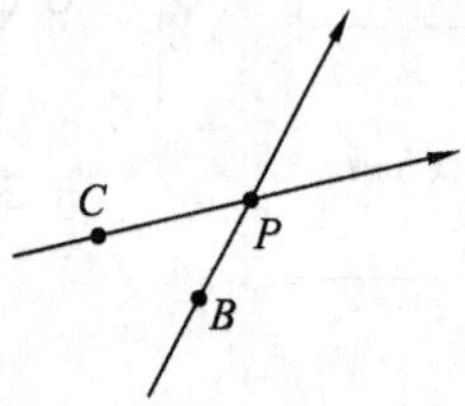

图 4-15

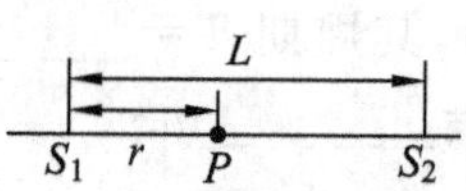

图 4-16

三、计算题

1. 已知一平面简谐波的表达式为 $y=0.25\cos(125t-0.37x)$ (SI).

(1) 分别求 $x_1=10$ m,$x_2=25$ m 两点处质点的振动方程;

(2) 求 x_1,x_2 两点间的振动相位差;

(3) 求 x_1 点在 $t=4$ s 时的振动位移.

2. 一简谐波的振动周期为 0.5 s,波长 $\lambda=10$ m,振幅 $A=0.1$ m. 当 $t=0$ 时,波源振动的位移恰好为正方向的最大值. 若坐标原点和波源重合,且波沿 Ox 轴正方向传播,求:

(1) 波动方程;

(2) $t_1=\frac{T}{4}$ 时刻,$x_1=\frac{\lambda}{4}$ 处质点的位移;

(3) $t_2=\frac{T}{2}$ 时刻,$x_1=\frac{\lambda}{4}$ 处质点的振动速度.

3. 某质点做简谐振动,周期为 2 s,振幅为 0.06 m. $t=0$ 时刻,质点恰好处在负向最大位移处，求：

(1) 该质点的振动方程；

(2) 此振动以波速 $u=2\ \mathrm{m/s}$ 沿 x 轴正方向传播时，形成的一维简谐波的波动方程(以该质点的平衡位置为坐标原点)；

(3) 该波的波长.

4. 一平面简谐波在 $t=0$ 时刻的波形图如图 4-17 所示，设此简谐波的频率为 250 Hz，且此时质点 P 的运动方向向下，求：

(1) 该波的波动方程；

(2) 在距原点 O 为 100 m 处质点的振动方程与振动速度表达式.

5. 如图 4-18 所示，S_1，S_2 为两平面简谐波相干波源. S_2 的相位比 S_1 的相位超前$\frac{\pi}{4}$，波长 $\lambda=8\ \mathrm{m}$，$r_1=12\ \mathrm{m}$，$r_2=14\ \mathrm{m}$，S_1 在点 P 引起的振动振幅为 0.3 m，S_2 在点 P 引起的振动振幅为 0.2 m，求 P 点的合振幅.

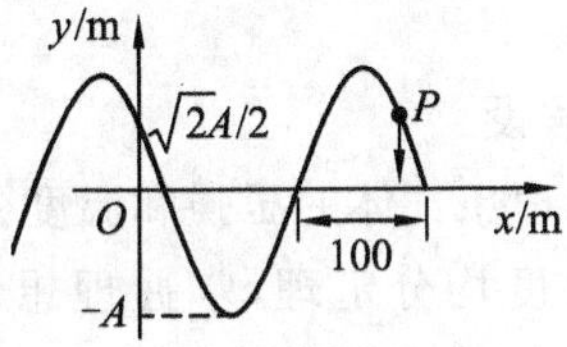

图 4-17

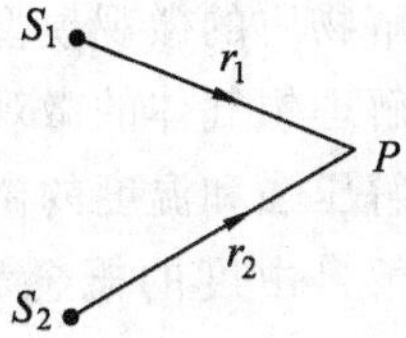

图 4-18

第5～6章

理想气体状态方程和气体动理论

学习基本要求

（1）掌握理想气体状态方程及其应用.

（2）理解物质的微观模型.

（3）理解理想气体的微观模型和统计假设.

（4）理解压强和温度的微观本质，掌握理想气体的压强和温度公式.

（5）理解自由度的概念和能量按自由度均分定理，掌握理想气体的内能公式.

（6）掌握速率分布函数及其计算，理解麦克斯韦速率分布律的意义，掌握三种统计速率并理解其意义.

基本定律和基本方法

1. 理想气体的状态方程

在平衡态下，有

$$pV=\frac{m}{M}RT \qquad (\text{处理宏观问题}),$$

$$p=nkT \qquad (\text{处理微观问题}),$$

其中，p，V 和 T 分别是理想气体的压强、体积和热力学温度，它们是三个宏观状态参量；m 是理想气体的质量；M 是理想气体的摩尔质量；n 是分子数密度；R 是摩尔气体常量，$R=8.31\ \text{J}\cdot\text{mol}^{-1}\cdot\text{K}^{-1}$；$k$ 是玻耳兹曼常量，$k=1.38\times10^{-23}\ \text{J}\cdot\text{K}^{-1}$.

2. 物质的微观模型

（1）物质由大量的分子或原子组成；

（2）分子永不停息地做无规则的热运动；

(3) 分子之间存在相互作用力.

3. 理想气体的微观模型和统计假设

微观模型：

(1) 与分子之间的平均距离相比，分子本身的线度可以忽略不计；

(2) 除碰撞的一瞬间外，分子之间以及分子与容器壁之间的相互作用可以忽略；

(3) 分子之间以及分子与容器壁之间的碰撞是完全弹性的，遵守能量守恒定律和动量守恒定律.

统计假设：

(1) 每个分子运动的速度各不相同，且因为碰撞不断发生变化；

(2) 气体处于平衡态时，若忽略重力的影响，分子按位置均匀分布，容器中分子数密度 n 处处相等；

(3) 对于大量分子来说，分子沿各个方向运动的机会均等，任何一个方向的运动并没有比其他方向更占优势.

因此，有

$$\overline{v_x^2}=\overline{v_y^2}=\overline{v_z^2},$$

又因为

$$\overline{v^2}=\overline{v_x^2}+\overline{v_y^2}+\overline{v_z^2},$$

所以

$$\overline{v_x^2}=\overline{v_y^2}=\overline{v_z^2}=\frac{1}{3}\overline{v^2}.$$

4. 理想气体的压强、温度公式及其相应的微观本质

(1) 理想气体的压强公式及微观本质.

压强 p 是一个统计平均量，它是单位时间内单位面积器壁所获得的平均冲量，其表达式为

$$p=\frac{1}{3}nm\overline{v^2}=\frac{2}{3}n\bar{\varepsilon}_{kt}.$$

气体作用在器壁上的压强，决定于单位体积内的分子数 n 和分子的平均平动动能$\bar{\varepsilon}_{kt}$.

(2) 理想气体的温度公式及微观本质.

温度是表征大量分子热运动激烈程度的宏观物理量，它是大量分子热运动的集体体现，其表达式为

$$T=\frac{2\bar{\varepsilon}_{kt}}{3k}.$$

因此分子的平均平动动能$\bar{\varepsilon}_{kt}=\frac{3}{2}kT$,它只与温度有关,且与热力学温度成正比.

5. 能量按自由度均分定理和理想气体的内能

(1) 自由度:确定一个物体的空间位置所需要的独立坐标数.三类气体分子的自由度见表 6-1.

表 6-1 三类气体分子的自由度

分子种类	平动自由度 t	转动自由度 r	总自由度 i
单原子分子	3	0	3
刚性双原子分子	3	2	5
刚性多原子分子	3	3	6

(2) 能量按自由度均分定理:在温度为 T 的平衡态下,气体分子每个自由度上的平均能量相等,都等于$\frac{1}{2}kT$.

(3) 一个分子的平均总能量 $\bar{\varepsilon}=\frac{i}{2}kT$($i$ 为自由度).

一个分子的平均平动动能$\bar{\varepsilon}_{kt}=\frac{3}{2}kT$.

1 mol 理想气体的内能 $E_m=\frac{i}{2}RT$.

质量为 m、摩尔质量为 M 的理想气体的内能 $E=\frac{m}{M}\frac{i}{2}RT$.

由此可见:

(1) 理想气体的内能是温度 T 的单值函数,亦即内能为系统的状态函数.状态一定时,系统的内能也一定.

(2) 内能的变化量 $\Delta E=\frac{m}{M}\frac{i}{2}R\Delta T$,它与状态变化的具体过程无关.不同的变化过程,只要温度的改变量相同,内能的变化量就相同.

6. 麦克斯韦速率分布律

(1) 速率分布函数

$$f(v)=\frac{\mathrm{d}N}{N\mathrm{d}v},$$

它表示分布在速率 v 附近单位速率区间内的分子数占总分子数的百分比.

(2) 麦克斯韦速率分布函数的特性.

$f(v)=4\pi\left(\frac{m}{2\pi kT}\right)^{\frac{3}{2}}v^2\mathrm{e}^{-\frac{mv^2}{2kT}}$ 的特性可以从速率分布曲线图(见图 6-1)上直观地表现出来.

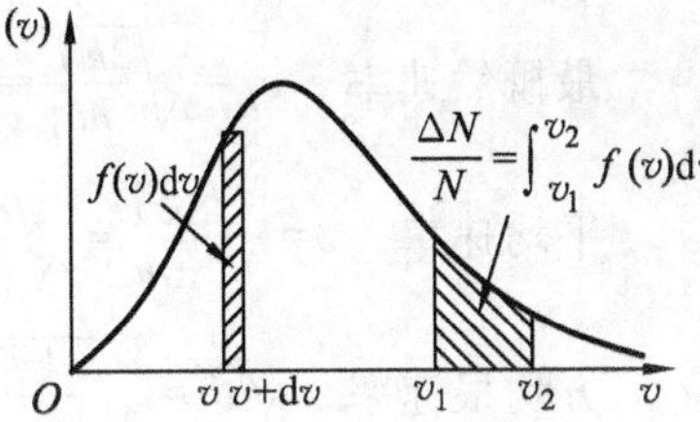

图 6-1

① 速率分布函数满足归一化条件,曲线下的总面积恒等于 1.

② 曲线两端为零.这表明在一定温度下,分子具有从零到无限大的各种速率值.具有中等速率的分子所占的百分比很大,而速率很小和很大的分子所占的百分比都很小.

③ 曲线存在一个极大值.与之对应的速率称为最概然速率(v_p),这表明在 v_p 附近速率区间内分子出现的概率最大.

④ 曲线直观地反映出温度 T 和分子摩尔质量 M 对速率分布的影响.对确定的气体(M 确定)而言,曲线形状随 T 而变.温度升高,速率大的分子数增加,最概然速率 v_p 增大($v_p\propto\sqrt{T}$),曲线右移,变得较为平坦.温度降低,小速率的分子数增加,v_p 减小,曲线左移,变得较为凸起,如图 6-2 所示.

在同一温度下,曲线形状因气体种类不同(M 不同)而异.气体摩尔质量越小,最概然速率 v_p 越大($v_p\propto 1/\sqrt{M}$),曲线右移,变得较为平坦,如图 6-3 所示.

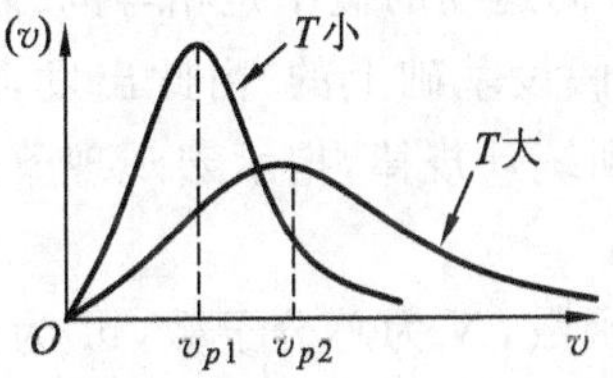

图 6-2

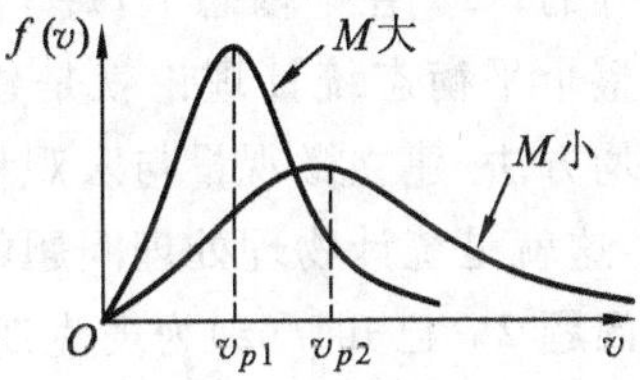

图 6-3

(3) 速率分布函数 $f(v)$的应用.

① 利用 $f(v)$可以计算在某一速率区间内分子出现的百分比.

② 利用 $f(v)$可以计算气体分子的三种特征速率.

③ 利用 $f(v)$可以计算与分子速率有关的物理量的平均值.

若系统的某一力学量 g 为速率 v 的函数 $g(v)$,则其统计平均值可以按下式计算:

$$\overline{g}(v)=\int_0^{\infty}g(v)f(v)\mathrm{d}v.$$

例如,平均速率 $\overline{v}=\int_0^{\infty}vf(v)\mathrm{d}v$;速率平方的平均值 $\overline{v^2}=\int_0^{\infty}v^2f(v)\mathrm{d}v$.

(4) 三种统计速率.

最概然速率 $v_p=\sqrt{\frac{2kT}{m}}=\sqrt{\frac{2RT}{M}}$.

平均速率 $\bar{v}=\sqrt{\frac{8kT}{\pi m}}=\sqrt{\frac{8RT}{\pi M}}$.

方均根速率 $\sqrt{\overline{v^2}}=\sqrt{\frac{3kT}{m}}=\sqrt{\frac{3RT}{M}}$.

因此 $v_p<\bar{v}<\sqrt{\overline{v^2}}$.

问题与讨论

问题1 气体动理论中为什么要引入统计假设?

答 气体动理论是从气体分子热运动出发,运用统计的方法来研究大量气体分子的热运动规律.对于每个分子而言,它们都遵循力学规律,但对大量分子整体而言,却遵循着运动的统计规律.对大量偶然事件进行统计时,统计对象中有的个体量是无法一一测定的(如每个分子的位置、速度等).对于个体量无法测定的情况,就需要引入基本假设.统计物理的基本假设就是"等概率假设",即处在平衡态的孤立系统,各微观态出现的概率相等.由此可以得到两个重要结论:(1) 在平衡态下,如忽略外场的影响,每个分子处在容器内任一位置的概率是相等的;(2) 在平衡态下,每个分子向各个方向运动的概率是相等的.

整个平衡态统计理论就是建立在等概率假设基础上的.由此出发,运用统计平均方法,建立微观量与宏观量的联系,得到统计规律,揭示宏观现象的微观本质,这就是统计物理处理问题的基本思路.

问题2 已知 $f(v)$ 为麦克斯韦速率分布函数,N 为总分子数,v_p 为分子的最概然速率.下列各式表示什么物理意义?

(1) $\int_0^\infty vf(v)\mathrm{d}v$;

(2) $\int_{v_p}^\infty f(v)\mathrm{d}v$;

(3) $\int_0^\infty Nf(v)\mathrm{d}v$.

答 (1) $\int_0^\infty vf(v)\mathrm{d}v=\bar{v}$ 表示分子的平均速率.

(2) $\int_{v_p}^\infty f(v)\mathrm{d}v$ 表示分子速率在 $v_p\rightarrow\infty$ 区间的分子数占总分子数的百分比.

(3) $\int_0^\infty Nf(v)\mathrm{d}v$ 表示分子速率在 $0\rightarrow\infty$ 区间的分子数.

典型例题分析

例 1 容积 $V=1\ \mathrm{m^3}$ 的容器内混有 $N_1=1.0\times10^{25}$ 个氢气分子和 $N_2=4.0\times10^{25}$ 个氧气分子，混合气体的温度为 400 K，求：

(1) 气体分子的平均平动动能总和；

(2) 混合气体的压强.

解 (1) $\bar{\varepsilon}_{kt}=\dfrac{3}{2}kT=8.28\times10^{-21}\mathrm{J}$.

平均平动动能总和

$$E_k=N\bar{\varepsilon}_{kt}=(N_1+N_2)\frac{3}{2}kT=4.14\times10^5\ \mathrm{J}.$$

(2) $$p=nkT=\frac{(N_1+N_2)}{V}kT=2.76\times10^5\ \mathrm{Pa}.$$

例 2 一氧气瓶的容积为 V，充了气未使用时压强为 p_1，温度为 T_1；使用后瓶内氧气的质量减少为原来的一半，其压强降为 p_2，试求此时瓶内氧气的温度 T_2，及使用前后分子热运动平均速率之比 $\bar{v}_1/\bar{v}_2$.

解 (1) 设瓶内氧气原来的质量为 m，有

$$p_1V=\frac{m}{M}RT_1, \qquad ①$$

$$p_2V=\frac{m/2}{M}RT_2. \qquad ②$$

$\dfrac{①}{②}$得

$$T_2=\frac{2T_1p_2}{p_1}.$$

(2) $$\frac{\bar{v}_1}{\bar{v}_2}=\sqrt{\frac{T_1}{T_2}}=\sqrt{\frac{p_1}{2p_2}}.$$

例 3 设想有 N 个气体分子，其速率分布函数为

$$f(v)=\begin{cases}Av(v_0-v), & 0\leqslant v\leqslant v_0,\\ 0, & v>v_0.\end{cases}$$

试求：(1) 常数 A；(2) 最概然速率、平均速率和方均根速率；(3) 速率介于 $0\sim\dfrac{v_0}{3}$之间的分子数.

解 (1) 气体分子的分布曲线如图 6-4 所示.

由归一化条件

$$\int_0^{\infty}f(v)\mathrm{d}v=1,$$

得 $$\int_0^{v_0} Av(v_0-v)\mathrm{d}v=\frac{A}{6}v_0^3=1,$$

因此 $$A=\frac{6}{v_0^3}.$$

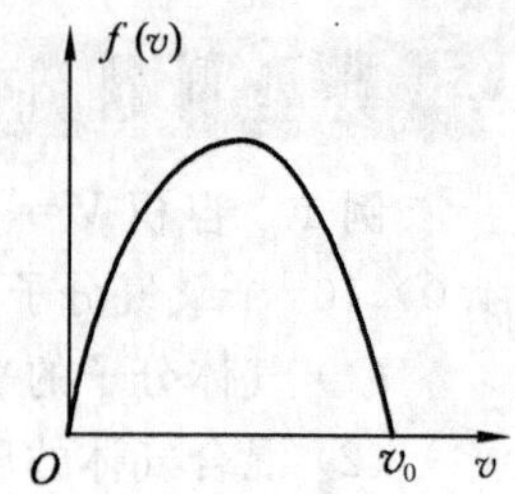

图 6-4

(2) 最概然速率由 $\left.\frac{\mathrm{d}f(v)}{\mathrm{d}v}\right|_{v_p}=0$ 决定,即

$$\left.\frac{\mathrm{d}f(v)}{\mathrm{d}v}\right|_{v_p}=A(v_0-2v)\Big|_{v_p}=0,$$

可得

$$v_p=\frac{v_0}{2},$$

平均速率

$$\overline{v}=\int_0^{\infty} vf(v)\mathrm{d}v=\int_0^{v_0}\frac{6}{v_0^3}v^2(v_0-v)\mathrm{d}v=\frac{v_0}{2},$$

$$\overline{v^2}=\int_0^{\infty} v^2 f(v)\mathrm{d}v=\int_0^{v_0}\frac{6}{v_0^3}v^3(v_0-v)\mathrm{d}v=\frac{3}{10}v_0^2,$$

方均根速率为

$$\sqrt{\overline{v^2}}=\sqrt{\frac{3}{10}}v_0.$$

(3) 速率介于 $0\sim\frac{v_0}{3}$ 之间的分子数

$$\Delta N=\int_0^{\frac{v_0}{3}} Nf(v)\mathrm{d}v=\int_0^{\frac{v_0}{3}} N\frac{6}{v_0^3}v(v_0-v)\mathrm{d}v=\frac{7N}{27}.$$

本章自测

一、选择题

1. 若理想气体的体积为 V,压强为 p,温度为 T,一个分子的质量为 m,k 为玻尔兹曼常量,R 为摩尔气体常量,则该理想气体的分子数为________.

(A) pV/m　　(B) $pV/(kT)$

(C) $pV/(RT)$　　(D) $pV/(mT)$

2. 有一截面均匀的封闭圆筒,中间被一光滑的活塞分隔成两边,如果其中的一边装有 0.1 kg 某一温度的氢气,为了使活塞停留在圆筒的正中央,则另一边应装入同一温度的氧气的质量为________.

(A) (1/16)kg　　(B) 0.8 kg　　(C) 1.6 kg　　(D) 3.2 kg

3. 一个容器内贮有 1 mol 氢气和 1 mol 氦气，若两种气体各自对器壁产生的压强分别为 p_1 和 p_2，则两者的大小关系是________.

(A) $p_1>p_2$　　(B) $p_1<p_2$　　(C) $p_1=p_2$　　(D) 不确定的

4. 关于温度的意义，下列几种说法中正确的是________.

(1) 气体的温度是分子平均平动动能的量度

(2) 气体的温度是大量气体分子热运动的集体表现，具有统计意义

(3) 温度的高低反映物质内部分子运动剧烈程度的不同

(4) 从微观上看，气体的温度表示每个气体分子的冷热程度

(A) (1)、(2)、(4)　　(B) (1)、(2)、(3)

(C) (2)、(3)、(4)　　(D) (1)、(3)、(4)

5. 一瓶氦气和一瓶氮气密度相同，分子平均平动动能相同，而且它们都处于平衡状态，则它们________.

(A) 温度相同、压强相同

(B) 温度、压强都不相同

(C) 温度相同，但氦气的压强大于氮气的压强

(D) 温度相同，但氦气的压强小于氮气的压强

6. 1 mol 刚性双原子分子理想气体，当温度为 T 时，其内能为________.

(A) $\frac{5}{2}RT$　　(B) $\frac{3}{2}kT$　　(C) $\frac{3}{2}RT$　　(D) $\frac{5}{2}kT$

7. 速率分布函数 $f(v)$ 的物理意义为________.

(A) 具有速率 v 的分子占总分子数的百分比

(B) 速率分布在 v 附近的单位速率间隔中的分子数占总分子数的百分比

(C) 具有速率 v 的分子数

(D) 速率分布在 v 附近的单位速率间隔中的分子数

8. 麦克斯韦速率分布曲线如图 6-5 所示，图中 A，B 两部分面积相等，则该图表示________.

(A) v_0 为最概然速率

(B) v_0 为平均速率

(C) v_0 为方均根速率

(D) 速率大于和小于 v_0 的分子数各占一半

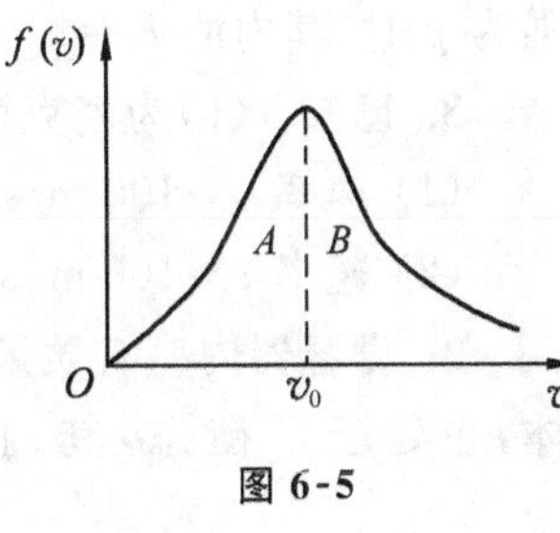

图 6-5

9. 两种不同的理想气体，若它们的最概然速率相等，则它们的________.

(A) 平均速率相等，方均根速率相等

(B) 平均速率相等,方均根速率不相等

(C) 平均速率不相等,方均根速率相等

(D) 平均速率不相等,方均根速率不相等

10. 三个容器 A,B,C 中装有同种理想气体,其分子数密度 n 相同,而方均根速率之比为 1∶2∶4,则其压强之比 $p_A : p_B : p_C$ 为________.

(A) 1∶2∶4　　(B) 1∶4∶8　　(C) 4∶2∶1　　(D) 1∶4∶16

二、填空题

1. 理想气体微观模型的主要内容是:

(1) ________________________________;

(2) ________________________________;

(3) ________________________________.

2. 从分子动理论导出的压强公式来看,气体作用在器壁上的压强,决定于____________和____________.

3. 对于处在平衡态下温度为 T 的理想气体,$\frac{1}{2}kT$ 的物理意义是____________________.(k 为玻耳兹曼常量)

4. 在容积为 $10^{-2}\ \mathrm{m^3}$ 的容器中,装有质量 0.3 kg 的气体,若气体分子的方均根速率为 $300\ \mathrm{m\cdot s^{-1}}$,则气体的压强为________ Pa.

5. 若气体分子的平均平动动能等于 1.06×10^{-20} J,则该气体的温度 $T=$________ K.(玻耳兹曼常量 $k=1.38\times10^{-23}\ \mathrm{J\cdot K^{-1}}$)

6. 根据能量按自由度均分原理,设气体分子为刚性分子,分子自由度数为 i,则当温度为 T 时,

(1) 一个分子的平均动能为________.

(2) 1 mol 氧气分子的转动动能总和为________.

7. 分子热运动自由度为 i 的一定量刚性分子理想气体,当其体积为 V、压强为 p 时,其内能 $E=$________.

8. 已知 $f(v)$ 为麦克斯韦速率分布函数,N 为总分子数,则

(1) 速率 $v>100$ m/s 的分子数占总分子数的百分比的表达式为________;

(2) 速率 $v>100$ m/s 的分子数的表达式为________.

9. 设容器内盛有质量为 M_1 和质量为 M_2 的两种不同单原子分子理想气体,并处于平衡态,其内能均为 E,则此两种气体分子的平均速率之比为________.

10. 图 6-6 所示的两条 $f(v)$-v 曲线分别表示氢气和氧气在同一温度下的麦克斯韦速率分布曲线. 由此可得氢气分子的最概然速率为________;氧气分

子的最概然速率为________.

三、计算题

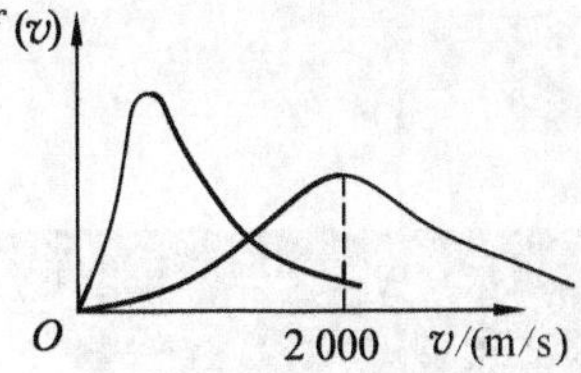

图 6-6

1. 已知某理想气体分子的方均根速率为 400 m/s. 当其压强为 1.013×10^5 Pa 时，求气体的密度.

2. 一容器内储有氧气，其压强为 1.01×10^5 Pa，温度为 27 ℃，求：(1) 气体分子的数密度；(2) 氧气的密度；(3) 分子的平均平动动能；(4) 分子间的平均距离（设分子间均匀等距排列）.

3. 在容积为 $2\times10^{-3}\,m^3$ 的容器中，有内能为 675 J 的刚性双原子分子某理想气体. (1) 求气体的压强；(2) 设分子总数为 5.4×10^{22}个，求分子的平均平动动能及气体的温度.

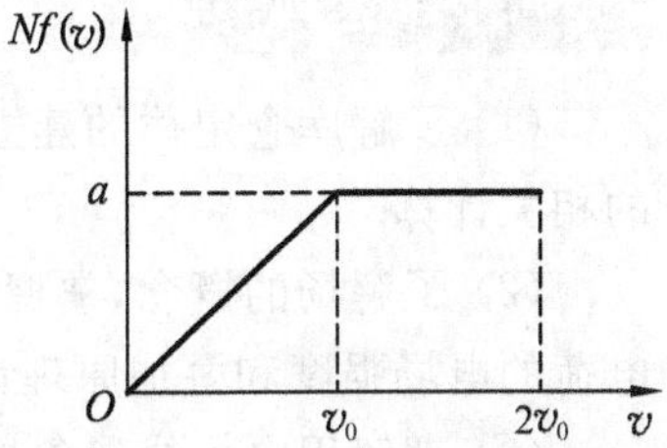

图 6-7

4. 有 N 个质量均为 m 的同种气体分子，其速率分布如图 6-7 所示. (1) 说明曲线与横坐标所包围的面积的含义；(2) 由 N 和 v_0，求 a 的值；(3) 求在速率$\frac{1}{2}v_0$ 到$\frac{3}{2}v_0$ 间隔内的分子数；(4) 求分子的平均平动动能.

5. 一瓶氢气和一瓶氧气温度相同. 若氢气分子的平均平动动能为 $\bar{\varepsilon}_{kt}=6.21\times10^{-21}$ J. 试求：

(1) 氧气分子的平均平动动能和方均根速率；

(2) 氧气的温度.

(阿伏加德罗常数 $N_A=6.022\times10^{23}\ mol^{-1}$，玻耳兹曼常量 $k=1.38\times10^{-23}J\cdot K^{-1}$)

第7章

静电场

学习基本要求

(1) 了解库仑定律的建立,掌握库仑定律的内容,运用它解决电荷间电场力的相关计算.

(2) 了解场的概念,掌握电场强度概念,理解电场强度是矢量,并能运用点电荷的电场强度和叠加原理计算不同形状带电体的电场强度.

(3) 理解用电场线形象描述静电场的方法,掌握电通量的概念和相关计算.

(4) 理解静电场的两条基本定理——高斯定理和环路定理,明确认识静电场是有源场和保守场.掌握高斯定理求解带电系统电场强度的条件和方法.

(5) 理解电势能、电势差、电势和等势面的基本概念,并能运用相关原理计算带电体周围的电势分布.

基本定律和基本方法

1. 电荷守恒定律

在一个孤立系统中,无论发生了怎样的物理过程,电荷既不会创生,也不会消失,只能从一物体转移到另一物体,或者从物体的一部分转移到另一部分,而正负电荷的代数和保持不变.

2. 库仑定律

两个点电荷分别为 q_1 和 q_2,它们之间的距离为 r,则它们之间的相互作用力为

$$\boldsymbol{F}=\frac{1}{4\pi\varepsilon_0}\frac{q_1q_2}{r^2}\boldsymbol{e}_r,$$

其中,$\boldsymbol{e}_r$ 为单位矢量;ε_0 为真空介电常数,$\varepsilon_0=8.85\times10^{-12}\ \mathrm{C^2\cdot N^{-1}\cdot m^{-2}}$.也可表示为

$$\boldsymbol{F}=k\frac{q_1q_2}{r^2}\boldsymbol{e}_r,$$

其中，$k=\frac{1}{4\pi\varepsilon_0}\approx9\times10^9\,\mathrm{N\cdot m^2\cdot C^{-2}}$.

3. 电场强度

(1) 电场强度的定义式：$\boldsymbol{E}=\frac{\boldsymbol{F}}{q_0}$，即 $\boldsymbol{E}$ 等于位于该点处的单位试验电荷所受的力，其方向为正电荷受力方向. 在国际单位制中，电场强度的单位为 $\mathrm{V\cdot m^{-1}}$.

(2) 电场强度的计算：

① 点电荷的电场强度

$$\boldsymbol{E}=\frac{1}{4\pi\varepsilon_0}\frac{Q}{r^2}\boldsymbol{e}_r.$$

② 电场强度的叠加原理.

分散的电荷产生的电场强度：

$$\boldsymbol{E}=\sum_{i=1}^{n}\boldsymbol{E}_i=\frac{1}{4\pi\varepsilon_0}\sum_{i=1}^{n}\frac{q_i}{r_i^2}\boldsymbol{e}_i.$$

连续分布的带电体产生的电场强度：先将带电体分解为若干个点电荷 $\mathrm{d}q$（线分布 $\mathrm{d}q=\lambda\mathrm{d}l$，面分布 $\mathrm{d}q=\sigma\mathrm{d}S$，体分布 $\mathrm{d}q=\rho\mathrm{d}V$）；求出每个点电荷所产生的场强：

$$\mathrm{d}\boldsymbol{E}=\frac{1}{4\pi\varepsilon_0}\frac{\mathrm{d}q}{r^2}\boldsymbol{e}_r.$$

分析各电荷元产生 $\mathrm{d}\boldsymbol{E}$ 的方向：若方向一致，则可以将上式直接积分计算；如果各个电荷元产生的场强方向不一致，则分解后再积分.

(3) 掌握几种典型带电体的电场强度：

① 长直导线在其延长线上所产生的场强；

② 无限长直导线在其周围所产生的场强；

③ 带电圆环在其中心轴线上所产生的场强.

4. 电场强度通量

通过电场中某一个面 S 的电场线的条数

$$\Psi_e=\int_S\mathrm{d}\Psi_e=\int_S E\,\mathrm{d}S\cos\theta=\int_S\boldsymbol{E}\cdot\mathrm{d}\boldsymbol{S},$$

如果面 S 是一个闭合曲面，

$$\Psi_e=\oint_S E\,\mathrm{d}S\cos\theta=\oint_S\boldsymbol{E}\cdot\mathrm{d}\boldsymbol{S},$$

并规定：电场线从内向外穿出，电通量为正；电场线从外向内穿入，电通量为负.

5. 高斯定理及其应用

(1) 高斯定理

$$\Psi_e = \oint_S \boldsymbol{E} \cdot \mathrm{d}\boldsymbol{S} = \frac{1}{\varepsilon_0} \sum_{i=1}^{n} q_i .$$

即在真空中的电场内，通过任一闭合曲面的电场强度通量等于该闭合面所包围的所有电荷电量的代数和的$\frac{1}{\varepsilon_0}$倍.

(2) 高斯定理应用的基本步骤.

① 根据带电体的形状分析电场强度的对称性. 比如点电荷周围的场强具有球对称性.

② 根据电场强度的对称性选择合适的高斯面. 所选择的高斯面尽量与电场强度的方向垂直或一致，便于电场强度的面积分计算.

③ 求出对应的高斯面内的电荷的代数和.

④ 应用高斯定理，把积分$\oint_S \boldsymbol{E} \cdot \mathrm{d}\boldsymbol{S}$中的$E$以标量的形式从积分号中提出来，求出$E$的分布.

(3) 掌握几种典型带电体的电场强度.

① 带电球壳(带电量为Q)的场强大小分布：$E=0(r<R)$；$E=\frac{Q}{4\pi\varepsilon_0 r^2}(r>R)$.

② 带电长直导线(电荷线密度为λ)周围的场强大小分布：$E=\frac{\lambda}{2\pi\varepsilon_0 r}$.

③ 带电的平板(电荷面密度为σ)周围的场强大小：$E=\frac{\sigma}{2\varepsilon_0}$.

6. 静电场的环路定理

$$\oint_S \boldsymbol{E} \cdot \mathrm{d}\boldsymbol{l} = 0 ,$$

即在静电场中，场强通过任意闭合路径的线积分恒为零. 该定理说明静电场是有势(或保守力)场.

7. 电势能和电势

(1) 电势能：静电场力所做的功等于电荷电势能增量的负值.

定义式：$E_{pA}=q_0 \int_A^B \boldsymbol{E} \cdot \mathrm{d}\boldsymbol{l}$ (点B作为零势能点).

(2) 电势：

$$V_A=\frac{E_{pA}}{q_0}=\int_A^B \boldsymbol{E} \cdot \mathrm{d}\boldsymbol{l} \text{ (点} B \text{作为零电势点).}$$

即电场中某点A的电势，等于单位正电荷从点A移到零电势位置处静电场力所做的功.

(3) 点电荷的电势：

$$V=\frac{1}{4\pi\varepsilon_0}\frac{q}{r}\text{（无穷远处作为零电势点）.}$$

① 几个分散的点电荷系的电势：

$$V=\sum_{i=1}^{n}\frac{1}{4\pi\varepsilon_0}\frac{q_i}{r}\text{（无穷远处作为零电势点）.}$$

② 连续分布带电体的电势：

$V=\frac{1}{4\pi\varepsilon_0}\int\frac{\mathrm{d}q}{r}$（使用此公式的前提条件为有限大带电体且选无限远处为电势零点）.

③ 当带电体比较复杂，积分计算会比较麻烦，可直接使用定义式比较方便. 首先找到积分路径上 $\boldsymbol{E}$ 的分布情况，再利用 $V_A=\int_A^B\boldsymbol{E}\cdot\mathrm{d}\boldsymbol{l}$ 来解题.

8. 等势面

空间电势相等的点连接起来所形成的面称为等势面.

性质：(1) 电场线与等势面处处正交（等势面上移动电荷，电场力不做功）；

(2) 等势面密处电场强度大，等势面疏处电场强度小.

问题与讨论

问题 1 点电荷的电场强度公式 $\boldsymbol{E}=\frac{1}{4\pi\varepsilon_0}\frac{Q}{r^2}\boldsymbol{e}_r$，从形式上看，当场点与点电荷的距离 $r\to0$，$E\to\infty$，这是没有物理意义的，如何解释？

答 当场点和带电体 q 的距离 $r\to0$ 时，对于所考察的场点而言，带电体 q 作为点电荷模型（带电体本身的线度比所研究的问题中涉及的距离小很多时才可以看成点电荷）处理的前提已不成立，因此，在这种情况下，点电荷的场强公式是不适用的.

问题 2 下列说法正确的是________.

(A) 电荷在电场中某点受到的电场力很大，该点的电场强度一定很大

(B) 在某一点电荷附近的任一点，如果没有把试验电荷放进去，则这点的电场强度为零

(C) 如果把质量为 m 的点电荷 q 放在电场中，电荷一定沿电场线运动

(D) 电场线上任意一点的切线方向，代表点电荷 q 在该点处获得的加速度的方向

答 本题的概念点是场强和电场线. 场强的定义式表明电场中某点的场强

$\boldsymbol{E}$,是由产生电场的电荷 q 以及空间的位置所决定,与受力大小以及试验电荷 q_0 的选择无关,所以 A,B 选项均不对. 电场线是为了形象描述电场强度在空间的分布而引用的直观图像,它上面的任一点的切线方向即为该点场强的方向,根据 $\boldsymbol{F}=q\boldsymbol{E}$,也就是受电场力的方向,代表电荷所受加速度的方向,D 选项的表述是正确的. 但加速度方向一般不同于速度方向,所以电场线一般不会与 q 的运动轨迹相同,C 选项的表述错误.

问题 3 电场线能否在无电荷的地方中断?

答 不能,用高斯定理来进行反证. 如图 7-1 所示,假设某电场线在没有电荷的地方中断,在中断处取一个高斯面,由图 7-1 可知,有电场线穿过高斯面,则电通量不为零,但高斯面内无电荷,这与高斯定理是矛盾的,所以电场线是不能在没有电荷的地方中断.

图 7-1

问题 4 真空中一半径为 R 的均匀带电球面,总电量为 $q(q<0)$,今在球面面上挖去非常小的一块面积 ΔS(连同电荷),且假设不影响原来的电荷分布,求挖去 ΔS 后球心处的电场强度大小和方向.

答 由题意可知

$$\sigma=\frac{q}{4\pi\varepsilon_0 R^2}.$$

利用补偿法,将挖去部分看成点电荷,有

$$E=\frac{\sigma\Delta S}{4\pi\varepsilon_0 R^2},$$

方向指向小面积元(见图 7-2).

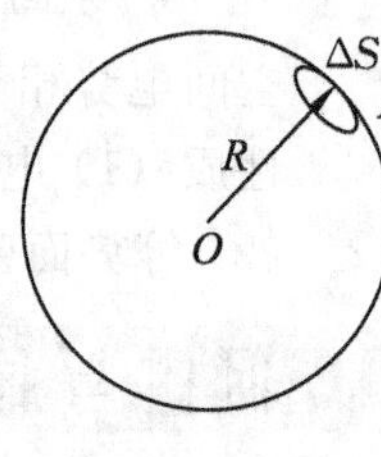

图 7-2

问题 5 一根有限长的均匀带电直线,其电荷分布及所激发的电场有一定的对称性,能否利用高斯定理算出场强?

答 不能. 利用高斯定理求场强要求带电体及其激发的电场强度在空间的分布具有很强的对称性:在所取的整个高斯面上或部分面积上的 $\boldsymbol{E}$ 处处与 $\mathrm{d}\boldsymbol{S}$ 平行,且面上各 $\mathrm{d}\boldsymbol{S}$ 处的 $\boldsymbol{E}$ 不随 $\mathrm{d}\boldsymbol{S}$ 而变,或部分面积上的 $\boldsymbol{E}$ 处处与 $\mathrm{d}\boldsymbol{S}$ 垂直,在这种情况下,$\boldsymbol{E}$ 才可以方便地从点乘和积分号中提出来,并通过高斯定理方便地计算出. 一根有限长的均匀带电直线,其电荷分布及所激发的电场确实有一定的轴对称性,但是对于该面上各点处的场强,尤其是两个端点附近的高斯面,$\boldsymbol{E}$ 不能处处与 $\mathrm{d}\boldsymbol{S}$ 平行,所以不具备用高斯定理求解的条件.

问题 6 电荷 q 从电场中的点 A 移到点 B,若使点 B 的电势比点 A 的电势低,而点 B 的电势能又比点 A 的电势能要高,这可能吗?

答 可能. 本题有助于理解电势能、电势的定义及它们的关系. 当 $V_A>V_B$ 时,移动一个负电荷从点 A 到点 B,电场力做功

$$W=q(V_A-V_B)<0,$$

即电势能增加，所以 $E_{pA} < E_{pB}$.

问题 7 已知无限长带电直线的电场强度为 $E=\dfrac{\lambda}{2\pi\varepsilon_0 r}$，计算这个无限长带电直线附近点 P（到直线的距离为 a）的电势. 我们能否利用电势的定义，令无限远处的电势为零，用定义式：$V_P=\int_P^{\infty}\boldsymbol{E}\cdot \mathrm{d}\boldsymbol{l}$ 来求解？如果不行，如何解决这个问题？

答 不能按上述方法来计算点 P 的电势，因为电荷分布是无限性的，选择无限远处为零电势点是不合理的，该积分也无法完成. 解决的方法是另取一个合适的零势能点位置（如距离该直线为 b 的点 B），则

$$V_P=\int_P^B \boldsymbol{E}\cdot \mathrm{d}\boldsymbol{l}=\int_a^b \frac{\lambda}{2\pi\varepsilon_0 r}\mathrm{d}r=\frac{\lambda}{2\pi\varepsilon_0}\ln\frac{b}{a}.$$

问题 8 一均匀带电的空心橡皮球，在维持球状吹大的过程中，球内任意点的场强和电势如何变化？始终在球外的任意点的场强和电势又如何变化呢？

答 本题要求掌握球形带电体场强和电势的分布（见图 7-3）.

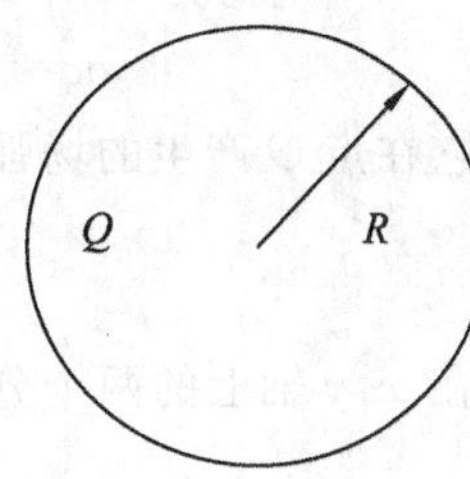

图 7-3

场强分布：$E=0(r<R)$；$E=\dfrac{Q}{4\pi\varepsilon_0 r^2}(r>R)$；随着半径 R 的增大均不发生变化.

电势分布：$V=\dfrac{Q}{4\pi\varepsilon_0 R}(r<R)$，随着半径 R 的增大而变小；$V=\dfrac{Q}{4\pi\varepsilon_0 r}(r>R)$，随着半径 R 的增大不发生变化.

典型例题分析

例 1 在氯化铯晶体中，一价氯离子 Cl^- 与其最邻近的 8 个一价铯离子 Cs^+ 构成如图 7-4 所示的立方晶格结构.(1) 求氯离子所受的库仑力；(2) 假设图中箭头所指处缺少一个铯离子（称作晶格缺陷），求此时氯离子所受的库仑力.

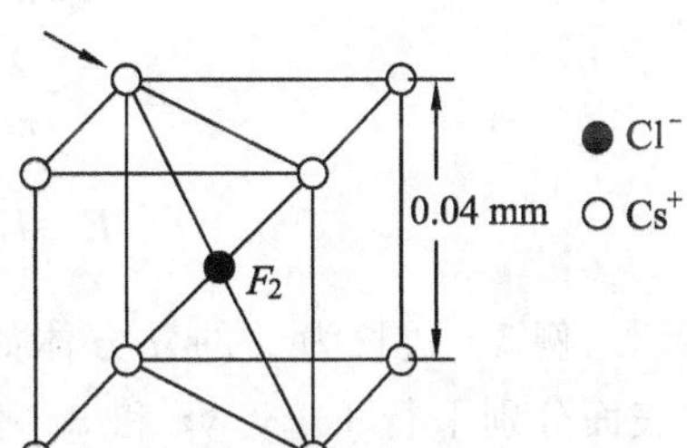

图 7-4

分析 本题使用库仑定律和叠加原理来解决问题. 将铯离子和氯离子视作点电荷，直接将晶格顶角铯离子与氯离子之间的库仑力进行矢量叠加.

解 (1) 由对称性，每条对角线上的一对铯离子与氯离子间的作用力大小相等，方向相反，合力为零，故 $\boldsymbol{F}_1=\boldsymbol{0}$.

(2) 除了有缺陷的那条对角线外,其他铯离子与氯离子的作用合力为零,所以氯离子所受的合力为对角线上的一个铯离子对它的作用力

$$F_2=\frac{q_1q_2}{4\pi\varepsilon_0 r^2}=\frac{e^2}{3\pi\varepsilon_0 a^2}=1.92\times10^{-9}\ \mathrm{N},$$

$\boldsymbol{F}_2$ 方向沿该对角线方向.

例 2 带电细线弯成半径为 R 的半圆形,电荷线密度为 $\lambda=\lambda_0\sin\varphi$,式中 λ_0 为一常数,φ 为半径 R 与 x 轴所成的夹角,如图 7-5 所示. 试求环心 O 处的电场强度.

分析 本题是连续分布的电荷产生的电场强度求解,根据前面介绍的三个步骤,注意场强的矢量叠加即可.

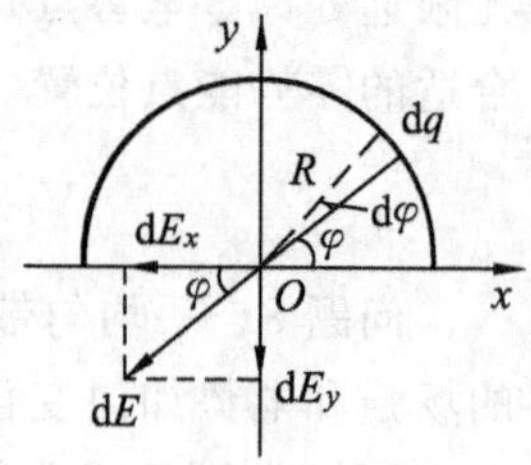

图 7-5

解 在半圆形导线圆心角为 φ 处取电荷元,如图 7-5 所示.

其电荷为

$$\mathrm{d}q=\lambda\mathrm{d}l=\lambda_0 R\sin\varphi\mathrm{d}\varphi.$$

它在点 O 产生的场强为

$$\mathrm{d}E=\frac{\mathrm{d}q}{4\pi\varepsilon_0 R^2}=\frac{\lambda_0\sin\varphi\mathrm{d}\varphi}{4\pi\varepsilon_0 R}.$$

在 x,y 轴上的两个分量为

$$\mathrm{d}E_x=-\mathrm{d}E\cos\varphi,$$

$$\mathrm{d}E_y=-\mathrm{d}E\sin\varphi.$$

对各分量分别求和得

$$E_x=\frac{\lambda_0}{4\pi\varepsilon_0 R}\int_0^{\pi}\sin\varphi\cos\varphi\mathrm{d}\varphi=0,$$

$$E_y=\frac{\lambda_0}{4\pi\varepsilon_0 R}\int_0^{\pi}\sin^2\varphi\mathrm{d}\varphi=-\frac{\lambda_0}{8\varepsilon_0 R},$$

$$\boldsymbol{E}=E_x\boldsymbol{i}+E_y\boldsymbol{j}=-\frac{\lambda_0}{8\varepsilon_0 R}\boldsymbol{j}.$$

例 3 边长为 a 的立方体如图 7-6 所示,其表面分别平行于 xy,yz 和 zx 平面,立方体的一个顶点为坐标原点. 现将立方体置于电场强度

$$\boldsymbol{E}=(E_1+kx)\boldsymbol{i}+E_2\boldsymbol{j}$$

的非均匀电场中,求电场对立方体各表面及整个立方体表面的电场强度通量.

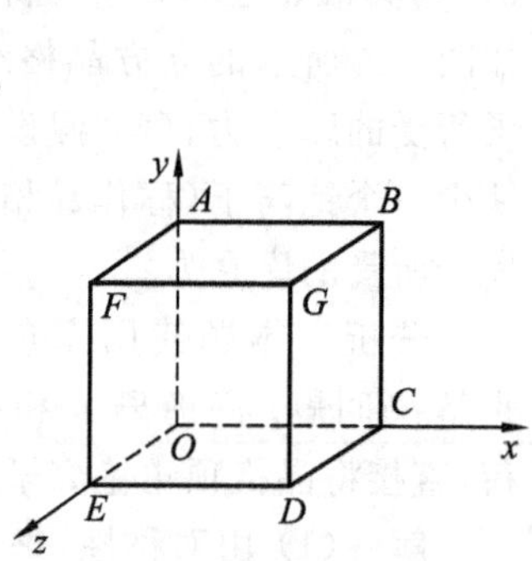

图 7-6

分析 本题属于对电通量概念的测试,由于

它是一个正方体的组合,六个面的法线方向与场强三个方向的分量平行或垂直,计算较为简单方便.

解 由题意,$\boldsymbol{E}$ 与面 xOy 的法线方向相垂直,所以对任何与面 xOy 平行的立方体表面,电场强度的通量为零,即

$$\Psi_{OABC}=\Psi_{DEFG}=0.$$

同理 $\boldsymbol{E}$ 的 x 方向分量与面 xOz 的法线方向相垂直,电通量为零;$\boldsymbol{E}$ 的 y 方向分量 E_2 与面 xOz 的法线方向相平行,电通量等于它与该平面面积的直接乘积,即

$$\Psi_{ABGF}=E_2a^2,\ \Psi_{CDEO}=-E_2a^2.$$

同理 $\boldsymbol{E}$ 的 y 方向分量与面 yOz 的法线方向相垂直,电通量为零,$\boldsymbol{E}$ 的 x 方向分量与面 yOz 的法线方向相平行,电通量等于它与面积的直接乘积.

在面 $AOEF$ 处,$E_x=E_1$,所以

$$\Psi_{AOEF}=-E_1S=-E_1a^2.$$

在面 $BCDG$ 处,$E_x=E_1+ka$,所以

$$\Psi_{BCDG}=(E_1+ka)S=(E_1+ka)a^2.$$

因此,整个立方体表面的电场强度通量为

$$\Psi=\sum\Psi=ka^3.$$

例 4 两个带有等量异号电荷的无限长同轴圆柱面,半径分别为 R_1 和 R_2 $(R_2>R_1)$,单位长度上的电荷为 λ. 求离轴线为 r 处的电场强度:(1) $r<R_1$;(2) $R_1<r<R_2$;(3) $r>R_2$.

分析 高斯定理应用中首先进行对称性分析:电荷分布在无限长同轴圆柱面上,电场强度也必定呈轴对称分布,沿径矢方向;根据对称性取同轴圆柱面为高斯面,如图 7-7 所示;求出不同半径高斯面内的电荷 $\sum q$. 利用高斯定理可解得各区域电场的分布.

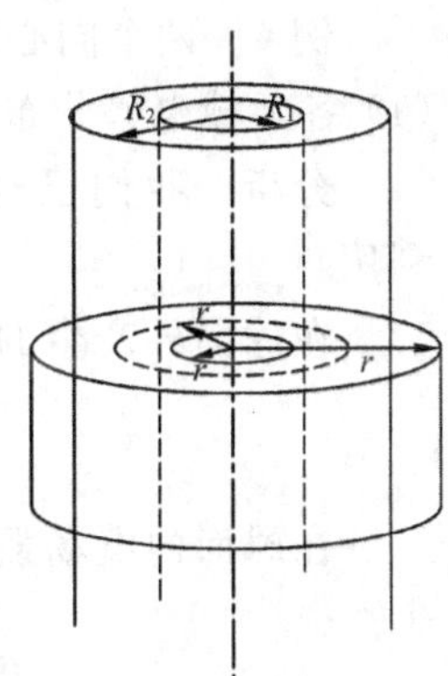

图 7-7

解 作同轴圆柱面为高斯面,只有侧面的电场强度通量不为零,则

$$\oint\boldsymbol{E}\cdot \mathrm{d}\boldsymbol{S}=E\cdot 2\pi rL.$$

根据高斯定理

$$E\cdot 2\pi rL=\sum\frac{q}{\varepsilon_0}.$$

当 $r<R_1$ 时,$\sum q=0$,则 $E_1=0$.

当 $R_1<r<R_2$ 时，$\sum q=\lambda L$，则 $E_2=\dfrac{\lambda}{2\pi\varepsilon_0 r}$.

当 $r>R_2$ 时，$\sum q=0$，则 $E_3=0$.

例 5 如图 7-8 所示，有三个点电荷 Q_1,Q_2,Q_3 沿一条直线等间距分布，已知其中任一点电荷所受合力均为零，且 $Q_1=Q_2=Q_3$. 求在固定 Q_1,Q_3 的情况下，将 Q_2 从点 O 移到无穷远处外力所做的功.

分析 首先根据 Q_1,Q_3 所受合力为零可求得 Q_3，再计算出点 O 的电势，即可根据电场力做功与电势能差的关系得出结论.

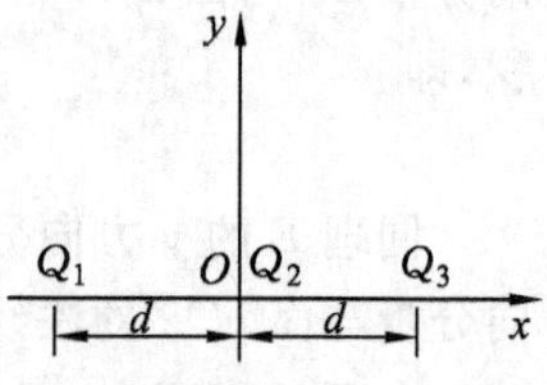

图 7-8

解 由题意 Q_1 所受的合力为零，即

$$Q_1\frac{Q_2}{4\pi\varepsilon_0 d^2}+Q_1\frac{Q_3}{4\pi\varepsilon_0 (2d)^2}=0,$$

解得

$$Q_2=-\frac{1}{4}Q_3=-\frac{1}{4}Q.$$

以无穷远处作为零电势，由电势的叠加得 Q_1,Q_3 在点 O 电势

$$V_0=\frac{Q_1}{4\pi\varepsilon_0 d}+\frac{Q_3}{4\pi\varepsilon_0 d}+\frac{Q}{2\pi\varepsilon_0 d}.$$

将 Q_2 从点 O 推到无穷远处的过程中，外力做功

$$W'=-Q_2V_0=\frac{Q^2}{8\pi\varepsilon_0 d}.$$

例 6 两个同心球面的半径分别为 R_1 和 R_2，各自带有电荷 Q_1 和 Q_2. 求：(1) 各区域电势分布；(2) 两球面间的电势差为多少？

分析 我们已经比较熟悉一个均匀带电的球面产生的电势，可以直接利用.

在球面外产生的电势为

$$V=\frac{Q}{4\pi\varepsilon_0 r}.$$

在球面内电场强度为零，电势处处相等，等于球面的电势

$$V=\frac{Q}{4\pi\varepsilon_0 R},$$

式中，R 是球面的半径. 再利用电势叠加原理，可求得两球面间各区域的电势分布.

解 (1) 若该点位于两个球面内，即 $r\leqslant R_1$，则

$$V_1=\frac{Q_1}{4\pi\varepsilon_0 R_1}+\frac{Q_2}{4\pi\varepsilon_0 R_2}.$$

若该点位于两个球面之间，即 $R_1 \leqslant r \leqslant R_2$，则

$$V_2=\frac{Q_1}{4\pi\varepsilon_0 r}+\frac{Q_2}{4\pi\varepsilon_0 R_2}.$$

若该点位于两个球面之外，即 $r \geqslant R_2$，则

$$V_3=\frac{Q_1+Q_2}{R\pi\varepsilon_0 R_2}r.$$

(2) 两个球面间的电势差

$$U_{12}=V_1-V_2\Big|_{r=R_2}=\frac{Q_1}{4\pi\varepsilon_0 R_1}-\frac{Q_1}{4\pi\varepsilon_0 R_2}.$$

本章自测

一、选择题

1. 在坐标原点放一正电荷 Q，它在点 $P(x=+1, y=0)$ 产生的电场强度为 $\boldsymbol{E}$(见图 7-9). 现在，另外有一个负电荷 $-2Q$，试问应将它放在什么位置才能使点 P 的电场强度等于零？________.

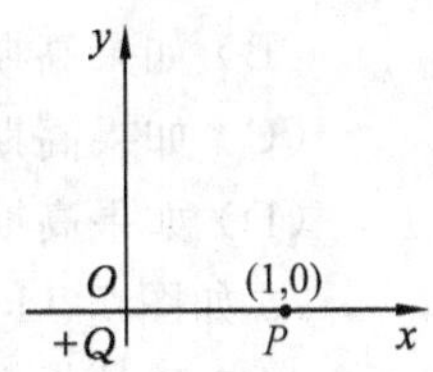

图 7-9

(A) x 轴上，$x>1$

(B) x 轴上，$0<x<1$

(C) x 轴上，$x<0$

(D) y 轴上，$y>0$

2. 下列说法中正确的是 ________.

(A) 电场中某点场强的方向，就是将点电荷放在该点所受电场力的方向

(B) 在以点电荷为中心的球面上，由该点电荷所产生的场强处处相同

(C) 场强可由 $\boldsymbol{E}=\frac{\boldsymbol{F}}{q}$ 定出，其中 q 为试验电荷，q 可正、可负，$\boldsymbol{F}$ 为该试验电荷所受的电场力

(D) 以上说法都不正确

3. 一电场强度为 $\boldsymbol{E}$ 的均匀电场，$\boldsymbol{E}$ 的方向与沿 x 轴正向(见图 7-10)，则通过图中一半径为 R 的半球面的电场强度通量为________.

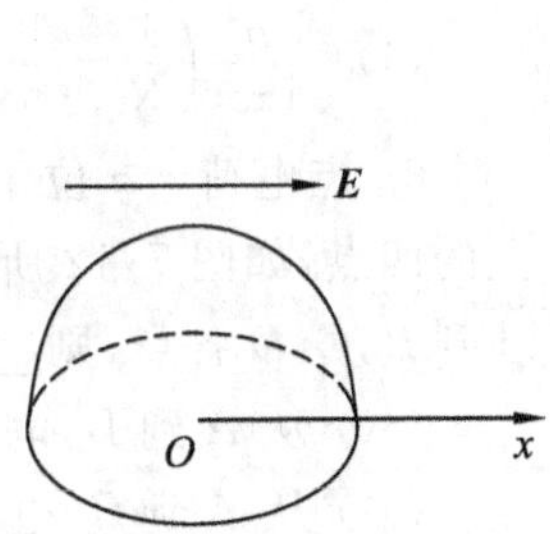

图 7-10

(A) $\pi R^2 E$ (B) $\frac{\pi R^2 E}{2}$

(C) $2\pi R^2 E$ (D) 0

4. 一点电荷，放在球形高斯面的中心处.下列情况中通过高斯面的电场强度通量发生变化的是________.

（A）将另一点电荷放在高斯面外

（B）将另一点电荷放进高斯面内

（C）将球心处的点电荷移开，但仍在高斯面内

（D）将高斯面半径缩小

5. 半径为 R 的“无限长”均匀带电圆柱面的静电场中各点的电场强度的大小 E 与距轴线的距离 r 的关系曲线为________.

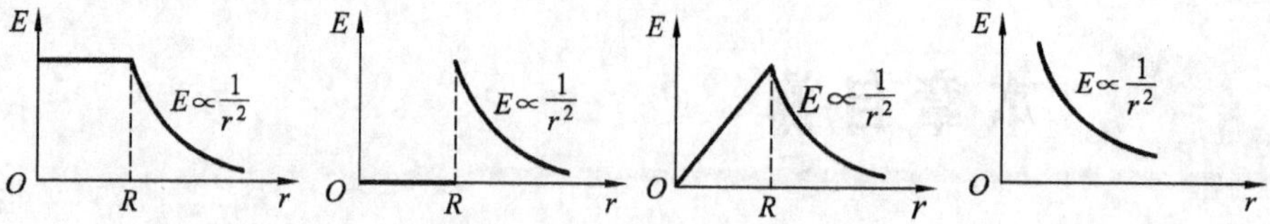

(A)　(B)　(C)　(D)

6. 关于高斯定理的理解有下面几种说法，其中正确的是________.

（A）如果高斯面上 $\boldsymbol{E}$ 处处为零，则该面内必无电荷

（B）如果高斯面内无电荷，则高斯面上 $\boldsymbol{E}$ 处处为零

（C）如果高斯面上 $\boldsymbol{E}$ 处处不为零，则高斯面内必有电荷

（D）如果高斯面内有净电荷，则通过高斯面的电场强度通量必不为零

7. 如图 7-11 所示，在点电荷 q 的电场中，选取以 q 为中心、R 为半径的球面上一点 P 处作电势零点，则与点电荷 q 距离为 r 的点 P' 的电势为________.

（A）$\dfrac{q}{4\pi\varepsilon_0 r}$

（B）$\dfrac{q}{4\pi\varepsilon_0}\left(\dfrac{1}{r}-\dfrac{1}{R}\right)$

（C）$\dfrac{q}{4\pi\varepsilon_0(r-R)}$

（D）$\dfrac{q}{4\pi\varepsilon_0}\left(\dfrac{1}{R}-\dfrac{1}{r}\right)$

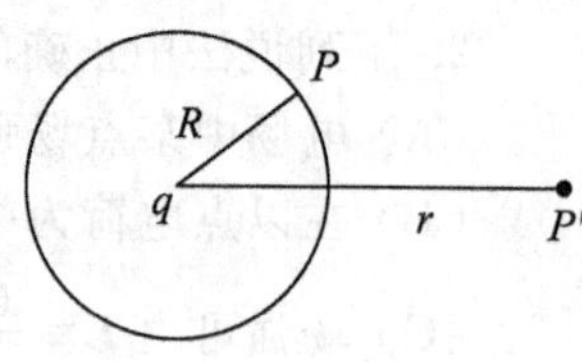

图 7-11

8. 点电荷 $-q$ 位于圆心 O 处，A,B,C,D 为同一圆周上的四点，如图 7-12 所示.现将一试验电荷从点 A 分别移动到 B,C,D 各点，则________.

（A）从 A 到 B，电场力做功最大

（B）从 A 到 C，电场力做功最大

（C）从 A 到 D，电场力做功最大

（D）从 A 到各点，电场力做功相等

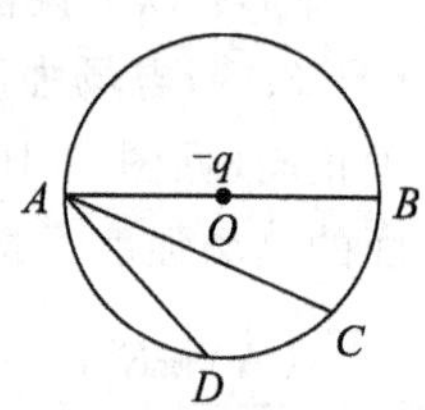

图 7-12

9. 半径为 R 的均匀带电球面，总电荷为 Q. 设无穷远处电势为零，则该带电体所产生的电场的电势 U，随离球心的距离 r 变化的分布曲线为________.

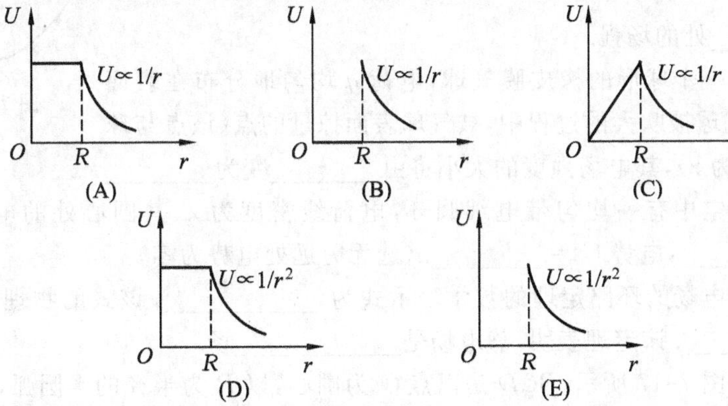

10. 如图 7-13 所示，半径为 R 的均匀带电球面，总电荷为 Q，设无穷远处的电势为零，则球内距离球心为 r 的点 P 处的电场强度的大小和电势为________.

(A) $E=0, U=\dfrac{Q}{4\pi\varepsilon_0 r}$　　(B) $E=0, U=\dfrac{Q}{4\pi\varepsilon_0 R}$

(C) $E=\dfrac{Q}{4\pi\varepsilon_0 r^2}, U=\dfrac{Q}{4\pi\varepsilon_0 r}$　　(D) $E=\dfrac{Q}{4\pi\varepsilon_0 r^2}, U=\dfrac{Q}{4\pi\varepsilon_0 R}$

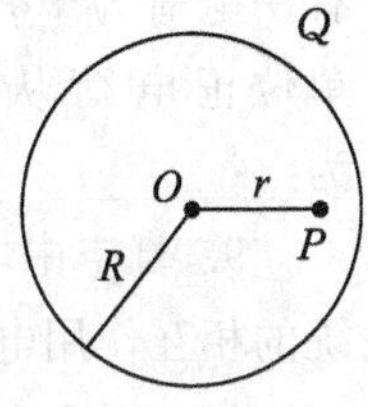

图 7-13

二、填空题

1. 电荷为 -5×10^{-9} C 的试验电荷放在电场中某点时，受到 20×10^{-9} N 的向下的力，则该点的电场强度大小为________，方向________.

2. 两根相互平行的“无限长”均匀带正电直线 1，2，相距为 d，其电荷线密度分别为 λ_1 和 λ_2，如图 7-14 所示，则场强等于零的点与直线 1 的距离 a 为________.

3. 半径为 R 的半球面置于场强为 $\boldsymbol{E}$ 的均匀电场中，其对称轴与场强方向一致，如图 7-15 所示，则通过该半球面的电场强度通量为________.

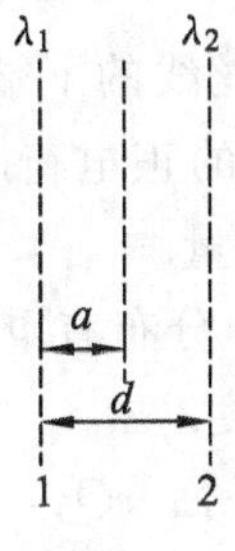

图 7-14

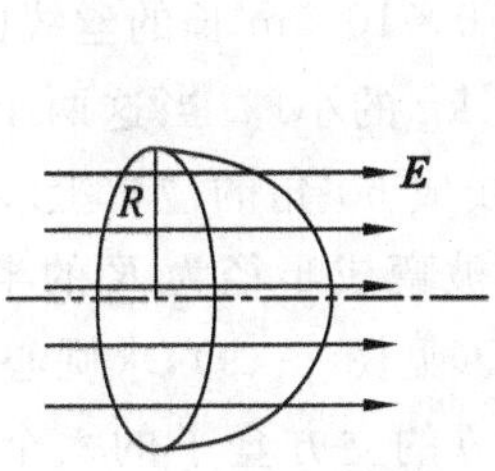

图 7-15

4. 如图 7-16 所示，点电荷 q 和 $-q$ 被包围在高斯面 S 内，则通过该高斯面的电场强度通量 $\oint_S \boldsymbol{E} \cdot \mathrm{d}\boldsymbol{S} =$ ________，式中 $\boldsymbol{E}$ 为________处的场强.

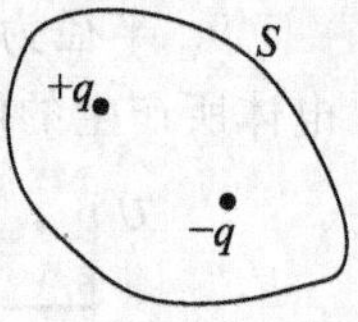

图 7-16

5. 有一个球形的橡皮膜气球，电荷 q 均匀地分布在表面上，在此气球被吹大的过程中，被气球表面掠过的点（该点与球中心距离为 r），其电场强度的大小将由________变为________.

6. 真空中有一均匀带电细圆环，电荷线密度为 λ，其圆心处的电场强度 $E_0 =$ ________，电势 $U_0 =$ ________.（选无穷远处电势为零）

7. 静电场的环路定理的数学表示式为___________.该式的物理意义是：___________.该定理表明，静电场是___________场.

8. 如图 7-17 所示，BCD 是以点 O 为圆心，以 R 为半径的半圆弧，在 A 点有一电荷为 $+q$ 的点电荷，点 O 有一电荷为 $-q$ 的点电荷.线段 $BA=R$.现将一单位正电荷从点 B 沿半圆弧轨道 BCD 移到点 D，则电场力所做的功为________.

9. 真空中电荷分别为 q_1 和 q_2 的两个点电荷，当它们相距为 r 时，该电荷系统的相互作用电势能 $W=$ ________.（设当两个点电荷相距无穷远时电势能为零）

10. 图 7-18 中所示为静电场的等势（位）线图，已知 $U_1 > U_2 > U_3$.在图上画出 a，b 两点的电场强度方向，并比较它们的大小，E_a ________ E_b.（填<，=，>）

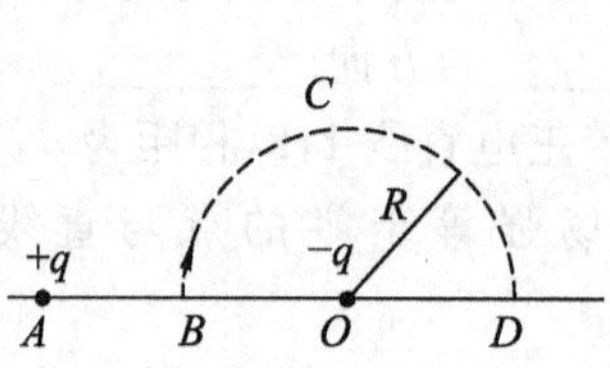

图 7-17

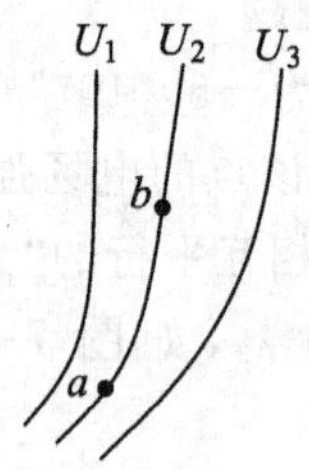

图 7-18

三、计算题

1. 两根 6.0×10^{-2} m 长的丝线由一点挂下，每根丝线的下端都系着一个质量为 0.5×10^{-3} kg 的小球.当这两个小球都带有等量的正电荷时，每根丝线都平衡在与沿垂线成 60°角的位置上.求每一个小球的电量.

2. 一细棒被弯成半径为 R 的半圆形，其上部均匀分布有电荷 $+Q$，下部均匀分布电荷 $-Q$（见图 7-19），求圆心点 O 处的电场强度.

3. 边长为 b 的立方盒子的六个面，分别平行于平面 xOy，yOz 和 xOz（见图 7-20）.盒子的一角在坐标原点处.在此区域有一静电场，场强为 $\boldsymbol{E}=200\boldsymbol{i}+$

300$\boldsymbol{j}$. 试求穿过各面的电通量.

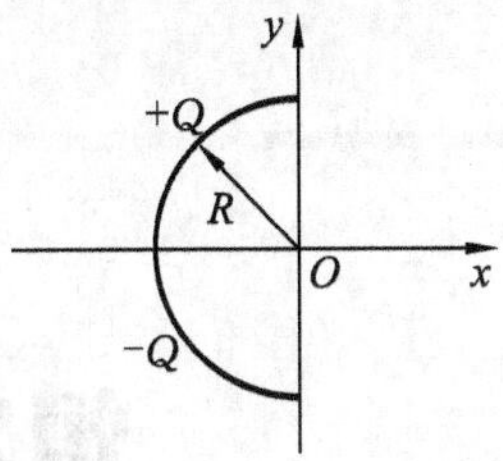

图 7-19

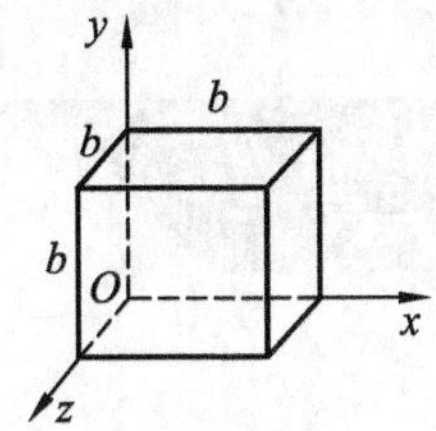

图 7-20

4. 电荷面密度分别为 $+\sigma$ 和 $-\sigma$ 的两块"无限大"均匀带电平行平面，分别与 x 轴垂直相交于 $x_1=a$，$x_2=-a$ 两点(见图 7-21). 设坐标原点 O 处电势为零，试求空间的电势分布表示式并画出其曲线.

5. 如图 7-22 所示，两个点电荷 $+q$ 和 $-3q$，相距为 d. 试求：

(1) 在它们的连线上电场强度 $\boldsymbol{E}=\boldsymbol{0}$ 的点与电荷为 $+q$ 的点电荷相距多远?

(2) 若选无穷远处电势为零，两点电荷之间电势 $U=0$ 的点与电荷为 $+q$ 的点电荷相距多远?

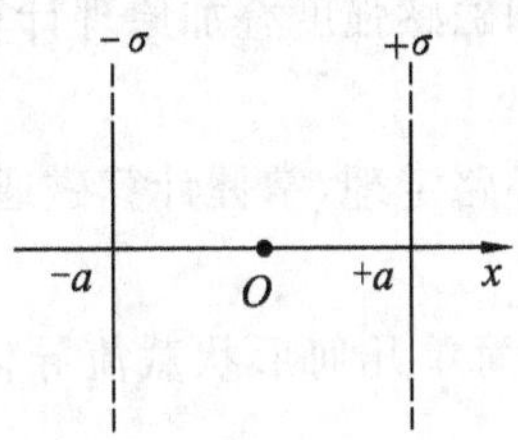

图 7-21

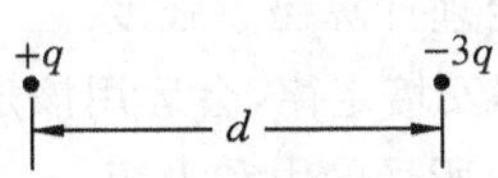

图 7-22

6. 两个带等量异号电荷的均匀带电同心球面，半径分别为 $R_1=0.03$ m 和 $R_2=0.10$ m. 已知两者的电势差为 450 V，求内球面上所带的电荷.

第8章 恒定磁场

学习基本要求

(1) 掌握电流强度和电流密度的概念,了解金属导电的经典理论,了解欧姆定律的微分形式.

(2) 掌握电动势的概念,了解基尔霍夫定律.

(3) 理解磁感强度的概念.

(4) 掌握毕奥-萨伐尔定律,能运用它和磁感强度叠加原理计算直线电流和环形电流的磁感强度.

(5) 理解恒定磁场的高斯定理和安培环路定理,掌握计算磁通量的方法,会用安培环路定理计算磁感强度.

(6) 理解安培定律,会运用该定律计算简单几何形状载流导体和载流平面线圈在磁场中所受的力和力矩.

(7) 理解洛伦兹力公式,会用它分析电荷在均匀磁场中的受力和运动情况.

基本定律和基本方法

1. 电流与电流密度

(1) 电流强度.

$$I=\frac{\mathrm{d}q}{\mathrm{d}t}. \tag{8-1}$$

(2) 电流密度.

方向:该点正电荷运动的方向.

大小:

$$j=\frac{\mathrm{d}I}{\mathrm{d}S_{\perp}}, \tag{8-2}$$

式中，$dS_{\perp}=dS\cos\theta$，它是面元 dS 在垂直于电流密度平面上的投影.

(3) 电流强度与电流密度的关系

$$I=\int_S \boldsymbol{j}\cdot d\boldsymbol{S}. \tag{8-3}$$

从上式可以进一步明确电流强度是标量. 可以说某一面的电流强度，而不能说某一点的电流强度.

2. 欧姆定律和电源的电动势

(1) 欧姆定律的微分形式

$$\boldsymbol{j}=\sigma\boldsymbol{E}. \tag{8-4}$$

这说明导体内的电流密度矢量与该点的场强方向相同.

(2) 电源电动势

$$\varepsilon=\frac{W}{q}=\oint_L \boldsymbol{E}_k\cdot d\boldsymbol{l}, \tag{8-5}$$

式中，$\boldsymbol{E}_k$ 是单位正电荷所受非静电力. 如果非静电场只存在于电源内部，外电路中没有非静电场，那么

$$\varepsilon=\int_-^+ \boldsymbol{E}_k\cdot d\boldsymbol{l}. \tag{8-6}$$

3. 磁场和磁感强度

(1) 磁矩

设试验线圈的面积为 S，线圈中的电流为 I，则试验线圈的磁矩

$$\boldsymbol{m}=NIS\boldsymbol{e}_n. \tag{8-7}$$

式中，$\boldsymbol{e}_n$ 是线圈平面法线方向上的单位矢量，其方向由右手螺旋法则确定，即如果弯曲的右手四指与电流方向一致，那么伸直的拇指所指方向就是 $\boldsymbol{e}_n$ 方向.

(2) 磁感强度 $\boldsymbol{B}$ 的大小

$$B=\frac{M_{max}}{m}. \tag{8-8}$$

磁感强度 $\boldsymbol{B}$ 的大小等于试验线圈的单位磁矩所受的最大磁力矩；$\boldsymbol{B}$ 的方向就是该点处试验线圈在稳定平衡时的磁矩方向.

4. 毕奥-萨伐尔定律及其应用

(1) 毕奥-萨伐尔定律

$$d\boldsymbol{B}=\frac{\mu_0}{4\pi}\frac{Id\boldsymbol{l}\times\boldsymbol{r}}{r^3}. \tag{8-9a}$$

上式也称为毕奥-萨伐尔-拉普拉斯定律. 任意载流导线产生的总磁感强度 $\boldsymbol{B}$ 应是导线上所有电流元所激发的磁感强度 $d\boldsymbol{B}$ 的矢量和，即

$$\boldsymbol{B}=\int \mathrm{d}\boldsymbol{B}=\int \frac{\mu_0}{4\pi}\frac{I\mathrm{d}\boldsymbol{l}\times\boldsymbol{r}}{r^3}. \tag{8-9b}$$

(2) 用毕奥-萨伐尔定律计算磁感强度的步骤.

① 在载流体上任取电流元 $I\mathrm{d}\boldsymbol{l}$,写出 $I\mathrm{d}l$ 在场点的磁感强度大小.

② 讨论各电流元的磁感强度 $\mathrm{d}\boldsymbol{B}$ 方向. 如果 $\mathrm{d}\boldsymbol{B}$ 方向相同,那就直接计算标量积分

$$B=\int \mathrm{d}B=\int \frac{\mu_0}{4\pi}\frac{I\mathrm{d}l\sin\theta}{r^2},$$

即可得到场点的磁感强度大小 B; 如果各电流元的磁感强度 $\mathrm{d}\boldsymbol{B}$ 方向不同,那么计算时通常先将 $\mathrm{d}\boldsymbol{B}$ 正交分解,分别积分求合磁场的各分量,最后得到总磁感强度.

(3) 用毕奥-萨伐尔定律计算几种典型电流的磁场.

① 无限长载流直导线的磁感强度大小

$$B=\frac{\mu_0 I}{2\pi r_0}.$$

② 半无限长载流直导线的磁感强度大小

$$B=\frac{\mu_0 I}{4\pi r_0}.$$

③ 圆电流圆心的磁感强度大小

$$B=\frac{\mu_0}{2}\frac{I}{R}.$$

④ 圆弧电流圆心的磁感强度大小

$$B=\frac{\mu_0 I\varphi}{4\pi R},$$

式中,φ 为该圆弧的圆心角.

(4) 运动电荷的磁感强度

$$\boldsymbol{B}=\frac{\mu_0}{4\pi}\frac{q\boldsymbol{v}\times\boldsymbol{r}}{r^3}, \tag{8-10}$$

式中,$\boldsymbol{r}$ 是带电粒子在某时刻到场点的矢量.

5. 磁通量和磁场中的高斯定理

(1) 磁通量

$$\Phi=\int_S \boldsymbol{B}\cdot\mathrm{d}\boldsymbol{S}. \tag{8-11}$$

(2) 磁场的高斯定理

$$\oint_S \boldsymbol{B}\cdot\mathrm{d}\boldsymbol{S}=0. \tag{8-12}$$

上式说明磁场是无源场.

6. 安培环路定理及其应用

(1) 安培环路定理

$$\oint_l \boldsymbol{B} \cdot \mathrm{d}\boldsymbol{l} = \mu_0 \sum I_i. \tag{8-13}$$

上式说明磁场是非保守场.

安培环路定理求 $\boldsymbol{B}$ 的方法和思路：

① 先分析磁场分布是否具有空间的对称性，包括轴对称等.

② 根据磁场的对称性特征选取通过场点的适当回路，积分回路的回转方向最好是与磁场方向垂直或平行，且 $\boldsymbol{B}$ 作为一个常量可以从积分号中提出，积分时只对回路的长度积分.

(2) 安培环路定理计算几种典型电流的磁场.

① 长直密绕载流螺线管内部的磁感强度大小

$$B = \mu_0 nI.$$

② 密绕载流螺绕环内部的磁感强度大小

$$B = \frac{\mu_0 NI}{2\pi r}.$$

③ “无限长”载流圆柱体内、外的磁感强度

内部：$B = \dfrac{\mu_0 Ir}{2\pi R^2}$ $(r<R)$；

外部：$B = \dfrac{\mu_0 I}{2\pi r}$ $(r>R)$.

7. 磁场对运动电荷的作用

(1) 洛伦兹力

$$\boldsymbol{F} = q\boldsymbol{v} \times \boldsymbol{B}. \tag{8-14}$$

(2) 回旋半径

$$R = \frac{mv\sin\theta}{qB}. \tag{8-15}$$

(3) 回旋周期

$$T = \frac{2\pi m}{qB}. \tag{8-16}$$

(4) 螺距

$$h = \frac{2\pi mv\cos\theta}{qB}. \tag{8-17}$$

8. 磁场对电流的作用力

(1) 磁场对载流导线的作用力——安培力

$$F=\int I\mathrm{d}\boldsymbol{l}\times\boldsymbol{B}. \tag{8-18}$$

(2) 用安培力公式计算电流在磁场中受力的步骤.

① 根据磁场的分布情况选取合适的电流元.

② 由安培力公式求出电流元受力 $\mathrm{d}\boldsymbol{F}$.

③ 用分量式积分求出安培力的各分量.

可以证明:在均匀磁场中,任意形状的平面载流导线所受的磁力与该导线始终点连线相同的直导线所受磁力相同,平面闭合线圈所受的合力为零.

9. 载流线圈在均匀磁场中所受的磁力矩

$$\boldsymbol{M}=\boldsymbol{m}\times\boldsymbol{B}, \tag{8-19}$$

式中,线圈的磁矩 $\boldsymbol{m}=NIS\boldsymbol{e}_{\mathrm{n}}$.

问题与讨论

问题 1 什么样的载流直导线可认为是半“无限长”的?

答 根据

$$B=\frac{\mu_0 I}{4\pi r_0}\left(\frac{z_2}{z_2^2+r_0^2}-\frac{z_1}{\sqrt{z_1^2+r_0^2}}\right),$$

只有满足 $z_1=0, z_2\rightarrow+\infty$ 的载流线才能称为半无限长载流直导线,其端点垂线上的磁感强度才可表示为

$$B=\frac{\mu_0 I}{4\pi r_0},$$

即如果 $z_1\neq 0$,即使是 $z_2\rightarrow+\infty$,这样的载流直导线也不能认为是半“无限长”的.

问题 2 教材中讨论圆形载流导线轴线上的磁场时,曾有人计算了 $B_{\perp}=\int \mathrm{d}B\sin\alpha$,发现其值并不为零,你如何理解这一结果?

答 圆形载流导线上各电流元产生的磁感强度在垂直于 x 轴的平面上分量的方向并不相同,呈对称分布,虽然矢量 $\mathrm{d}\boldsymbol{B}_{\perp}$ 的积分 $\int \mathrm{d}\boldsymbol{B}_{\perp}=0$,但矢量 $\mathrm{d}\boldsymbol{B}_{\perp}$ 大小的积分 $\int_L \mathrm{d}B_{\perp}=\int \mathrm{d}B\sin\alpha$ 并不等于零.

问题 3 从毕奥-萨伐尔定律能导出无限长直载流导线的磁感强度公式 $B=\dfrac{\mu_0 I}{2\pi r_0}$,当场点无限接近导线时($r_0\rightarrow 0$),则 $B\rightarrow\infty$,这是没有物理意义的,请解释原因.为了应用此公式计算磁场,导线的长度 l、导线的直径 d 和场点到导线的距离 r_0 之间应满足怎样的关系?

答 公式 $B=\frac{\mu_0 I}{2\pi r_0}$ 仅对无限长直线电流适用. 只有满足 $d \ll r_0$ 的电流才可看成线电流,即公式 $B=\frac{\mu_0 I}{2\pi r_0}$ 不能用在 $r_0 \to 0$ 的情形. 只有三个线度满足 $d \ll r_0 \ll l$ 的载流直导体才可看成无限长载流直导线,并用 $B=\frac{\mu_0 I}{2\pi r_0}$ 计算其磁感强度.

问题 4 安培环路定理是否适用于圆电流? 圆电流轴线上的磁感强度是否可以用安培环路定理计算出来?

答 安培环路定理适用于任何闭合稳恒电流,当然也适用于圆电流. 但是圆电流轴线上的磁感强度无法用安培环路定理计算出来,因为找不到一个过场点的闭合回路,能使磁感强度作为一个常量从安培环路定理左边的积分号中提出,从而使积分变成只对回路的长度积分.

问题 5 用安培环路定理能否求出一段有限长载流直导线周围的磁场?

答 不能. 因为安培环路定理仅适用于闭合电流.

问题 6 在没有电流的空间区域里,如果磁感线是平行直线(见图 8-1),磁感强度 $\boldsymbol{B}$ 的大小在沿磁感应线和垂直它的方向上是否可能变化(即磁场是否一定是均匀的)?

答 不可能变化,即磁场一定是均匀的. 可以用磁场中的高斯定理来说明沿磁感应线方向上不可能变化. 由于磁感线是平行直线,因此如作以磁感线为轴的细长高斯柱面,则侧面的磁通量为零. 根据磁场中的高斯定理,上下底面的磁感强度必相同. 可以用安培环路定理来说明磁感强度在垂直磁感线方向上不可能变化. 如图 8-2 所示,作闭合回路 $abcd$,则

$$\oint_{abcd} \boldsymbol{B} \cdot \mathrm{d}\boldsymbol{l} = B_1 l_{da} - B_2 l_{bc} = \mu_0 \sum I = 0,$$

所以

$$B_1 = B_2.$$

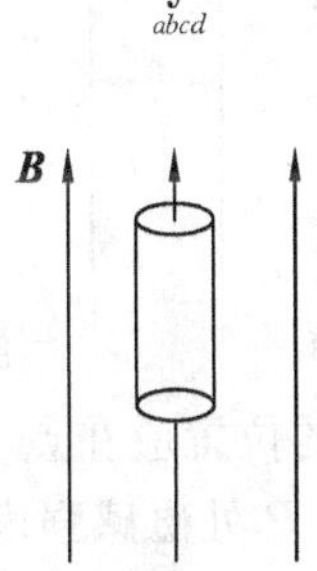

图 8-1

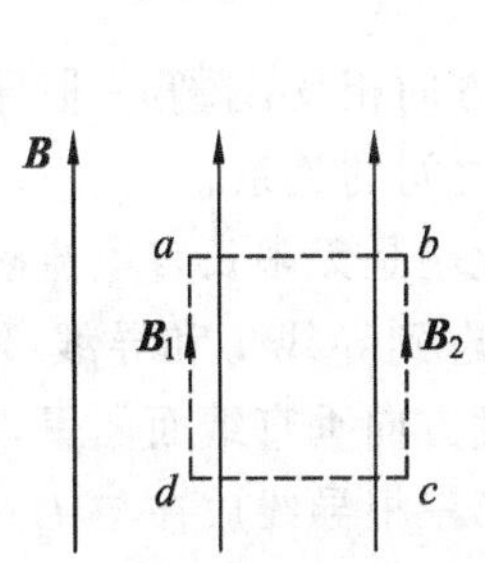

图 8-2

问题 7 如图 8-3 所示,无限长直载流导线与正三角形载流线圈在同一平面内,若长直导线固定不动,则载流三角形线圈将如何运动? 为什么?

答 该正三角形载流线圈将向着长直导线平移. 这是由于 I_1 在正三角形

所在区域的磁感强度方向是垂直三角形所在平面的，正三角形线圈右边两条边所受的安培力是对称的（见图 8-3），因此这两条边所受安培力沿 I_1 方向的分量相互抵消，它们所受合力方向垂直，I_1 方向向右，而线圈中电流平行于 I_1 方向的那条边所受安培力方向显然是向左的. 考虑到离 I_1 越远的地方磁感强度越小，因此右边两条边所受的安培力的合力将小于平行于 I_1 方向的那条边所受安培力，整个正三角形载流线圈所受合力方向将向左并向着长直导线平移.

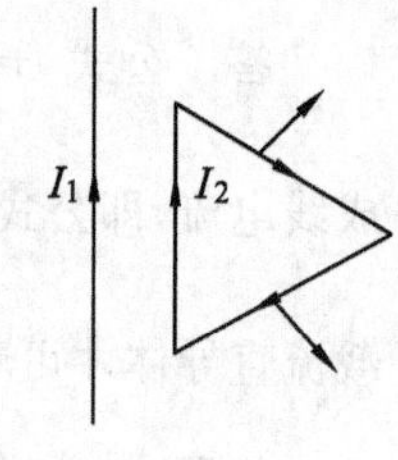

图 8-3

问题 8 在教材的习题 8.19 中，如何说明矩形线圈所受合力矩为零？

答 我们知道 $\boldsymbol{M}=\boldsymbol{m}\times\boldsymbol{B}$ 仅适用于载流线圈在均匀磁场中所受磁力矩的计算. 显然，该矩形载流线圈位于非均匀磁场中，那又如何来计算它所受的磁力矩呢？我们可以把该矩形线圈看成很多个小线圈的组合（见图 8-4）. 对于任一个小线圈（磁矩为 $\mathrm{d}\boldsymbol{m}$），其上的磁感强度可以认为处处相等，由 $\mathrm{d}\boldsymbol{M}=\mathrm{d}\boldsymbol{m}\times\boldsymbol{B}$ 可得此小线圈所受力矩为零，从而整个矩形线圈的力矩也为零.

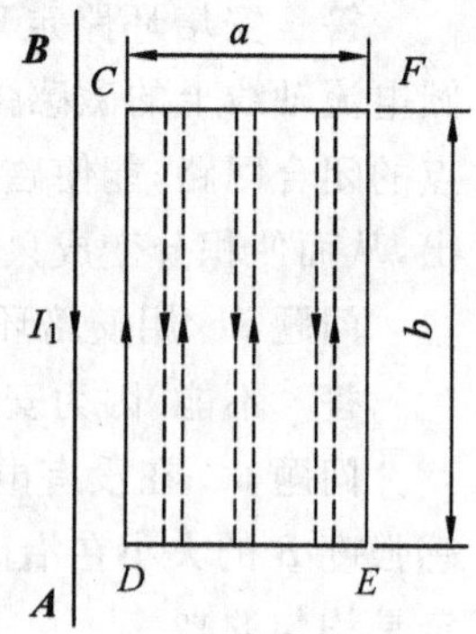

图 8-4

典型例题分析

例 1 在一平面内有三根平行的载流直无限长导线（见图 8-5）. 已知导线 1 和导线 2 中的电流 $I_1=I_2$ 且方向相同，两者相距 L，并且在导线 1 和导线 2 之间距导线 1 为 $\frac{L}{3}$ 的点 P 处 $B=0$，第三根导线的电流方向与 I_1 方向相反，求第三根导线放置的位置与所通电流 I_3 之间的关系.

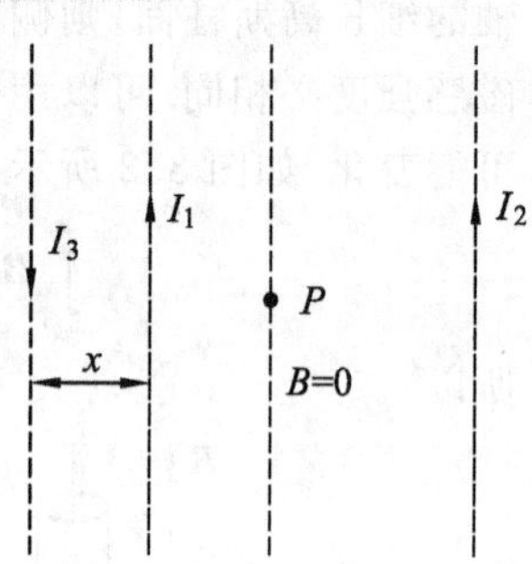

图 8-5

分析 此题是无限长直电流磁感强度公式的简单应用题. 考虑到导线 1 和导线 2 中的电流在点 P 的合磁感强度方向垂直纸面向里，因此第三根导线的位置应在点 P 左侧.

解 设第三根导线放在与 I_1 相距为 x 处，则点 P 处磁感强度大小

$$B=\frac{\mu_0 I_2}{2\pi\cdot\frac{2}{3}L}-\frac{\mu_0 I_1}{2\pi\cdot\frac{L}{3}}+\frac{\mu_0 I_3}{2\pi\left(x+\frac{L}{3}\right)}=0,$$

即

$$x=\frac{2I_3-I_1}{3I_1}L.$$

例 2 如图 8-6 所示，一无限长直导线通有电流 $I=10\ \mathrm{A}$，在一处折成夹角 $\theta=60°$ 的折线，求角平分线上与导线的垂直距离均为 $r=0.1\ \mathrm{cm}$ 的点 P 处的磁感强度（$\mu_0=4\pi\times10^{-7}\mathrm{T\cdot m\cdot A^{-1}}$）.

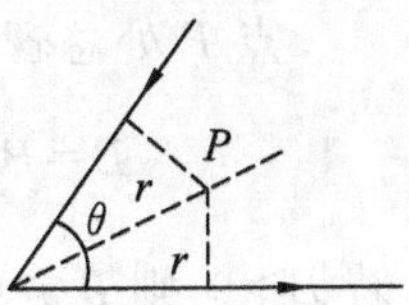

图 8-6

分析 本题利用载流直线电流的磁感强度公式

$$B=\frac{\mu_0 I}{4\pi r_0}(\cos\theta_1-\cos\theta_2)$$

计算磁感强度. 可以先计算其中一根载流导线的磁感强度，然后用叠加原理计算出点 P 的总磁感强度. 应当注意的是，对于点 P 来说，两载流导线均不能视为半无限长.

解 对其中一根载流导线有

$$\theta_2=\pi,\ \theta_1=\frac{\pi}{6}.$$

其在点 P 处的磁感强度

$$B_1=\frac{\mu_0 I}{4\pi r}\left(\cos\frac{\pi}{6}-\cos\pi\right)=\frac{\mu_0 I}{4\pi r}\left(\frac{\sqrt{3}}{2}+1\right).$$

考虑到两载流直导线所产生的磁感强度 $\boldsymbol{B}_1$ 与 $\boldsymbol{B}_2$ 的方向相同、大小相同，因此，点 P 处的总磁感强度大小

$$B=2B_1=\frac{\mu_0 I}{2\pi r}\left(\frac{\sqrt{3}}{2}+1\right)=3.73\times10^{-3}\mathrm{T},$$

方向垂直纸面向外.

例 3 如图 8-7 所示，两共轴线圈，半径分别为 R_1，R_2，电流为 I_1，I_2，电流的方向相反，求轴线上相距中点 O 为 x 处的点 P 的磁感强度.

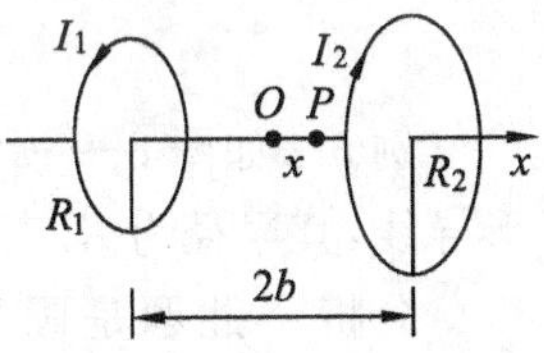

图 8-7

分析 此题利用圆电流轴线上的磁感强度公式

$$B=\frac{\mu_0}{2}\frac{R^2 I}{(R^2+x^2)^{\frac{3}{2}}}$$

计算磁感强度. 如果以两圆心连线中点为原点，以连线为 x 轴，那么就应当注意上式中的 x 与本题已知条件中的 x 意义不同，上式中的 x 应是轴线上的场点到圆心的距离.

解 取 x 轴向右，那么有

$$B_1=\frac{\mu_0 R_1^2 I_1}{2[R_1^2+(b+x)^2]^{\frac{3}{2}}}，沿\ x\ 轴正方向；$$

$$B_2=\frac{\mu_0 R_2^2 I_2}{2[R_2^2+(b-x)^2]^{\frac{3}{2}}}，沿\ x\ 轴负方向.$$

点 P 处总磁感强度大小为

$$B=B_1-B_2=\frac{\mu_0}{2}\left\{\frac{\mu_0 R_1^2 I_1}{[R_1^2+(b+x)^2]^{\frac{3}{2}}}-\frac{\mu_0 R_2^2 I_2}{[R_2^2+(b-x)^2]^{\frac{3}{2}}}\right\}.$$

若 $B>0$,则 $\boldsymbol{B}$ 方向为沿 x 轴正方向. 若 $B<0$,则 $\boldsymbol{B}$ 的方向为沿 x 轴负方向.

例 4 将半径为 R 的无限长导体薄壁管(厚度忽略)沿轴向割去一宽度为 h ($h \ll R$)的无限长狭缝后,再沿轴向流有在管壁上均匀分布的电流,其面电流密度(垂直于电流的单位长度截线上的电流)为 i (见图 8-8),试求管轴线上磁感强度的大小.

分析 本题可以根据无限长载流柱面和无限长载流直线的磁感强度公式用填补法求解. 把割去的部分填回使其成为一个完整的圆柱面,并设填回的部分的面电流密度亦为 i,方向沿轴线方向向上. 这样,轴线上任一点的磁感强度就是完整圆柱面和填回部分的电流产生的磁感强度之差. 由于完整载流圆柱面在其内部的磁感强度为零,因此轴线上任一点的磁感强度大小就是填回部分的电流产生的磁感强度大小. 因为 $h \ll R$,所以填回部分的电流可以视为无限长直线电流,其电流强度为 hi. 这样问题就转化为计算电流强度为 hi 的无限长直线电流在距其为 R 处的磁感强度.

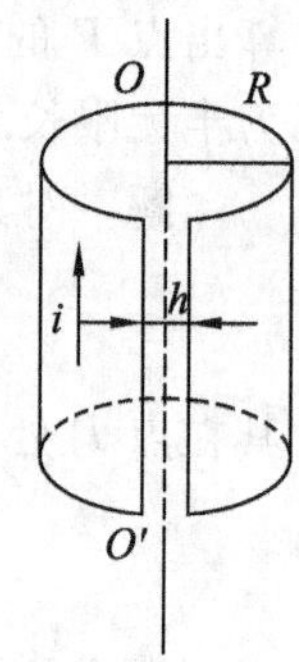

图 8-8

解 利用无限长直线电流的磁感强度公式可以得到该管轴线上磁感强度的大小

$$B=\frac{\mu_0 I}{2\pi r_0}=\frac{\mu_0 ih}{2\pi R}.$$

例 5 如图 8-9 所示,AB,CD 为长直导线,BC 为圆心在点 O 的一段圆弧形导线,其半径为 R. 若通以电流 I,求点 O 的磁感强度.

分析 此题是圆弧电流和直电流磁感强度的综合题.

解 如图 8-9 所示,点 O 磁场由直线 AB,CD 和 BC 弧三部分电流产生,其中:

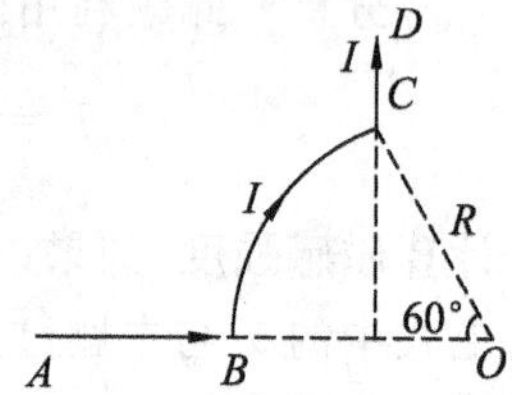

图 8-9

AB 产生的磁感强度 $B_1=0$;

BC 弧产生的磁感强度 $B_2=\frac{\mu_0 I}{12R}$,方向垂直向里;

CD 段产生的磁感强度 $B_3=\frac{\mu_0 I}{4\pi\frac{R}{2}}\left(\cos\frac{2}{3}\pi-\cos\pi\right)=\frac{\mu_0 I}{2\pi R}\left(-\frac{\sqrt{3}}{2}+1\right)$,方向垂直向里.

因此，$B_0=B_1+B_2+B_3=\frac{\mu_0 I}{2\pi R}\left(1-\frac{\sqrt{3}}{2}+\frac{\pi}{6}\right)$，方向垂直向里.

例 6 一根同轴线由半径为 R_1 的长导线和套在它外面的内半径为 R_2、外半径为 R_3 的同轴导体圆筒组成，如图 8-10 所示. 电流 I 沿导线向上流去，由圆筒向下流回，在它们的截面上电流都是均匀分布的. 求同轴线内外的磁感强度大小 B 的分布.

分析 本题是用安培环路定理求解柱形电流产生的磁感强度. 根据从配套教材中例题 8.8 获得的经验，由于此电流分布也具有轴对称性，因此其磁感线是在垂直轴线平面内以轴线为中心的同心圆. 为了求轴线内外的磁感强度大小 B 的分布，取过场点 P 的磁感线为积分回路 L（半径为 r）. 由于回路上任一点的 $\boldsymbol{B}$ 的量值相等，方向与该点 $\mathrm{d}\boldsymbol{l}$ 方向相同，因此所有区域 $\boldsymbol{B}$ 的环流均可表示为

$$\oint_L \boldsymbol{B}\cdot\mathrm{d}\boldsymbol{l}=B\cdot 2\pi r.$$

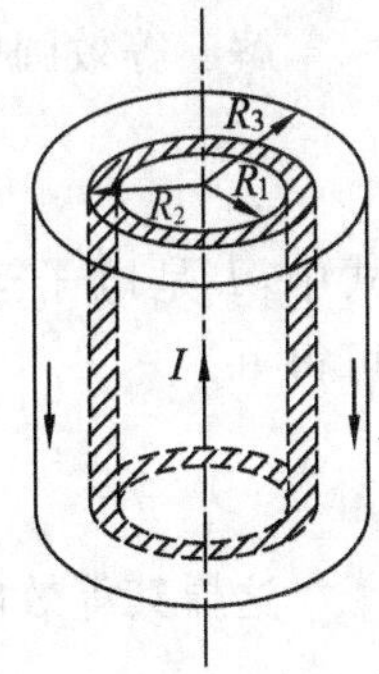

图 8-10

不同的是场点在不同区域时，L 包围的电流不同.

解 由安培环路定理 $\oint \boldsymbol{B}\cdot\mathrm{d}\boldsymbol{l}=\mu_0\sum I_i$ 得

$0<r<R_1$ 区域：

$$2\pi rB=\mu_0 Ir^2/R_1^2.$$

$$B=\frac{\mu_0 Ir}{2\pi R_1^2}.$$

$R_1<r<R_2$ 区域：

$$2\pi rB=\mu_0 I,$$

$$B=\frac{\mu_0 I}{2\pi r}.$$

$R_2<r<R_3$ 区域：

$$2\pi rB=\mu_0\left[I-\frac{I(r^2-R_2^2)}{(R_3^2-R_2^2)}\right],$$

$$B=\frac{\mu_0 I}{2\pi r}\left(1-\frac{r^2-R_2^2}{R_3^2-R_2^2}\right).$$

$r>R_3$ 区域：

$$B=0.$$

例 7 设电子在磁感强度为 $\boldsymbol{B}$ 的均匀磁场中沿半径为 R 的圆周运动，试求电子运动所形成的等效电流强度 I 及相应的磁矩 m. 已知电子电荷为 e，电子的

质量为 m_e.

分析 本题是利用电流强度的定义计算等效电流强度. 当电子在磁感强度为 $\boldsymbol{B}$ 的均匀磁场中沿半径为 R 的圆周运动时，就形成一等效圆电流. 设在电子的运动路径上的有一假想面(见图 8-11)，由于电子在一个周期里通过该面一次，即在一个周期里通过该面的电量为 e，因此根据电流强度的定义，可计算等效圆电流的电流强度.

解 等效圆电流的电流强度

$$I=\frac{e}{T},$$

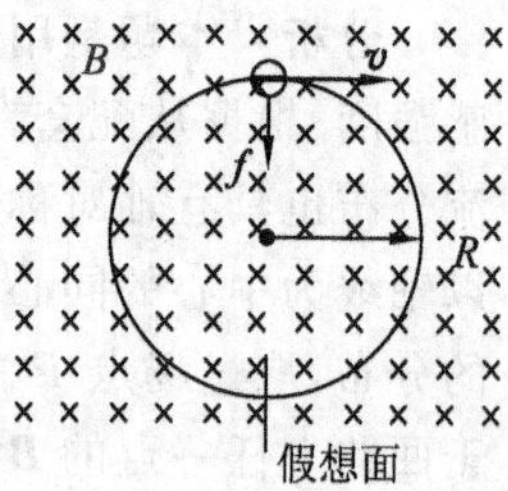

图 8-11

式中，T 是电子运动的周期. 根据电子回旋周期公式可得

$$T=\frac{2\pi m_e}{eB}.$$

这样其等效电流

$$I=\frac{e}{T}=\frac{e^2B}{2\pi m_e}.$$

相应的磁矩

$$m=IS=\frac{e^2B}{2\pi m_e}\cdot\pi R^2=\frac{R^2e^2B}{2m_e}.$$

例 8 如图 8-12 所示，在真空中有一半径为 a 的 $\frac{3}{4}$ 圆弧形的导线 bc，其中通以稳恒电流 I，导线置于均匀外磁场 $\boldsymbol{B}$ 中，且 $\boldsymbol{B}$ 与导线所在平面垂直. 试求该圆弧形载流导线 bc 所受的磁力大小.

图 8-12

分析 本题是利用安培定律计算载流导线所受的安培力. 本题可以根据安培定律的重要推论快速求解：在均匀磁场中，任意形状的平面载流导线所受的磁力与该导线始终点连线相同的直导线所受磁力相同.

解 如图 8-13 所示，圆弧形的导线所受的安培力应等于直线电流 bc 所受的安培力，因此，圆弧形载流导线 bc 所受的磁力大小

$$F=BIl=BI\cdot\sqrt{2}a=\sqrt{2}BIa.$$

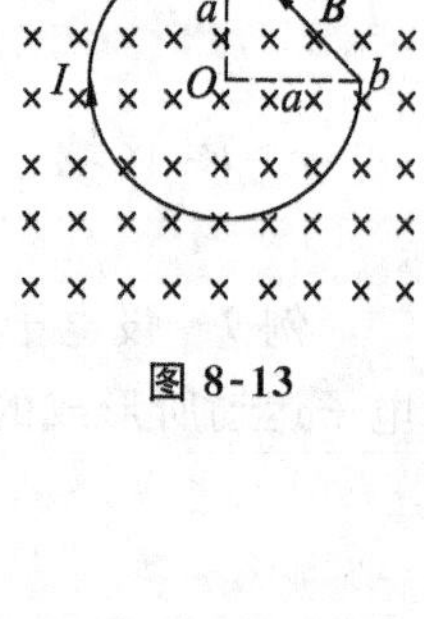

图 8-13

例 9 如图 8-14 所示，载有电流 I_1 和 I_2 的无限长直导线 ab 和 cd 相互平行，相距为 $3r$，今有载有电流 I_3 的导线 $MN=r$，水平放置，且其两端 MN 分别与 I_1，I_2 的距离

都是 r,ab,cd 和 MN 共面,求导线 MN 所受的磁力大小和方向.

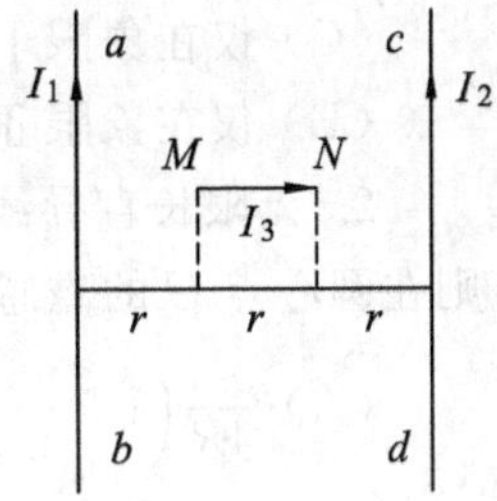

图 8-14

分析 本题是利用安培定律计算非匀强磁场中直电流所受安培力.由于载流导线 MN 上各电流元所受安培力 $\mathrm{d}\boldsymbol{F}$ 方向相同,因此仅需对 $\mathrm{d}\boldsymbol{F}$ 的大小积分就可以求出 MN 所受的总安培力.

解 如以点 M 为坐标原点,I_3 的方向为 x 轴的方向,则载流导线 MN 上距坐标原点为 x 处的电流元 $I_3\mathrm{d}x$ 处的磁感强度大小

$$B=\frac{\mu_0 I_1}{2\pi(r+x)}-\frac{\mu_0 I_2}{2\pi(2r-x)}.$$

$I_3\mathrm{d}x$ 所受磁力

$$\mathrm{d}F=I_3 B\mathrm{d}x=I_3\left[\frac{\mu_0 I_1}{2\pi(r+x)}-\frac{\mu_0 I_1}{2\pi(2r-x)}\right]\mathrm{d}x.$$

载流导线 MN 所受总磁力

$$\begin{aligned}F&=I_3\int_0^r\left[\frac{\mu_0 I_1}{2\pi(r+x)}-\frac{\mu_0 I_2}{2\pi(2r-x)}\right]\mathrm{d}x\\&=\frac{\mu_0 I_3}{2\pi}\left[\int_0^r\frac{I_1}{r+x}\mathrm{d}x-\int_0^r\frac{I_2}{2r-x}\mathrm{d}x\right]\\&=\frac{\mu_0 I_3}{2\pi}\left[I_1\ln\frac{2r}{r}+I_2\ln\frac{r}{2r}\right]\\&=\frac{\mu_0 I_3}{2\pi}[I_1\ln 2-I_2\ln 2]\\&=\frac{\mu_0 I_3}{2\pi}(I_1-I_2)\ln 2.\end{aligned}$$

若 $I_2>I_1$,则 $\boldsymbol{F}$ 的方向向下,$I_2<I_1$,则 $\boldsymbol{F}$ 的方向向上.

本章自测

一、选择题

1. 在一平面内,有两条垂直交叉但相互绝缘的长直导线,流过每条导线的电流 i 的大小相等,其方向如图 8-15 所示,则以下区域中某些点的磁感强度 B 可能为零的是________.

(A) 仅在象限Ⅰ　　　　(B) 仅在象限Ⅱ

（C）仅在象限Ⅰ,Ⅲ　　（D）仅在象限Ⅰ,Ⅳ

（E）仅在象限Ⅱ,Ⅳ

2. 无限长直导线在 P 处弯成半径为 R 的圆(见图 8-16),当通以电流 I 时,则在圆心点 O 的磁感强度为(取垂直向里的方向为正)________.

（A）$\frac{\mu_0 I}{4R}\left(1+\frac{1}{\pi}\right)$　　（B）$\frac{\mu_0 I}{2R}\left(\frac{1}{\pi}-1\right)$

（C）$-\frac{\mu_0 I}{4R}\left(1+\frac{1}{\pi}\right)$　　（D）$\frac{\mu_0 I}{2R}\left(1-\frac{1}{\pi}\right)$

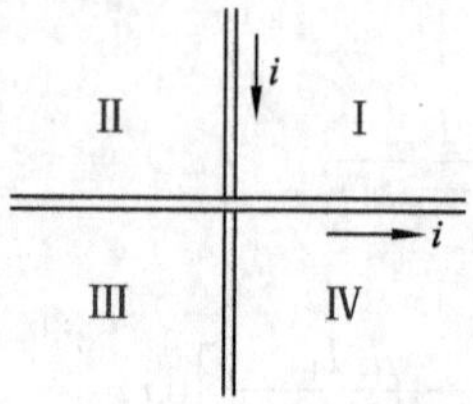

图 8-15

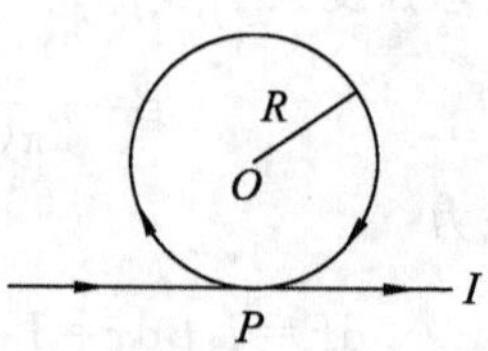

图 8-16

3. 有一半径为 R 的单匝圆线圈,通以电流 I,若将该细导线弯成匝数 $N=3$,半径相同的平面圆线圈,细导线总长度不变,并通以同样的电流,则线圈中心的磁感强度和线圈的磁矩分别是原来的________.

（A）9 倍和 1/9　　（B）9 倍和 1/3

（C）3 倍和 1/9　　（D）3 倍和 1/3

4. 取一闭合积分回路 L,使四根载流导线穿过它所围成的面.现改变四根导线之间的相互间隔,但不越出积分回路,则________.

（A）回路 L 内的 $\sum I$ 不变, L 上各点的 $\boldsymbol{B}$ 不变

（B）回路 L 内的 $\sum I$ 不变, L 上各点的 $\boldsymbol{B}$ 改变

（C）回路 L 内的 $\sum I$ 改变, L 上各点的 $\boldsymbol{B}$ 不变

（D）回路 L 内的 $\sum I$ 改变, L 上各点的 $\boldsymbol{B}$ 改变

5. 如图 8-17 所示,在一圆形电流 I 所在的平面内,在圆形电流内部选取一个与圆形电流共面的任意闭合环路 L,则由安培环路定理可知________.

（A）$\oint_L \boldsymbol{B}\cdot d\boldsymbol{l}=0$,且环路上任意一点 $B=0$

（B）$\oint_L \boldsymbol{B}\cdot d\boldsymbol{l}=0$,且环路上任意一点 $B\neq 0$

（C）$\oint_L \boldsymbol{B}\cdot d\boldsymbol{l}\neq 0$,且环路上任意一点 $B\neq 0$

（D）$\oint_L \boldsymbol{B}\cdot d\boldsymbol{l}\neq 0$,且环路上任意一点 $B=$常量

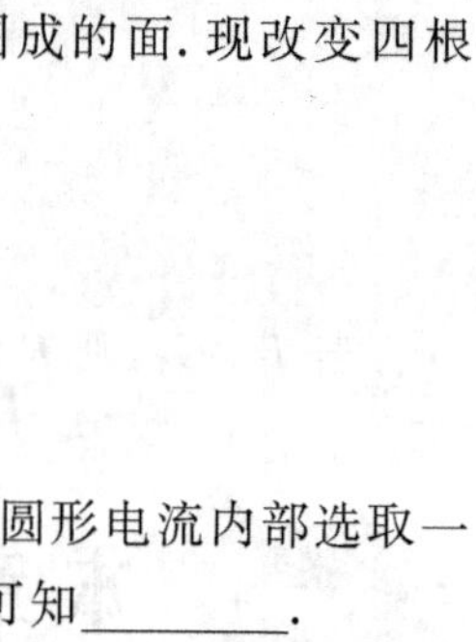

图 8-17

6. 一载有电流 I 的细导线分别均匀密绕在半径为 R 和 r 的长直圆筒上，形成两个螺线管，两螺线管单位长度上的匝数相等. 设 $R=3r$，则两螺线管中的磁感强度大小 B_R 和 B_r 应满足________.

(A) $B_R=B_r$　　(B) $B_R=3B_r$

(C) $3B_R=B_r$　　(D) $B_R=9B_r$

7. 均匀磁场的磁感应强度 $\boldsymbol{B}$ 垂直于半径为 r 的圆面，今以该圆周为边线，作一半球面 S，则通过 S 面的磁通量的大小为________.

(A) $2\pi r^2 B$　　(B) 0

(C) $\pi r^2 B$　　(D) 无法确定的量

8. 无限长直圆柱体，半径为 R，沿轴向均匀流有电流. 设圆柱体内($r<R$)的磁感强度为 B_1，圆柱体外($r>R$)的磁感强度为 B_2，则有________.

(A) B_1，B_2 均与 r 成正比

(B) B_1，B_2 均与 r 成反比

(C) B_1 与 r 成正比，B_2 与 r 成反比

(D) B_1 与 r 成反比，B_2 与 r 成正比

9. 一运动电荷 q，质量为 m，以初速 $\boldsymbol{v}$ 进入均匀磁场中，若 $\boldsymbol{v}$ 与磁场的方向夹角为 α，则________.

(A) 其动能改变，动量不变　　(B) 其动能和动量都改变

(C) 其动能、动量都不变　　(D) 其动能不变，动量改变

10. 边长为 a 的正三角形线圈通电流为 I，放在均匀磁场 B 中，其平面与磁场平行，它所受磁力矩等于________.

(A) $\dfrac{1}{4}\sqrt{3}a^2 BI$　　(B) $\dfrac{1}{2}a^2 BI$

(C) $a^2 BI$　　(D) 0

二、填空题

1. 磁场中任一点放一个小的载流试验线圈可以确定该点的磁感强度，其大小等于放在该点处试验线圈所受的________和线圈的________的比值.

2. 真空中有一电流元 $Id\boldsymbol{l}$，在由它起始的矢径 $\boldsymbol{r}$ 的端点处的磁感强度的数学表达式为________________.

3. 一半径为 $r=\pi$ m 的细导线圆环，流过 $I=10$ A 的电流，那么细环中心的磁感强度 $B=$________.

4. 在安培环路定理中 $\oint_L \boldsymbol{B}\cdot d\boldsymbol{l}=\mu_0\sum I_i$，其中 $\sum I_i$ 是指____________；$\boldsymbol{B}$ 是指____________，$\boldsymbol{B}$ 是由环路____________电流产生的.

5. 圆柱体上载有电流 I，电流在其横截面上均匀分布，一回路 L 通过圆柱

内部，将圆柱体横截面分为两部分，其面积大小分别为 S_1 和 S_2（见图 8-18），则 $\oint_L \boldsymbol{B} \cdot \mathrm{d}\boldsymbol{l}=$______.

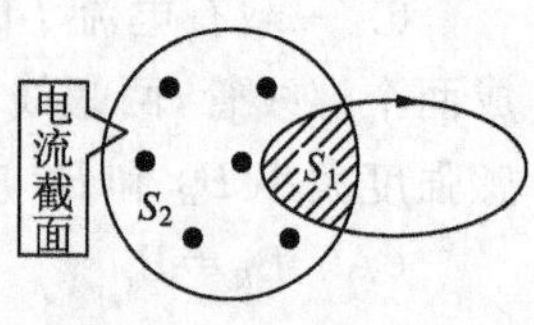

图 8-18

6. 一长直螺线管是由直径 $d=0.2$ mm 的漆包线密绕而成. 当它通以 $I=0.5$ A 的电流时，其内部的磁感强度 $B=$______.（忽略绝缘层厚度）

7. 半径为 R、单位长度上的线圈匝数为 n 的无限长圆筒形螺线管，如通以电流 I，则通过螺线管横截面磁通量的大小为______.

8. 图 8-19 中所示的一无限长直圆筒，沿圆周方向上的面电流密度（单位垂直长度上流过的电流）为 i，则圆筒内部的磁感强度的大小为 $B=$______，方向______.

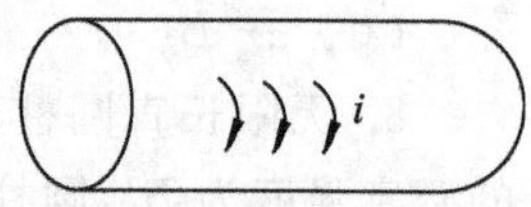

图 8-19

9. 一质量为 m，电荷为 q 的粒子，以速度 $\boldsymbol{v}_0$ 垂直进入均匀的稳恒磁场 $\boldsymbol{B}$ 中，电荷将作半径为______的圆周运动.

10. 一半圆形闭合线圈，半径 $R=0.2$ m，通过电流 $I=5$ A，放在均匀磁场中. 磁场方向与线圈平面平行，如图 8-20 所示. 磁感应强度 $B=0.5$ T，则线圈所受到磁力矩为______.

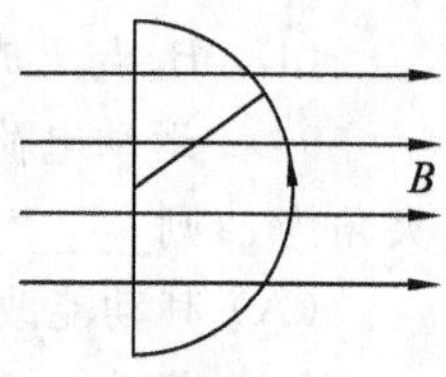

图 8-20

三、计算题

1. 计算如图 8-21 所示的平面载流线圈在点 P 产生的磁感强度，设线圈中的电流强度为 I.

2. 如图 8-22 所示，两根导线沿半径方向引向铁环上的 A、B 两点，并在很远处与电源相连. 已知圆环的粗细均匀，求环中心 O 的磁感强度.

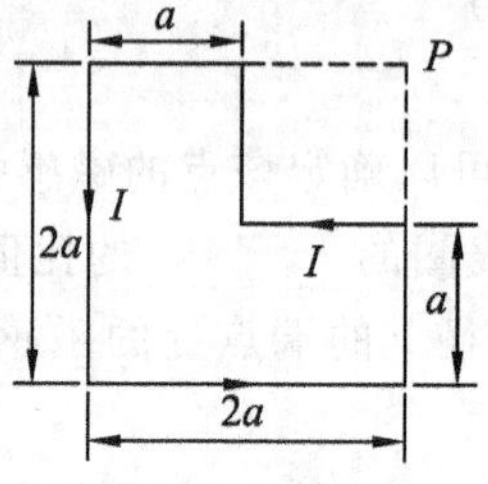

图 8-21

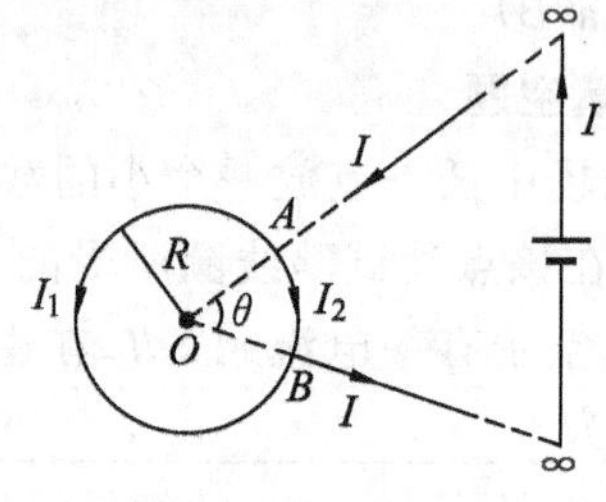

图 8-22

3. 一根很长的铜导线载有电流 20 A，设电流均匀分布在其横截面上. 在导线内部作一平面 S，如图 8-23 所示. 试计算通过 S 平面的磁通量（沿导线长度方向取长 $l=10$ m 的一段作计算）.

4. 在半径为 R 的长直圆柱形导体内部，与轴线平行地挖成一半径为 r 的长直圆柱形空腔，两轴间距离为 a，且 $a>r$，横截面如图 8-24 所示. 电流 I 沿导体管流动，电流均匀分布在管的横截面上，而电流方向与管的轴线平行. 求：

(1) 圆柱轴线上的磁感强度的大小；

(2) 空心部分轴线上的磁感强度的大小.

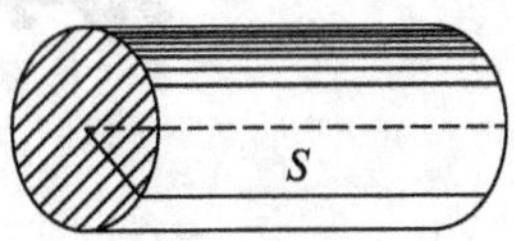

图 8-23

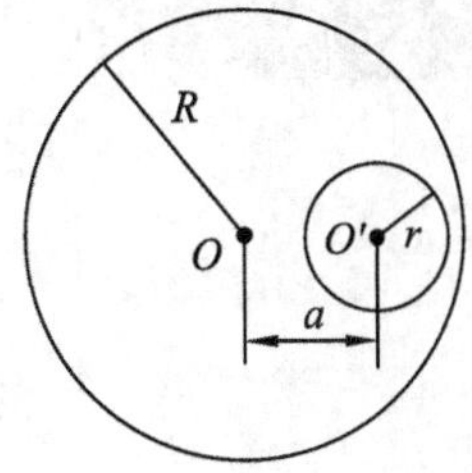

图 8-24

5. 如图 8-25 所示，在长直导线 AB 内通以电流 $I_1=10$ A，在矩形线圈 $CDEF$ 中通有电流 $I_2=20$ A，AB 与线圈共面，且 CD，EF 都与 AB 平行. 已知 $a=9.0$ cm，$b=20.0$ cm，$d=1.0$ cm，求：

(1) 导线 AB 的磁场对矩形线圈每边所作用的力；

(2) 矩形线圈所受合力.

6. 电子在 $B=3.0\times10^{-3}$ T 的匀强磁场中做圆周运动，圆周半径 $r=3.5$ cm. 已知 $\boldsymbol{B}$ 垂直于纸面向外，某时刻电子在 A 点，速度 $\boldsymbol{v}$ 向上，如图 8-26 所示.

(1) 试画出该电子运动的轨道；

(2) 求该电子速度 v 的大小；

(3) 求该电子的动能 E_k.

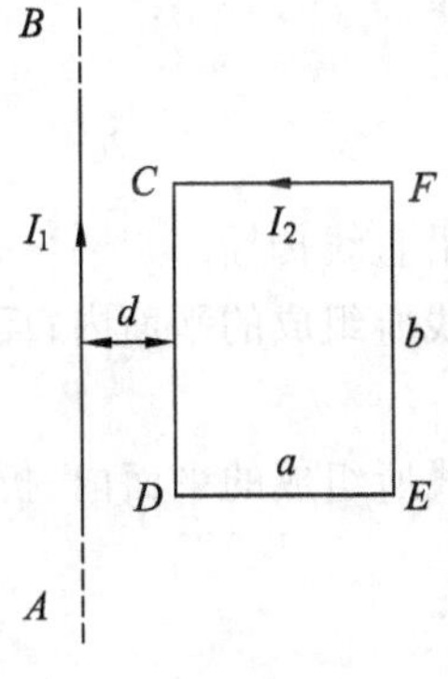

图 8-25

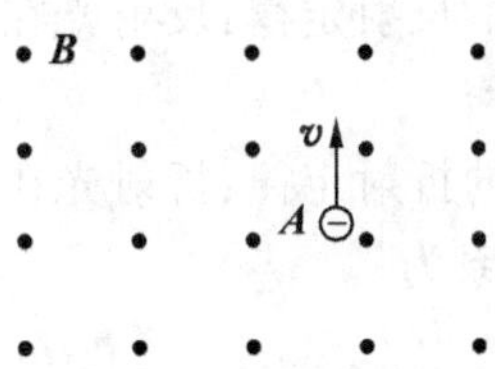

图 8-26

第9章

光学基础

学习基本要求

(1) 了解光学发展概述，了解光学研究中的思想和方法.

(2) 掌握几何光学的基本定律，理解平面的反射和折射规律，会使用薄透镜的成像公式进行相关计算.

(3) 了解光源的发光特点，知道获取相干光的一些方法. 理解光程和光程差的概念，理解半波损失及条件，掌握光的干涉加强和减弱的条件.

(4) 掌握杨氏双缝干涉、薄膜干涉原理，掌握劈尖干涉和牛顿环的基本特征，会计算条纹间距或条纹半径.

(5) 了解惠更斯-菲涅耳原理. 掌握单缝夫琅和费衍射基本特征，能用半波带法分析计算衍射条纹的规律.

(6) 掌握圆孔夫琅和费衍射规律，了解影响光学仪器分辨率的因素.

基本定律和基本方法

1. 几何光学的基本定律

(1) 光的直线传播定律：光在均匀介质里沿直线传播.

(2) 光的反射定律：反射光在入射光和法线所组成的平面内；反射角等于入射角，即 $i'=i$.

(3) 光的折射定律：折射光在入射光和法线所组成的平面内；折射角和入射角之间的关系为

$$n_1 \sin i = n_2 \sin i'.$$

2. 平面的反射和折射成像

(1) 平面的反射成像：用平面镜能获得"完善"的点像，但像不是由真实光线汇聚而成的，因此称为虚像.

(2) 平面的折射成像：当光线由一种介质射入另一种介质时，折射光的折射角与入射角无相等关系. 所以，点光源的折射光的反向沿长线一般不会相交于同一点，即折射不能形成“完善”的像.

3. 薄透镜的成像

薄透镜的成像公式为

$$\frac{1}{s'}-\frac{1}{s}=\left(\frac{n_L}{n}-1\right)\left(\frac{1}{R_1}-\frac{1}{R_2}\right),$$

式中，n_L 为透镜材料的折射率，n 为透镜周围介质的折射率. 图 9-1 中 P 是一物点，P' 是 P 经某一透镜后的像点，s 和 s' 分别为物距和像距，R_1 和 R_2 分别为左右球面的曲率半径，透镜的像方焦距 f' 和物方焦距 f 满足

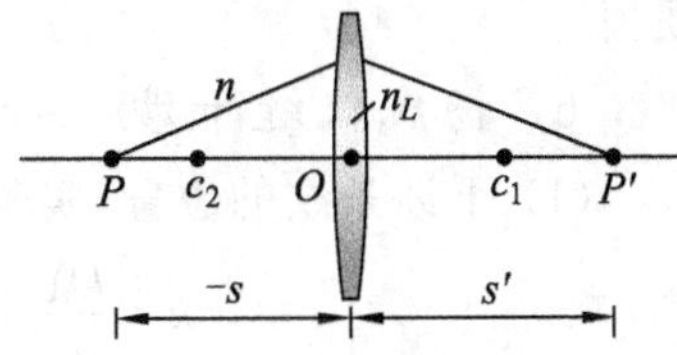

图 9-1

$$f=-f'=-\frac{1}{\left(\frac{n_L}{n}-1\right)\left(\frac{1}{R_1}-\frac{1}{R_2}\right)}.$$

得出高斯公式

$$\frac{1}{s'}-\frac{1}{s}=\frac{1}{f'}.$$

在运用上述公式时，要注意有关正、负号的规则：(1) 以薄透镜光心 O 为起点向两边测量，顺着入射光线方向的量为正，逆着入射光线方向的量为负；(2) 以主光轴为准，向上测量的值为正，向下测量的值为负.

4. 相干光及相干光的获得

(1) 光是一种电磁波，可见光的波长范围为 400～760 nm.

(2) 相干光及相干条件：由频率相同、振动方向相同、相位相同或相位差恒定的两个相干光源所发出的光波是相干光，它们在空间相遇会产生干涉现象.

(3) 相干光的获得：分振幅法(利用反射、折射把波面上某处的振幅分成两部分)；分波面法(在光源发出的某一波阵面上，取出两部分面元作为相干光源).

5. 光程　光程差

(1) 光程：光在媒质中通过的几何路程 r 与媒质的折射率 n 的乘积 nr 称为光程.

(2) 光程差：两束相干光的光程之差，用 Δ 表示.

光程差与相位差关系：

$$\Delta\varphi=2\pi\frac{\Delta}{\lambda}.$$

(3) 干涉加强和减弱的条件：

$$\Delta=\begin{cases}\pm k\lambda & (k=0,1,2,\cdots)\text{，加强，}\\ \pm(2k+1)\dfrac{\lambda}{2} & (k=0,1,2,\cdots)\text{，减弱.}\end{cases}$$

(4) 半波损失：在掠射（入射角接近 90°）或正射（入射角接近 0°）情况下，当光线由光疏媒质（折射率相对较小）射向光密媒质（折射率相对较大）在界面上发生反射时，反射光的相位较之入射光的相位有 π 的突变，这种现象称为半波损失.

6. 杨氏双缝干涉

(1) 干涉条纹的位置（实验装置在真空中）：

$$\begin{cases}x=\pm k\cdot\dfrac{D\lambda}{d} & (k=0,1,2,3\cdots)\text{，明条纹，}\\ x=\pm(2k+1)\cdot\dfrac{D\lambda}{2d} & (k=0,1,2,3\cdots)\text{，暗条纹.}\end{cases}$$

这里，d 双缝间的距离，D 为双缝到观察屏 P 的距离，k 为条纹级数.

(2) 干涉图样：明暗相间、等距分布的直条纹.

(3) 相邻两明纹（或暗纹）间的距离：

$$\Delta x=x_{k+1}-x_k=\frac{D}{d}\lambda.$$

(4) 白光产生的干涉：除中央明纹是白色的外，其他明条纹均呈现由紫到红的彩色条纹.

7. 薄膜干涉

(1) 干涉条件

$$\Delta=2d\sqrt{n^2-n_1^2\sin^2 i}+\Delta_2=\begin{cases}k\lambda & (k=1,2,3,\cdots)\text{，干涉加强，}\\ (2k+1)\dfrac{\lambda}{2} & (k=0,1,2,\cdots)\text{，干涉减弱.}\end{cases}$$

Δ_2 取 $\lambda_0/2$ 和 0 两种可能值，设 n_2 为薄膜的折射率，n_1 和 n_3 分别是薄膜上、下两侧介质的折射率.

当 $n_1<n_2, n_2>n_3$ 或 $n_1>n_2, n_2<n_3$ 时，$\Delta_2=\lambda_0/2$；

当 $n_1<n_2<n_3$ 或 $n_1>n_2>n_3$ 时，两光波都有半波损失，则 $\Delta_2=0$.

光垂直入射时，入射角 $i=0$，干涉条件：

$$\Delta=2nd+\Delta_2=\begin{cases}k\lambda & (k=1,2,3,\cdots)\text{，干涉加强，}\\ (2k+1)\dfrac{\lambda}{2} & (k=0,1,2,\cdots)\text{，干涉减弱.}\end{cases}$$

8. 劈尖干涉

由两片平板玻璃稍不平行地叠放在一起形成的劈形空气薄膜或者是一个放在空气中的劈形透明薄片(折射率为 n).

(1) 干涉条件$\left(垂直入射,且有\frac{\lambda}{2}附加光程差\right)$:

$$\Delta=2nd+\frac{\lambda}{2}=\begin{cases}k\lambda & (k=1,2,\cdots),\quad 加强,\\(2k+1)\lambda/2 & (k=0,1,2,\cdots),减弱.\end{cases}$$

(2) 干涉图样:明暗相间的等距直条纹.

劈尖上厚度相同的地方,两相干光的光程差相同,对应同一级干涉条纹,称为等厚干涉.

(3) 相邻条纹对应的劈尖的厚度差:

$$\Delta e=\frac{\lambda_n}{2},$$

式中,λ_n 为媒质中的波长.

(4) 条纹宽度:相邻两暗纹(或明纹)的中心间距

$$b=\frac{\lambda_0}{2n\theta}=\frac{\lambda_n}{2\theta},$$

式中,λ_n 为媒质中的波长.

9. 牛顿环

一曲率半径 R 很大的平凸透镜,置于一平板玻璃上,两者之间形成一劈形空气薄层.

(1) 干涉条件$\left(垂直入射,且有\frac{\lambda}{2}附加光程差\right)$:

$$\Delta=2d+\frac{\lambda}{2}=\begin{cases}k\lambda & (k=1,2,\cdots),\quad 加强,\\(2k+1)\lambda/2 & (k=0,1,2,\cdots),减弱.\end{cases}$$

(2) 干涉图样:以接触点为中心的许多明暗相间的同心圆环,称牛顿环,它是一种等厚干涉.牛顿环中心接触处为暗斑.牛顿环条纹的分布不均匀的,内疏外密.

(3) 明暗环的条件:

$$\begin{cases}r=\sqrt{\dfrac{(2k-1)R\lambda}{2}} & (k=1,\ 2,\cdots),\quad 明环半径,\\ r=\sqrt{kR\lambda} & (k=0,\ 1,\ 2,\cdots),暗环半径.\end{cases}$$

10. 惠更斯-菲涅尔原理

自光源发出的波阵面上的每一点均可以看成发射子波(或次波)的波源,这些子波的包络面就是下一时刻的新的波阵面,这就是惠更斯原理.菲涅尔利用波的叠加和干涉的原理对惠更斯原理作了补充，即从同一波面上各点发出的子波，在传播到空间某一点时，各个子波间也可以相叠加而产生干涉现象. 这就是惠更斯-菲涅尔原理.

11. 单缝夫琅和费衍射

(1) 衍射条件：单狭缝的宽度为 b，单色平行光垂直入射到狭缝上.

$$\begin{cases} \Delta = b\sin\theta = \pm 2k \cdot \dfrac{\lambda}{2} & (k=1,\ 2,\ 3,\cdots)\text{，暗纹，} \\ \Delta = b\sin\theta = \pm(2k+1) \cdot \dfrac{\lambda}{2} & (k=1,\ 2,\ 3,\cdots)\text{，明纹.} \end{cases}$$

(2) 衍射图像：明暗相间的条纹. 中央明纹(零级明纹)最亮，也最宽(为其他明纹宽度的 2 倍)，其他各级明纹亮度要小很多，且随级数增大而减小. 白光照射时，中央明纹仍为白色，其他各级明纹呈彩色条纹，波长小的靠近内侧.

(3) 条纹宽度：设透镜的焦距为 f，则

中央明纹线宽度

$$l_0 = 2x_1 = \frac{2\lambda f}{b};$$

中央明纹角宽度

$$2\theta_1 = 2\,\frac{\lambda}{b}.$$

任意两相邻暗纹(或明纹)之间的距离为

$$l = x_{k+1} - x_k = (\theta_{k+1} - \theta_k) f = \frac{\lambda f}{b}.$$

12. 圆孔夫琅和费衍射

(1) 爱里斑.

衍射图样的中心是一个明亮的圆斑，外围则是一组同心的、明暗相间的圆环. 由衍射图样的中心向外看，被第一暗环所包围的中央光斑称为爱里(Airy)斑.

爱里斑的直径为 d，透镜的焦距为 f，圆孔的直径为 D，单色光的波长为 λ. 则爱里斑的半角宽度

$$\theta = \frac{d}{f} = 1.22\,\frac{\lambda}{D}.$$

(2) 光学仪器的分辨率.

最小分辨角

$$\theta_0 = \frac{d}{2f} = 1.22\,\frac{\lambda}{D}.$$

将光学仪器最小分辨角的倒数称为该仪器的分辨率，用符号 R 表示，即

$$R=\frac{1}{\theta_0}=\frac{D}{1.22\lambda}.$$

问题与讨论

问题 1 2009 年 10 月 6 日，瑞典皇家科学院在斯德哥尔摩宣布，将 2009 年诺贝尔物理学奖授予英国华裔科学家高锟以及美国科学家威拉德·博伊尔和乔治·史密斯. 高锟在“有关光在纤维中的传输以用于光学通信方面”取得了突破性的成就. 若光导纤维是由内芯和包层组成，它们的折射率应满足什么条件？

答 为了使光线不射出来，必须利用全反射，而发生全反射的条件是光从折射率较大的光密介质进入折射率较小的光疏介质. 且入射角大于等于临界角，因此，内芯和包层折射率不同，内芯的折射率应大于包层的折射率.

问题 2 潜泳的人从水下向上看，会看到自己的头顶上有一彩色镶边、内有图像的圆面，这是什么缘故？

答 本题主要考查光的折射现象在生活中的应用. 因为不同颜色的光的折射率不同，全反射角不同，反射回水下的角度不同，所以才形成一个圆圈.

问题 3 窗玻璃也是一块介质板，但在日光照射下，为什么我们观察不到干涉现象？

答 一般光源发出的光波列长短有限，对分振幅干涉而言，从同一波列中分割出的两波列的光程差不能大于波列长度. 虽然窗玻璃是一块介质板，但由于反射层厚，反射光之间光程差过大，就不能形成干涉现象.

问题 4 在阳光下观察肥皂泡，会看到彩色图样；而当肥皂泡吹大后，会看到彩色图逐渐变为黑色然后破裂. 为什么会发生这些现象？

答 太阳光可看成是平行光，因肥皂膜厚度不均匀，故产生等厚干涉；又因太阳光是白光，其不同波长的光产生干涉条纹对应的膜厚不同，故而形成彩色干涉图样. 当肥皂膜厚度趋向零时，因半波损失，各种波长的光都相消干涉，故渐变为黑色，此时肥皂膜即将破裂.

问题 5 杨氏双缝干涉中单色线光源向上偏离时，中央明纹位置如何移动？条纹间距有何变化？将双缝与屏距离缩小、双缝间距缩小、单色光波长增大、整个装置浸入水中，条纹又如何变化？

答 由干涉条件及光路分析，可得中央明纹位置向下移动，条纹间距不变化；由 $\Delta x=\frac{D}{d}\lambda$ 双缝与屏距离 D 缩小，条纹间距缩小，中央明纹位置不变；双缝间距 d 缩小，条纹间距增大，中央明纹位置不变；单色光波长 λ 增大，条纹间距增大，中央明纹位置不变；整个装置浸入水中，

$$\Delta=nd\,\frac{x}{D},\ \Delta x=\frac{D}{d}\cdot\frac{\lambda}{n}=\frac{D}{d}\lambda_n,$$

于是条纹间距缩小,中央明纹位置不变.

问题 6 劈尖干涉实验中,单色光垂直照射,当劈尖角变小时,干涉条纹将如何变化?若劈尖角不变,上面的玻璃片向上极缓慢地平移,干涉条纹将如何变化?

答 相邻条纹对应的膜厚差为 $\Delta d=\frac{\lambda}{2n}$,条纹间距与劈尖角的关系式为

$$\frac{\Delta d}{\Delta L}=\tan\alpha\approx\alpha,$$

得 $\Delta L=\frac{\Delta d}{\alpha}$. 故当劈尖角变小时,条纹间距增大;而当上面的玻璃片向上极缓慢地平移时,膜厚发生变化,由干涉条件可知条纹也发生变化,条纹级次增加,但相邻条纹对应的膜厚差不变,故此空气劈尖条纹间距不变,而原顶角处膜厚不为零,故不再始终为暗纹. 整体表现为高级次的条纹向顶角移动,但条纹间距不变.

问题 7 为什么在日常生活中声波的衍射比光波的衍射更加显著?

答 衍射现象明显的要求是入射光的波长与障碍物的尺寸相差不大. 在日常生活中,可见光波的波长范围为 400～760 nm,而可听到的声波波长为 0.017～17 m. 尺寸在 0.017～17 m 范围内的障碍物在日常生活中很多,而尺寸在 400～760 nm 之间这么微小的障碍物几乎很少,这就是声波衍射比光波衍射显著的原因.

问题 8 在单缝夫琅和费衍射中,改变下列条件,衍射条纹有何变化?

(1) 缝宽变窄;(2) 入射光波长变长;(3) 入射平行光由正入射变为斜入射;(4) 把单缝衍射实验装置全部浸入水中.

答 (1) 缝宽变窄,由 $a\sin\varphi=k\lambda$ 知,衍射角 φ 变大,条纹变稀.

(2) λ 变大,保持 a,k 不变,则衍射角 φ 亦变大,条纹变稀.

(3) 由正入射变为斜入射时,因正入射时 $a\sin\varphi=k\lambda$;斜入射时,

$$a(\sin\varphi-\sin\theta)=k'\lambda,$$

保持 a,λ 不变,则应有 $k'>k$ 或 $k'<k$. 即原来的 k 级条纹现为 k' 级.

(4) 当全部装置浸入水中时,由于水中波长变短,对应

$$a\sin\varphi'=k\lambda'=\frac{k\lambda}{n}.$$

而空气中为 $a\sin\varphi=k\lambda$,所以 $\sin\varphi=n\sin\varphi'$,即 $\varphi=n\varphi'$. 因此水中同级衍射角变小,条纹变密.

问题 9 要分辨出天空遥远的双星,为什么要用直径很大的天文望远镜?

答 最小分辨角为

$$\theta=1.22\frac{\lambda}{D}.$$

它的倒数为分辨本领,当 D 越大,θ 越小,那么分辨本领就越大. 所以用的天文望远镜的直径很大,提高了分辨本领.

问题 10 使用蓝色激光在光盘上进行数据读写较红色激光有何优越性?

答 最小分辨角为

$$\theta=1.22\frac{\lambda}{D}.$$

它的倒数为分辨本领,当 λ 越小,θ 越小,那么分辨本领就越大,所以用的蓝色光比红色光好,提高了分辨本领.

典型例题分析

例 1 一束光在某种透明介质中的波长为 400 nm,传播速度为 2×10^8 m/s.

(1) 试确定该介质对这一光束的折射率;

(2) 同一束光在空气中的波长为多少?

分析 本题测试的是几何光学中的折射率概念.

解 (1) $n=\dfrac{c}{v}=1.5$.

(2) $\lambda=n\lambda_n=1.5\times400=600$ nm.

例 2 高 5 cm 的物体距凹面镜的焦距顶点 12 cm,凹面镜的焦距是 10 cm,求像的位置及高度.

分析 本题测试的是几何光学中的透镜成像规律.

解

$$f'=-10\ \text{cm},\ s=-12\ \text{cm}.$$

$$\frac{1}{s}+\frac{1}{s'}=\frac{1}{f'},$$

$$-\frac{1}{12}+\frac{1}{s'}=-\frac{1}{10},$$

则

$$s'=-60\ \text{cm}.$$

又因横向放大率

$$\beta=-\frac{h'}{h}=\frac{s'}{s},$$

所以

$$h'=-\frac{hs'}{s}=-25\ \text{cm},$$

即像在镜前 60 cm 处，像高为 25 cm.

例 3 在双缝干涉实验中，波长 $\lambda=550$ nm 的单色平行光垂直入射到间距 $d=0.2$ mm 的双缝上，屏到双缝的距离 $D=2$ m. 求：(1) 中央明纹两侧的两条第 10 级明纹中心的间距；(2) 用一厚度为 $t=6.6\times10^{-6}$ m、折射率为 $n=1.58$ 的玻璃片覆盖一缝后，零级明纹将移到原来的第几级明纹处？

分析 本题测试的是双缝干涉条纹特点，以及光程差及条纹移动等有关内容.

解 (1) 第 10 级明纹中心的位置为

$$x_{10}=\pm k\frac{D}{d}\lambda\ (k=10).$$

中央明纹两侧的两条第 10 级明纹中心的间距为

$$l=2x_{10}=\frac{20D\lambda}{d}=11\ \text{cm}.$$

(2) 如图 9-2 所示，玻璃片厚度为 t，则光程差为

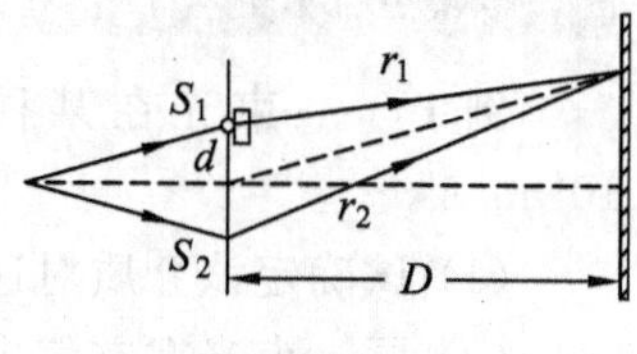

图 9-2

$$\Delta'=r_2-(r_1-t+n\cdot t),$$

当 $\Delta'=0$，为零级明纹，则

$$r_2-r_1=(n-1)t.$$

将 n 及 t 数据代入，得

$$r_2-r_1=7\lambda.$$

由于原来的光程差为

$$\Delta=r_2-r_1,$$

由明纹公式 $\Delta=k\lambda$，可知零级明纹移至原第 7 级明纹处.

例 4 已知用波长 $\lambda=550$ nm，照相机镜头 $n_3=1.5$，其上涂一层 $n_2=1.38$ 的氟化镁增透膜，光线垂直入射. 若反射光相消干涉的条件中，取 $k=1$，膜的厚度为多少？此增透膜在可见光范围内有没有增反？

分析 本题测试的是薄膜干涉，在可见光范围内，根据干涉加强条件找出对应波长的光即可，需要注意的是对应的级数.

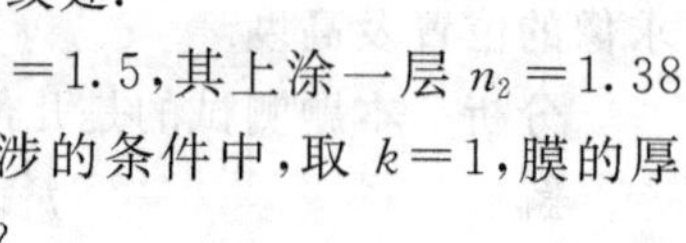

图 9-3

解 因为 $n_1<n_2<n_3$（见图 9-3），所以反射光经历两次半波损失. 垂直入射 $i=0$，反射光相干相消的条件是

$$2n_2d=(2k+1)\frac{\lambda}{2}.$$

代入 k 和 n_2，得

$$d=\frac{3\lambda}{4n_2}=\frac{3\times 550\times 10^{-9}}{4\times 1.38}=2.982\times 10^{-7}\,\text{m}.$$

此膜对反射光相干相长的条件：$2n_2d=k\lambda$.

$k=1$，$\lambda_1=855$ nm，

$k=2$，$\lambda_2=412.5$ nm，

$k=3$，$\lambda_3=275$ nm.

可见光波长范围 400～700 nm，波长 412.5 nm 的可见光有增反.

例 5 用折射率为 1.40 的透明材料制成的劈尖，用波长 $\lambda=700$ nm（1 nm$=10^{-9}$ m）的单色光垂直入射，产生等厚干涉条纹. 测得相邻明纹间距为0.25 cm，那么劈尖角是多少？

分析 本题测试的是劈尖干涉，相邻明纹间距公式.

解 空气劈形膜时，间距

$$l=\frac{\lambda}{2n\sin\theta}\approx\frac{\lambda}{2n\theta},$$

所以
$$\theta=\frac{\lambda}{2nl}=10^{-4}\,\text{rad}.$$

例 6 用波长 $\lambda=500$ nm 的单色光作牛顿环实验，测得第 k 个暗环半径 $r_k=4$ mm，第 $k+10$ 个暗环半径 $r_{k+10}=6$ mm，求平凸透镜的凸面的曲率半径 R.

分析 本题要求掌握牛顿环公式，根据暗环的半径，就可以求出平凸透镜的凸面的曲率半径.

解 根据暗环半径公式有

$$r_k=\sqrt{k\lambda R},$$

$$r_{k+10}=\sqrt{(k+10)\lambda R},$$

由以上两式可得

$$R=\frac{r_{k+10}^2-r_k^2}{10\lambda}=4\text{ m}.$$

例 7 一束波长为 $\lambda=500$ nm 的平行光垂直照射在一个单缝上. 如果所用的单缝的宽度 $b=0.5$ mm，缝后紧挨着的薄透镜焦距 $f=1$ m，求：

(1) 中央明条纹的角宽度；

(2) 中央亮纹的线宽度；

(3) 第一级与第二级暗纹的距离.

分析 本题测试的是关于单缝衍射条件，由此计算有关的条纹宽度.

(1) 由题意得

$$-\frac{\lambda}{b}<\sin\varphi<\frac{\lambda}{b},$$

所以
$$\Delta\varphi_0\approx\frac{2\lambda}{b}=2\times\frac{0.5}{0.5\times10^3}=2\times10^{-3}\,\text{rad}.$$

(2) 由题意得

$$\Delta x_0\approx f\Delta\varphi_0=2\times10^{-3}\,\text{m}=2\,\text{mm}.$$

(3) 由题意得

$$\Delta x_{21}\approx f\left(\frac{2\lambda}{b}-\frac{\lambda}{b}\right)=1\times(2\times10^{-3}-1\times10^{-3})\,\text{m}=1\,\text{mm}.$$

例 8 在通常的环境中，人眼的瞳孔直径为 3 mm. 设人眼最敏感的光波长为 $\lambda=550$ nm，人眼最小分辨角为多大？如果窗纱上两根细丝之间的距离为 2.0 mm，人在多远处恰能分辨.

分析 本题测试的是关于圆孔衍射，以及相关的分辨率问题.

解 最小分辨角为

$$\theta=1.22\,\frac{\lambda}{D}=1.22\times\frac{550\times10^{-9}}{3\times10^{-3}}=2.2\times10^{-4}\,\text{rad}.$$

因为 $\theta=\frac{l}{s}=2.2\times10^{-4}$ rad，当 $l=2$ mm 时，可得

$$s=9.1\,\text{m}.$$

本章自测

一、选择题

1. 一束光从空气射向折射率 $n=\sqrt{2}$ 的某种玻璃的表面，如图 9-4 所示. θ_1 代表入射角，则________.

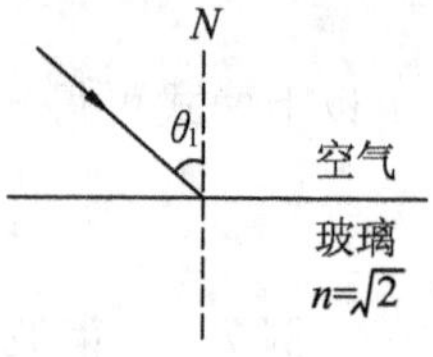

图 9-4

(A) 当 $\theta_1>45^\circ$ 时会发生全反射现象

(B) 无论入射角 θ_1 是多大，折射角 θ_2 都不会超过 30°

(C) 当入射角 $\theta_1=4^\circ$ 时，折射角 $\theta_2=3^\circ$

(D) 当 $\theta_1=6^\circ$ 时，反射光线与折射光线垂直

2. 在相同的时间内，一束波长为 λ 的单色光在空气中和在玻璃中________.

(A) 传播的路程相等，走过的光程相等

（B）传播的路程相等，走过的光程不相等

（C）传播的路程不相等，走过的光程相等

（D）传播的路程不相等，走过的光程不相等

3. 如图 9-5 所示，平行单色光垂直照射到薄膜上，经上下两表面反射的两束光发生干涉，若薄膜的厚度为 e，并且 $n_1 < n_2$，$n_3 < n_2$，λ_1 为入射光在折射率为 n_1 的媒质中的波长，则两束反射光在相遇点的相位差为________.

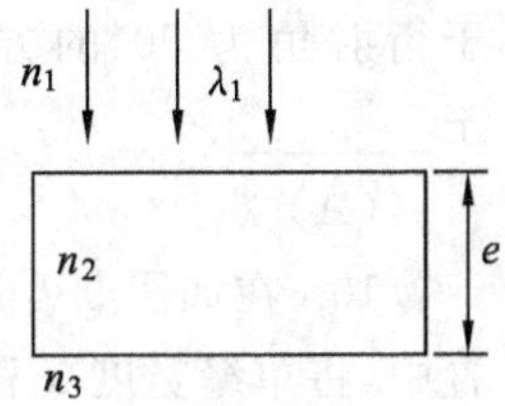

图 9-5

（A）$2\pi n_2 e/(n_1 \lambda_1)$

（B）$[4\pi n_1 e/(n_2 \lambda_1)]+\pi$

（C）$[4\pi n_2 e/(n_1 \lambda_1)]+\pi$

（D）$4\pi n_2 e/(n_1 \lambda_1)$

4. 用白光光源进行双缝实验，若用一个纯红色的滤光片遮盖一条缝，用一个纯蓝色的滤光片遮盖另一条缝，则________.

（A）干涉条纹的宽度将发生改变

（B）产生红光和蓝光的两套彩色干涉条纹

（C）干涉条纹的亮度将发生改变

（D）不产生干涉条纹

5. 在双缝干涉实验中，为使屏上的干涉条纹间距变大，可以采取的办法是________.

（A）使屏靠近双缝　　　　（B）使两缝的间距变小

（C）把两个缝的宽度稍微调窄　　　　（D）改用波长较小的单色光源

6. 两块平玻璃构成空气劈形膜，左边为棱边，用单色平行光垂直入射. 若上面的平玻璃以棱边为轴，沿逆时针方向做微小转动，则干涉条纹的________.

（A）间隔变小，并向棱边方向平移

（B）间隔变大，并向远离棱边方向平移

（C）间隔不变，向棱边方向平移

（D）间隔变小，并向远离棱边方向平移

7. 一束波长为 λ 的单色光由空气垂直入射到折射率为 n 的透明薄膜上，透明薄膜放在空气中，要使反射光得到干涉加强，则薄膜最小的厚度为________.

（A）$\dfrac{\lambda}{4}$　　（B）$\dfrac{\lambda}{4n}$　　（C）$\dfrac{\lambda}{2}$　　（D）$\dfrac{\lambda}{2n}$

8. 若把牛顿环装置（都是用折射率为 1.52 的玻璃制成的）由空气放入折射率为 1.33 的水中，则干涉条纹________.

(A) 中心暗斑变成亮斑　　　　　　(B) 变疏

(C) 变密　　　　　　　　　　　(D) 间距不变

9. 在单缝夫琅和费衍射实验中波长为 λ 的单色光垂直入射到单缝上. 对应于衍射角为 $30°$ 的方向上，若单缝处波面可分成 3 个半波带，则缝宽度等于________.

(A) λ　　　(B) 1.5λ　　　(C) 2λ　　　(D) 3λ

10. 在如图 9-6 所示的单缝夫琅和费衍射装置中，将单缝宽度 a 稍稍变宽，同时使单缝沿 y 轴正方向做微小平移(透镜屏幕位置不动)，则屏幕 C 上的中央衍射条纹将________.

(A) 变窄，同时向上移

(B) 变窄，同时向下移

(C) 变窄，不移动

(D) 变宽，同时向上移

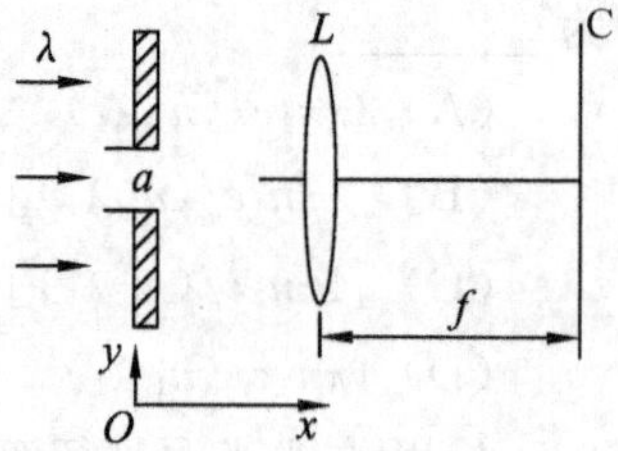

图 9-6

11. 在如图 9-6 所示的单缝夫琅和费衍射装置中，设中央明纹的衍射角范围很小. 若使单缝宽度 a 变为原来的 $\frac{3}{2}$，同时使入射的单色光的波长 λ 变为原来的 3/4，则屏幕 C 上单缝衍射条纹中央明纹的宽度 Δx 将变为原来的______.

(A) $\frac{3}{4}$倍　　　(B) $\frac{2}{3}$倍　　　(C) $\frac{9}{8}$倍　　　(D) $\frac{1}{2}$倍

12. 晚上人眼瞳孔的直径可达 5.00 mm，迎面驶来汽车的两前灯之间的距离为 1.20 m. 若车灯灯光的波长为 550 nm，当人恰能分辨两灯时，车与人的距离是________.

(A) 0.733 km　　(B) 0.894 km　　(C) 7.33 km　　(D) 8.94 km

(E) 12.27 km

二、填空题

1. 在阳光照射下，充满雾气的瀑布上方常常会出现美丽的彩虹. 彩虹是太阳光射入球形水珠经折射、内反射、再折射后形成的. 光的折射发生在两种不同介质的________上，不同的单色光在同种均匀介质中________不同.

2. 显微镜的物镜焦距 $f_1=1.00$ cm，目镜焦距 $f_2=2.00$ cm. 从物镜到目镜的距离为 23.0 cm. 显微镜的放大率为________. 物体离物镜的距离为________.

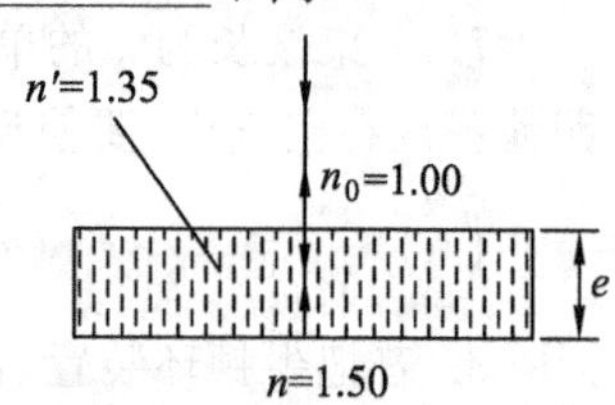

图 9-7

3. 波长为 λ 的单色光垂直照射如图 9-7 所示的透明薄膜. 膜厚度为 e，两束反射光的光程差

δ=________.

4. 一双缝干涉装置,在空气中观察时干涉条纹间距为 1.0 mm. 若整个装置放在水中,干涉条纹的间距将为________ mm.(设水的折射率为$\frac{4}{3}$)

5. 在双缝干涉实验中,若使两缝之间的距离增大,则屏幕上干涉条纹间距________;若使单色光波长减小,则干涉条纹间距________.

6. 在空气中有一劈形透明膜,其劈尖角 $\theta=1.0\times10^{-4}$ rad,在波长 $\lambda=$ 700 nm的单色光垂直照射下,测得两相邻干涉明条纹间距 $l=0.25$ cm,由此可知此透明材料的折射率 $n=$________.(1 nm=10^{-9}m)

7. 一个平凸透镜的顶点和一平板玻璃接触,用单色光垂直照射,观察反射光形成的牛顿环,测得中央暗斑外第 k 个暗环半径为 r_1. 现将透镜和玻璃板之间的空气换成某种液体(其折射率小于玻璃的折射率),第 k 个暗环的半径变为 r_2,由此可知该液体的折射率为________.

8. 惠更斯引入________的概念提出了惠更斯原理,菲涅尔再用________的________思想补充了惠更斯原理,发展成为惠更斯-菲涅尔原理.

9. 平行单色光垂直入射在缝宽为 $b=0.15$ mm 的单缝上. 缝后有焦距为 $f=400$ mm的凸透镜,在其焦平面上放置观察屏幕. 现测得屏幕上中央明条纹两侧的两个第三级暗纹之间的距离为 8 mm,则入射光的波长为 $\lambda=$________.

10. 在单缝夫琅和费衍射实验中,设第一级暗纹的衍射角很小,若钠黄光($\lambda_1\approx589$ nm) 中央明纹宽度为 4.0 mm,则 $\lambda_2=442$ nm (1 nm=10^{-9}m)的蓝紫色光的中央明纹宽度为________________.

11. 已知天空中两颗星相对于一望远镜的角距离为 4.84×10^{-6} rad,它们都发出波长为 $\lambda=550$ nm 的光,要分辨出这两颗星,望远镜的口径至少为________.

三、计算题

1. 一会聚薄透镜的焦距为 10.0 cm,将物分别置于离光心 30.0 m,10.0 m 处,求像距及描述成像情况,并作光线图.

2. 一个焦距 8.0 cm 的会聚薄透镜的左侧 12 cm 处放置有一物体,高 8.0 cm,该透镜的右侧另有一焦距 6.0 cm 的会聚薄透镜,两透镜相距 36 cm,光轴重合. 求该透镜组所形成的像的位置和大小.

3. 在双缝干涉实验中,所用单色光的波长为 600 nm,双缝间距为 1.2 mm,双缝与屏相距 500 mm,求相邻干涉明条纹的间距.

4. 白色平行光垂直入射到间距为 $a=0.25$ mm 的双缝上,距 $D=50$ cm 处放置屏幕,分别求第一级和第五级明纹彩色带的宽度.(设白光的波长范围是从

400 nm 到 760 nm. 这里说的“彩色带宽度”指两个极端波长的同级明纹中心之间的距离.)(1 nm=10^{-9}m)

5. 在折射率 $n=1.50$ 的玻璃上，镀上 $n'=1.35$ 的透明介质薄膜. 入射光波垂直于介质膜表面照射，观察反射光的干涉，发现对 $\lambda_1=600$ nm 的光波干涉相消，对 $\lambda_2=700$ nm 的光波干涉相长. 且在 600 nm 到 700 nm 之间没有别的波长是最大限度相消或相长的情形. 求所镀介质膜的厚度.(1 nm=10^{-9}m)

6. 用波长为 $\lambda=600$ nm (1 nm=10^{-9} m)的光垂直照射由两块平玻璃板构成的空气劈形膜，劈尖角 $\theta=2\times10^{-4}$ rad. 改变劈尖角，相邻两明条纹间距缩小了 $\Delta l=1.0$ mm，求劈尖角的改变量 $\Delta\theta$.

7. 用波长 $\lambda=500$ nm 的单色光做牛顿环实验，测得第 k 个暗环半径 $r_k=4$ mm，第 $k+10$ 个暗环半径 $r_{k+10}=6$ mm，求平凸透镜的凸面的曲率半径 R.

8. 波长为 600 nm (1nm = 10^{-9} m)的单色光垂直入射到宽度为 $a=0.10$ mm的单缝上，观察夫琅和费衍射图样，透镜焦距 $f=1.0$ m，屏在透镜的焦平面处. 求：

(1) 中央衍射明条纹的宽度 Δx_0；

(2) 第二级暗纹离透镜焦点的距离 x_2.

9. 某种单色平行光垂直入射在单缝上，单缝宽 $a=0.15$ mm. 缝后放一个焦距 $f=400$ mm 的凸透镜，在透镜的焦平面上，测得中央明条纹两侧的两个第三级暗条纹之间的距离为 8.0 mm，求入射光的波长.

下篇

大学基础物理学

学习指导

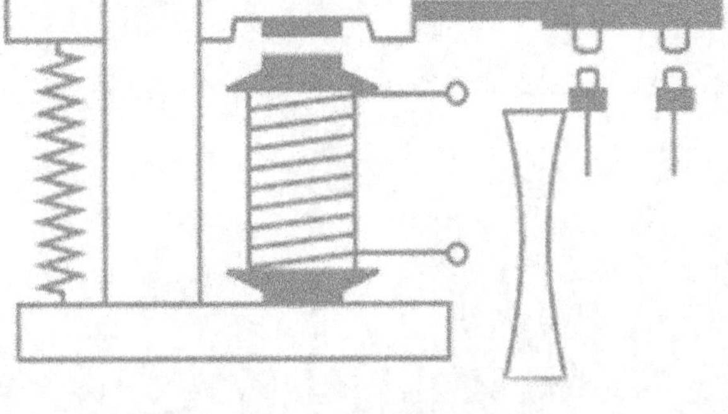

第1章

刚体力学

学习基本要求

(1) 理解刚体的概念、刚体运动的方式(平动、转动),掌握刚体定轴转动的运动学计算和分析方法.

(2) 理解刚体的转动惯量的概念,了解转动惯量的平行轴定理和垂直轴定理,并掌握有简单几何对称外形刚体的转动惯量的计算.

(3) 掌握刚体定轴转动的转动定律,并能熟练应用.

(4) 会计算力矩的功、刚体的转动动能、刚体的重力势能,能在有刚体做定轴转动的问题中正确应用动能定理和机械能守恒定律.

(5) 掌握刚体定轴转动角动量守恒的条件,并能应用角动量守恒定律.

基本定律和基本方法

1. 刚体的定轴转动的运动学描述

(1) 角量表示.

刚体定轴转动的过程中,各质元的线速度、加速度一般不同,但角量(角位移、角速度、角加速度)都相同,所以描述刚体整体的运动用角量最方便.

角位移

$$\Delta\theta=\theta_2-\theta_1. \tag{1-1}$$

角速度

$$\omega=\frac{\mathrm{d}\theta}{\mathrm{d}t}. \tag{1-2}$$

角加速度

$$\alpha=\frac{\mathrm{d}\omega}{\mathrm{d}t}=\frac{\mathrm{d}^2\theta}{\mathrm{d}t^2}. \tag{1-3}$$

(2) 角量和线量的关系

速率

$$v=r\omega. \tag{1-4}$$

切向加速度

$$a_{\mathrm{t}}=r\alpha. \tag{1-5}$$

法向加速度

$$a_{\mathrm{n}}=r\omega^2. \tag{1-6}$$

2. 转动惯量

(1) 定义.

单个质点的转动惯量

$$J=mr^2. \tag{1-7}$$

质点系的转动惯量

$$J=\sum_{i=1}^{n}(m_i r_i^2). \tag{1-8}$$

质量连续分布的刚体的转动惯量

$$J=\int r^2\,\mathrm{d}m\ , \tag{1-9}$$

式中,$\mathrm{d}m$ 是质量元的质量,r 是 $\mathrm{d}m$ 到转轴的距离.

(2) 转动惯量的含义:转动惯量是转动惯性的量度,相当于平动物体的质量.

(3) 平行轴定理

$$J=J_{\mathrm{c}}+md^2. \tag{1-10}$$

(4) 垂直轴定理

$$J_z=J_x+J_y. \tag{1-11}$$

3. 刚体定轴转动的转动定律

(1) 力对转轴的力矩

$$\boldsymbol{M}_z=\boldsymbol{r}\times\boldsymbol{F}. \tag{1-12}$$

(2) 刚体定轴转动的转动定律

$$M=J\frac{\mathrm{d}\omega}{\mathrm{d}t}=J\alpha, \tag{1-13}$$

式中,M 为刚体所受的合外力矩.

它与牛顿力学中 $\boldsymbol{F}=m\boldsymbol{a}$ 地位相当. 由此可知:m 反映质点的平动惯性,J 反映刚体的转动惯性. 而力矩正是使刚体转动状态发生改变而产生角加速度的原因.

4. 刚体定轴转动的动能定理

(1) 定轴转动的刚体的动能

$$E_k=\frac{1}{2}J\omega^2. \tag{1-14}$$

(2) 外力矩的功

$$A=\int_{\theta_1}^{\theta_2}M\mathrm{d}\theta. \tag{1-15}$$

(3) 定轴转动的刚体的动能定理为

$$A=\int_{\theta_1}^{\theta_2}M\mathrm{d}\theta=\Delta E_k=\frac{1}{2}J\omega_2^2-\frac{1}{2}J\omega_1^2. \tag{1-16}$$

(4) 刚体的重力势能

$$E_p=mgh_c, \tag{1-17}$$

式中,h_c 为刚体质心相对于重力势能的零点的高度.

(5) 定轴转动刚体的机械能守恒.

若其他外力不做功或做功的总和为零,则

$$mgh_c+\frac{1}{2}J\omega^2=C. \tag{1-18}$$

5. 定轴转动刚体的角动量定理和角动量守恒定律

(1) 刚体的角动量

$$L=J\omega. \tag{1-19}$$

(2) 定轴转动刚体的角动量定理

$$\int_0^t M\mathrm{d}t=\int_{L_0}^{L}\mathrm{d}L=J\omega-J\omega_0. \tag{1-20}$$

(3) 角动量守恒定律.

当 $M=0$ 时,

$$J\omega=常量. \tag{1-21}$$

注意 角动量守恒定律对定轴转动的物体(不一定是刚体)都成立.

问题与讨论

问题 1 “平动的刚体可视为质点”,如何理解这句话?

答 根据刚体的形状和大小都不发生变化的特点,可以得到平动时刚体上每一点都具有相同的位移、相同的速度和加速度,因此刚体上的一个点可以代表整个刚体运动,此时可以把刚体当作质点处理.

问题 2 在计算物体的转动惯量时,能把物体的质量集中在质心处吗?

答 物体的转动惯量是物体转动中惯性大小的量度,影响转动惯量的因素有刚体的质量、转轴的位置、刚体的质量分布，同一个物体对质心轴和对任意轴的转动惯量是不同的. 所以在计算物体的转动惯量时，不能把物体的质量集中在质心处.

问题 3 作用于刚体的外力的矢量和为零，那么刚体保持原来的运动状态不改变，这句话对吗？

答 不对. 因为刚体是有大小形状的，作用于刚体上的力即使矢量和为零，但可以有力矩(比如力偶)，所以刚体的转动状态可以发生改变.

问题 4 刚体转动时，如果它的角速度很大，那么作用在它上面的力是否一定很大？作用在它上面的力矩是否一定很大？

答 刚体定轴转动的角速度大，与其受力没有直接关系. 对于刚体的一般运动，所受合外力使刚体的质心产生加速度，即改变刚体的平动状态. 刚体定轴转动的角速度大，与其所受的力矩也没有直接关系. 刚体所受的合外力矩使刚体产生角加速度，改变刚体的转动状态.

问题 5 如图 1-1 所示，有一个小块物体，置于一光滑的水平桌面上，有一绳其一端联结此物体，另一端穿过桌面中心的小孔，该物体原以角速度 ω 在距离孔为 r 的圆周上转动，今将绳缓慢往下拉，则讨论该物体的动能、动量和角动量的变化情况.

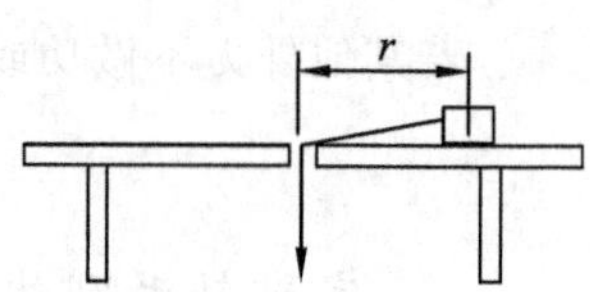

图 1-1

答 在本题中，物体在水平方向受到绳的拉力作用，合外力不为零，所以动量不守恒；拉力在力的方向上做了功，所以动能不守恒；但拉力通过中心 O，不产生力矩，所以角动量守恒.

问题 6 在一个系统中，如果该系统的角动量守恒，动量是否也一定守恒？反之，如果该系统的动量守恒，角动量是否也一定守恒？

答 当系统角动量守恒时，意味着系统的合外力矩为零，但此时合外力不一定为零，所以此时动量不一定守恒.

同理，当系统的动量守恒，意味着系统的合外力为零，但此时合外力矩不一定为零，所以此时角动量不一定守恒.

典型例题分析

例 1 一转动惯量为 J 的圆盘绕一固定轴转动，起初角速度为 ω_0，设它所受阻力矩为 $M=-k\omega$(k 为常数)，求圆盘的角速度从 ω_0 变为 $\omega_0/2$ 所需的时间.

解 由 $M=-k\omega=J\alpha$，得到

$$J\frac{\mathrm{d}\omega}{\mathrm{d}t}=-k\omega,$$

即
$$\frac{d\omega}{\omega}=-\frac{k}{J}dt,$$
所以
$$\int_{\omega_0}^{\frac{1}{2}\omega_0}\frac{d\omega}{\omega}=\int_0^t-\frac{k}{J}dt,$$
因此
$$t=\frac{J\ln 2}{k}.$$

例 2 如图 1-2 所示，均质圆柱体质量为 m_1，半径为 R，重锤质量为 m_2. 最初静止，后将重锤释放下落并带动柱体转动，不计阻力，不计绳的质量和伸长. 求：

(1) 重锤加速度；

(2) 绳子的拉力；

(3) 重锤下落 h 高度时的速率.

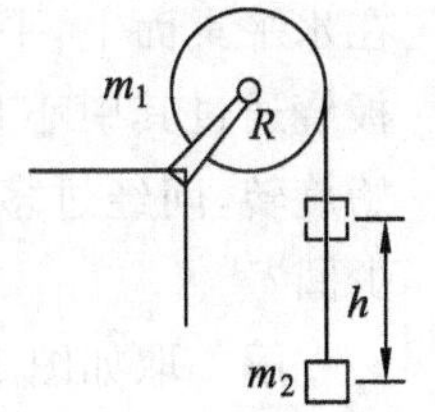

图 1-2

解 (1) 受力分析如图 1-3 所示，

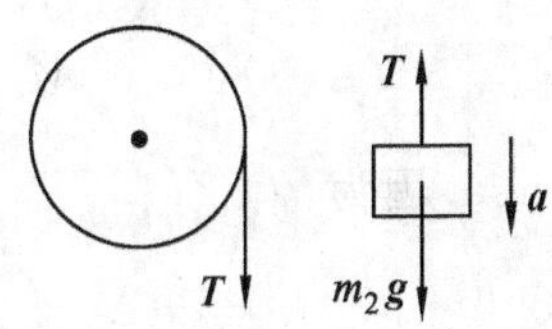

图 1-3

$$J=\frac{1}{2}m_1R^2.$$

因为
$$m_2g-T=m_2a,$$
$$TR=J\alpha,$$
$$a=R\alpha,$$
所以
$$a=\frac{2m_2}{2m_2+m_1}g.$$

(2) $T=m_2(g-a)=\dfrac{m_1m_2g}{2m_2+m_1}$.

(3) $v=\sqrt{2ah}=\sqrt{\dfrac{4m_2gh}{2m_2+m_1}}$.

例 3 如图 1-4 所示，A，B 为两个相同的绕着轻绳的定滑轮. 滑轮 A 挂一质量为 M 的物体，滑轮 B 受拉力 F，而且 $F=Mg$. 设 A，B 两滑轮的角加速度分别为 α_A 和 α_B，不计滑轮轴的摩擦，请问 α_A 和 α_B 的大小关系如何？

解 现对 A(刚体与质点的组合体)进行分析，可得

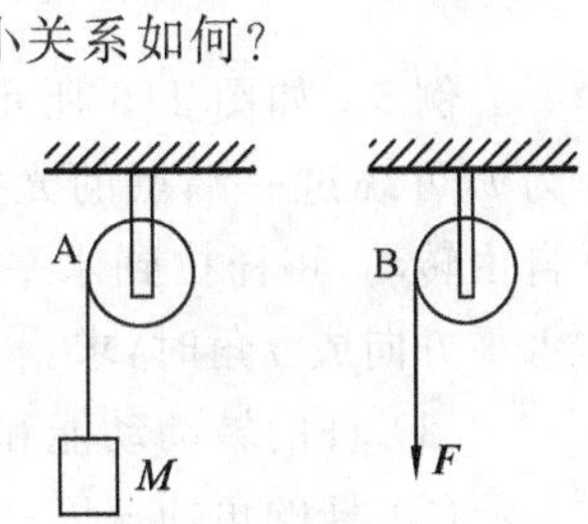

图 1-4

$$\begin{cases}Mg-T=Ma_t,\\TR=J\alpha_A,\\a_t=R\alpha_A,\end{cases}$$
所以
$$\alpha_A=\frac{MgR}{J+MR^2}$$

再对 B 进行分析，可得

$$FR=J\alpha,$$

$$\alpha_B=\frac{MgR}{J}.$$

比较上两式可知 $\alpha_A<\alpha_B$.

例 4 有一半径为 R、质量为 m 的圆形平板平放在水平桌面上，平板与水平桌面的摩擦系数为 μ，若平板绕通过其中心且垂直板面的固定轴以角速度 ω_0 开始旋转，问经过多少时间后盘将静止？此时共转了多少圈？

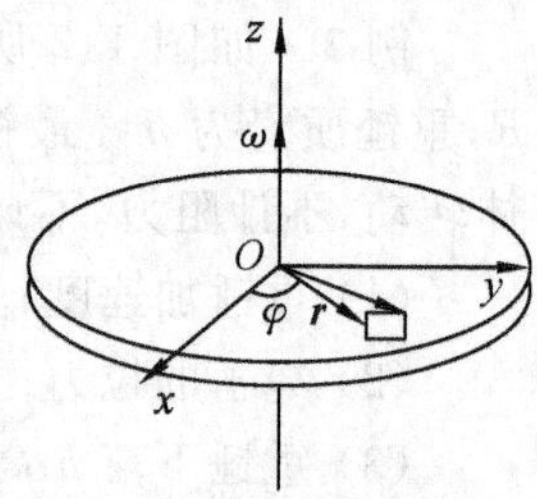

图 1-5

解 取如图 1-5 所示的质量微元，其受摩擦力矩为

$$dM=-\mu g\rho r^2 drd\varphi.$$

总摩擦力矩为

$$M_Z=-\int_0^{2\pi}\int_0^R\mu g\rho r^2 drd\varphi=-\frac{2}{3}\mu gmR.$$

因为

$$J=\frac{1}{2}mR^2,\ M=J\alpha,$$

故平板角加速度

$$\alpha=-\frac{4\mu g}{3R},$$

所以

$$\frac{d\omega}{dt}=-\frac{4}{3}\frac{\mu g}{R},$$

$$\int_{\omega_0}^0 d\omega=\int_0^t-\frac{4}{3}\frac{\mu g}{R}dt\Rightarrow t=\frac{3R\omega_0}{4\mu g},$$

$$\theta=\omega_0 t+\frac{1}{2}\alpha t^2=\frac{3R\omega_0^2}{8\mu g}\Rightarrow N=\frac{\theta}{2\pi}=\frac{3R\omega_0^2}{16\pi\mu g}.$$

例 5 如图 1-6 所示，一均质细杆质量为 m，长为 l，可绕过一端点的光滑水平轴 Oz 在竖直平面内自由转动，将杆拉到水平位置后由静止释放，当杆与水平方向成 θ 角时，求：

(1) 杆的转动动能和角速度；

(2) 杆的角加速度；

(3) 杆正好到达竖直位置时所具有的角速度和角加速度.

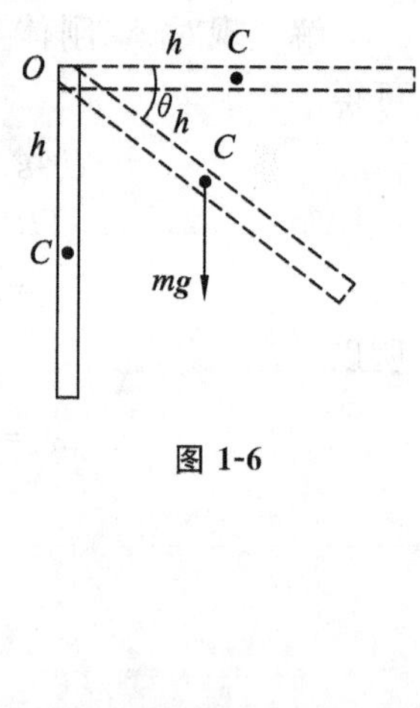

图 1-6

解 (1) 杆绕点 O 的转动惯量为

$$J=\frac{1}{3}ml^2.$$

由于只有保守重力的作用，机械能守恒，所以转动动能

$$E_k=\frac{1}{2}J\omega^2=\frac{1}{2}mgl\sin\theta,$$

角速度

$$\omega=\sqrt{\frac{3g\sin\theta}{l}}.$$

(2) 由题意得重力矩

$$M=\frac{1}{2}mgl\cos\theta,$$

转动定律

$$J\alpha=-mg\,\frac{1}{2}l\cos\theta,$$

因此

$$\alpha=\frac{M}{J}=\frac{3g\cos\theta}{2l}.$$

(3) 棒下落到竖直位置时的动能为

$$\omega=\sqrt{\frac{3g}{l}},\ \alpha=0.$$

例 6 如图 1-7 所示，长为 l 的轻杆，两端各固定质量分别为 m 和 $2m$ 的小球，杆可绕水平光滑固定轴 O 在竖直面内转动，转轴 O 距两端分别为$\frac{1}{3}l$ 和$\frac{2}{3}l$. 轻杆原来静止在竖直位置. 今有一质量为 m 的小球，以水平速度$\boldsymbol{v}_0$ 与杆下端小球 m 做对心碰撞，碰后以$\frac{1}{2}\boldsymbol{v}_0$ 的速度返回，试求碰撞后轻杆所获得的角速度.

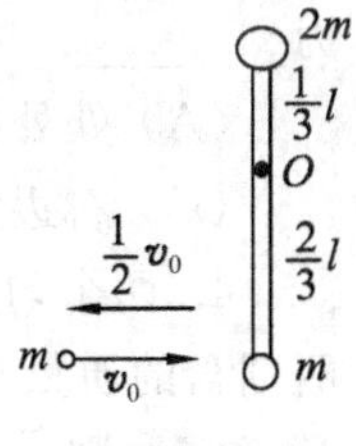

图 1-7

解 由题意得

$$\frac{2}{3}mv_0l=\left(\frac{2l}{3}\right)^2m\omega+\left(\frac{l}{3}\right)^2\cdot 2m\omega-\frac{2}{3}ml\cdot\frac{1}{2}v_0,$$

因此

$$\omega=\frac{3v_0}{2l}.$$

本章自测

一、选择题

1. 几个力同时作用在一个具有光滑固定转轴的刚体上，如果这几个力的矢量和为零，则此刚体________.

(A) 必然不会转动　　(B) 转速必然不变

(C) 转速必然改变　　(D) 转速可能不变，也可能改变

2. 关于力矩有以下几种说法：

(1) 对某个定轴而言，内力矩不会改变刚体的角动量.

(2) 作用力和反作用力对同一轴的力矩之和必为零.

(3) 质量相等，形状和大小不同的两个刚体，在相同力矩的作用下，它们的角加速度一定相等.

在上述说法中，________.

(A) 只有(2)是正确的　　(B) (1)、(2)是正确的

(C) (2)、(3)是正确的　　(D) (1)、(2)、(3)都是正确的

3. 一轻绳跨过一具有水平光滑轴、质量为 M 的定滑轮，绳的两端分别悬有质量为 m_1 和 m_2 的物体($m_1<m_2$)，如图 1-8 所示. 绳与轮之间无相对滑动. 若某时刻滑轮沿逆时针方向转动，则绳中的张力________.

(A) 处处相等　　(B) 左边大于右边

(C) 右边大于左边　　(D) 哪边大无法判断

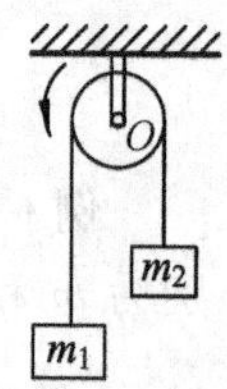

图 1-8

4. 两个匀质圆盘 A 和 B 的密度分别为 ρ_A 和 ρ_B，若 $\rho_A>\rho_B$，但两圆盘的质量与厚度相同，如两盘对通过盘心垂直于盘面轴的转动惯量各为 J_A 和 J_B，则________.

(A) $J_A>J_B$　　(B) $J_B>J_A$

(C) $J_A=J_B$　　(D) 不能确定 J_A，J_B 哪个大

5. 花样滑冰运动员绕通过自身的竖直轴转动，开始时两臂伸开，转动惯量为 J_0，角速度为 ω_0. 然后她将两臂收回，使转动惯量减少为 $\frac{1}{2}J_0$，这时她转动的角速度变为________.

(A) $\frac{1}{2}\omega_0$　　(B) $(1/\sqrt{2})\omega_0$　　(C) $\sqrt{2}\omega_0$　　(D) $2\omega_0$

6. 若有转动惯量不同的两个刚体，它们沿同一方向转动并具有相同的角动

量,假设同时作用于每个刚体的制动力矩相等,比较两刚体制动后转动的时间,则有________.

(A) 转动惯量大的刚体转动的时间长

(B) 转动惯量小的刚体转动的时间长

(C) 两刚体转动的时间一样长

(D) 条件不足,难以判断

7. 如图 1-9 所示,一匀质细杆可绕通过上端与杆垂直的水平光滑固定轴 O 旋转,初始状态为静止悬挂. 现有一个小球自左方水平打击细杆. 设小球与细杆之间为非弹性碰撞,则在碰撞过程中对细杆与小球这一系统________.

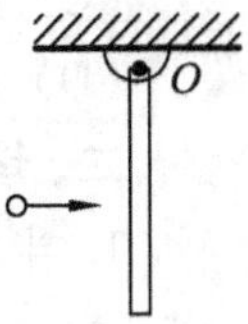

图 1-9

(A) 只有机械能守恒

(B) 只有动量守恒

(C) 只有对转轴 O 的角动量守恒

(D) 机械能、动量和角动量均守恒

8. 一圆盘正绕垂直于盘面的水平光滑固定轴 O 转动,射来两个质量相同,速度大小相同、方向相反并在一条直线上的子弹(见图 1-10),子弹射入圆盘并且留在盘内,则子弹射入后的瞬间,圆盘的角速度 ω________.

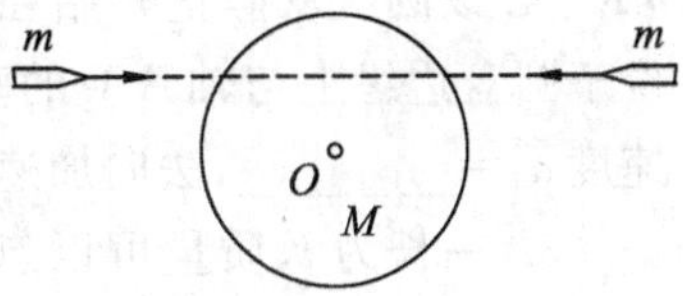

图 1-10

(A) 增大

(B) 减小

(C) 不变

(D) 不能确定

9. 如图 1-11 所示,一静止的均匀细棒,长为 L、质量为 M,可绕通过棒的端点且垂直于棒长的光滑固定轴 O 在水平面内转动,转动惯量为 $\frac{1}{3}ML^2$. 一质量为 m、速率为 v 的子弹在水平面内沿与棒垂直的方向射出并穿出棒的自由端,设穿过棒后子弹的速率为 $\frac{1}{2}v$,则此时棒的角速度应为________.

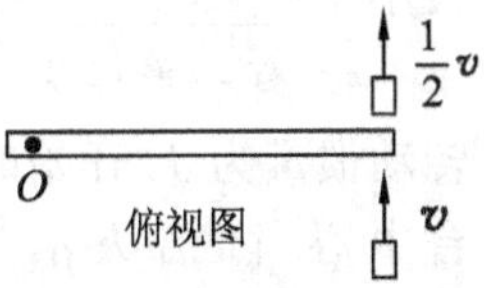

图 1-11

(A) $\frac{mv}{ML}$ (B) $\frac{3mv}{2ML}$

(C) $\frac{5mv}{3ML}$ (D) $\frac{7mv}{4ML}$

10. 均匀细棒 OA 可绕通过其一端 O 而与棒垂直的水平固定光滑轴转动，如图 1-12 所示. 今使棒从水平位置由静止开始自由下落，在棒摆动到竖直位置的过程中，下述说法中正确的是________.

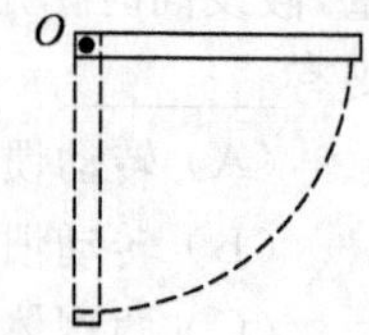

图 1-12

(A) 角速度从小到大，角加速度从大到小

(B) 角速度从小到大，角加速度从小到大

(C) 角速度从大到小，角加速度从大到小

(D) 角速度从大到小，角加速度从小到大

二、填空题

1. 半径为 $r=1.5\ \mathrm{m}$ 的飞轮，初角速度 $\omega_0=10\ \mathrm{rad\cdot s^{-1}}$，角加速度 $\alpha=-5\ \mathrm{rad\cdot s^{-2}}$，则除了初始时刻外，在 $t=$________时，角位移为零，而此时边缘上点的线速度 $v=$________.

2. 如图 1-13 所示，一质量为 m、半径为 R 的薄圆盘，可绕通过其一直径的光滑固定轴 AA' 转动，转动惯量 $J=mR^2/4$. 该圆盘从静止开始在恒力矩 M 作用下转动，t 秒后位于圆盘边缘上与轴 AA' 的垂直距离为 R 的点 B 的切向加速度 $a_t=$________，法向加速度 $a_n=$________.

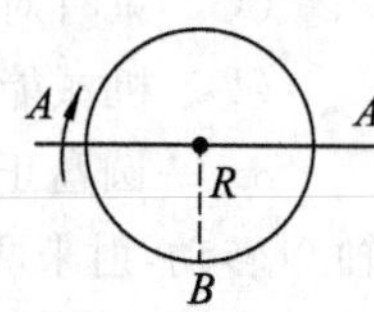

图 1-13

3. 一长为 l、质量可以忽略的直杆，两端分别固定有质量为 $2m$ 和 m 的小球，杆可绕通过其中心 O 且与杆垂直的水平光滑固定轴在铅直平面内转动. 开始杆与水平方向成某一角度 θ，处于静止状态，如图 1-14 所示. 释放后，杆绕 O 轴转动，则当杆转到水平位置时，该系统所受到的合外力矩的大小 $M=$________，此时该系统角加速度的大小 $\alpha=$________.

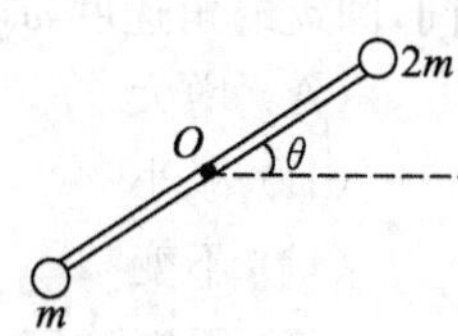

图 1-14

4. 有一半径为 R 的水平圆转台，可绕通过其中心的竖直固定光滑轴转动，转动惯量为 J. 开始时转台以匀角速度 ω_0 转动，此时有一质量为 m 的人站在转台中心. 随后人沿半径向外跑去，当人到达转台边缘时，转台的角速度为________.

5. 一定滑轮质量为 M、半径为 R，对水平轴的转动惯量 $J=\frac{1}{2}MR^2$. 在滑轮的边缘绕一细绳，绳的下端挂一物体. 绳的质量可以忽略且不能伸长，滑轮与轴承间无摩擦. 物体下落的加速度为 a，则绳中的张力 $T=$________.

6. 长为 l、质量为 M 的匀质杆可绕通过杆一端 O 的水平光滑固定轴转动，转动惯量为 $\frac{1}{3}Ml^2$，开始时杆竖直下垂，如图 1-15 所示. 有一质量为 m 的子弹以水平速度$\boldsymbol{v}_0$射入杆上点 A，并嵌在杆中，$OA=\frac{2}{3}l$，则子弹射入后瞬间杆的角速度 $\omega=$________.

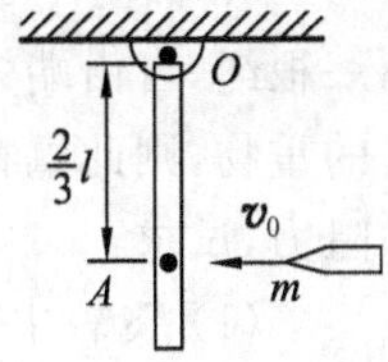

图 1-15

7. 一根均匀棒，长为 l，质量为 m，可绕通过其一端且与其垂直的固定轴在竖直面内自由转动. 开始时棒静止在水平位置，当它自由下摆时，它的初角速度等于________，初角加速度等于________. 已知均匀棒对于通过其一端垂直于棒的轴的转动惯量为$\frac{1}{3}ml^2$.

8. 一飞轮以角速度 ω_0 绕光滑固定轴旋转，飞轮对轴的转动惯量为 J_1；另一静止飞轮突然和上述转动的飞轮啮合，绕同一转轴转动，该飞轮对轴的转动惯量为前者的二倍. 啮合后整个系统的角速度 $\omega=$________.

9. 一根质量为 m、长为 l 的均匀细杆，可在水平桌面上绕通过其一端的竖直固定轴转动. 已知细杆与桌面的滑动摩擦系数为 μ，则杆转动时受的摩擦力矩的大小为________.

10. 一水平的匀质圆盘，可绕通过盘心的竖直光滑固定轴自由转动. 圆盘质量为 M，半径为 R，对轴的转动惯量 $J=\frac{1}{2}MR^2$. 当圆盘以角速度 ω_0 转动时，有一质量为 m 的子弹沿盘的直径方向射入而嵌在盘的边缘上. 子弹射入后，圆盘的角速度 $\omega=$________.

三、计算题

1. 一飞轮以等角加速度 2 rad/s^2 转动，在某时刻以后的 5 s 内飞轮转过了 100 rad. 若此飞轮是由静止开始转动的，问在上述的某时刻以前飞轮转动了多少时间？

图 1-16

2. 一转动系统的转动惯量为 $J=8.0\ \text{kg}\cdot\text{m}^2$，转速为 $\omega=41.9$ rad/s，两制动闸瓦对轮的压力都为 392 N（见图 1-16），闸瓦与轮缘间的摩擦系数为 $\mu=0.4$，轮半径为 $r=0.4$ m，问从开始制动到静止需多长时间？

3. 图 1-17 所示的实验用的摆，$l=0.92$ m，$r=0.08$ m，$m_l=4.9$ kg，$m_r=24.5$ kg，近似认为圆形部分为匀质圆盘，长杆部分为匀质细杆. 求对过悬点且与盘面垂直的轴线的转动惯量.

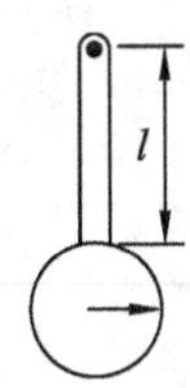

图 1-17

4. 现用阿特伍德机测滑轮转动惯量. 用轻线且尽可能滑轮轴，两端悬挂重物体各为 $m_1=0.46$ kg，$m_2=0.5$ kg，滑轮半径为 0.05 m（见图 1-18）. 自静止始，释放重物后并测得 5.0 s 内下降了 0.75 m，则滑轮转动惯量是多少？

5. 如图 1-19 所示，有一飞轮，轴垂直于纸面方向，轴之半径为 r，其上绕有一根绳，自由端先系一质量 m 的轻物，使此物能匀速下降；然后改系一质量 M 的重物，则此重物从静止开始，经过 t 时间，共下降 h 距离. 不计绳的质量与空气阻力，试求：

(1) 飞轮主轴与轴承间摩擦力矩的大小；

(2) 飞轮转动惯量的大小；

(3) 绳上张力的大小.

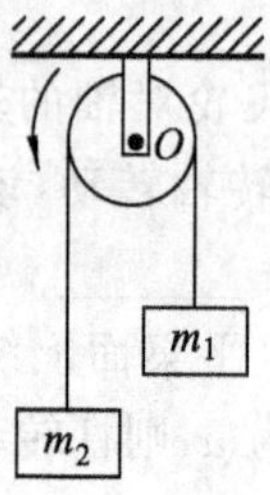

图 1-18

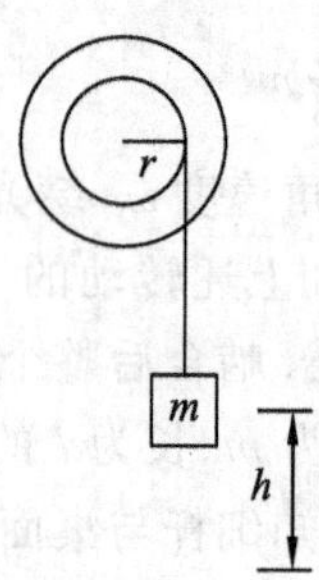

图 1-19

6. 如图 1-20 所示斜面倾角为 θ，位于斜面顶端的卷扬机鼓轮半径为 R，转动惯量为 J，受到驱动力矩通过绳牵动斜面上质量为 m 的物体，不计物体与斜面间的摩擦，求重物上滑的加速度.（绳与斜面平行，不计绳质量）

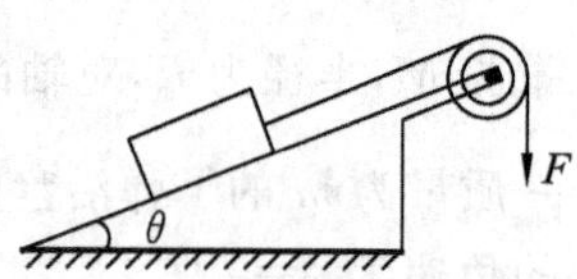

图 1-20

7. 质量为 2.97 kg，长为 1.0 m 的均质等细杆，可绕水平光滑的轴线，最初杆静止于铅直方向，一质量为 10 g 的子弹，以水平速度 200 m/s 射出并嵌入杆的下端，和杆一起运动（见图 1-21），求杆的最大摆角.

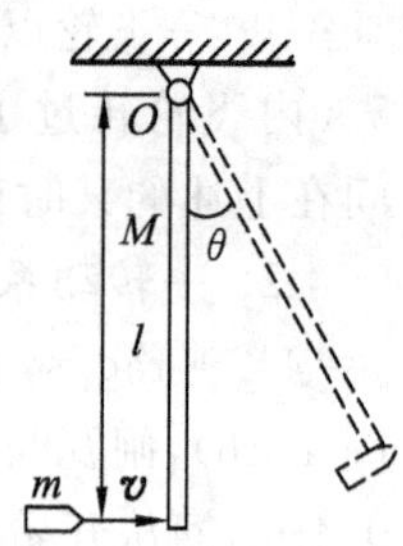

图 1-21

第2章

固体的弹性

学习基本要求

(1) 理解弹性体的概念、弹性体形变的种类(拉伸压缩、剪切、弯曲和扭转).

(2) 理解弹性体的拉伸与压缩形变中的相关概念和胡克定律,并掌握线应变和拉伸压缩的形变势能.

(3) 理解弹性体的剪切形变中的相关概念和胡克定律,并会计算剪切形变的形变势能.

(4) 了解弹性体的纯弯曲形变和杆的扭转形变.

基本定律和基本方法

1. 拉伸与压缩形变

(1) 正应力

$$\sigma=\frac{N}{S}=\frac{F}{S}. \tag{2-1}$$

(2) 线应变

$$\varepsilon=\frac{\Delta l}{l_0}, \tag{2-2}$$

式中,l_0 为原长,Δl 为绝对伸长或绝对压缩.

(3) 横向应变

$$\varepsilon'=\frac{\Delta b}{b_0}, \tag{2-3}$$

式中,b_0 为直杆横向原来的尺寸,Δb 为横向绝对伸长或绝对压缩.

(4) 泊松系数

$$\mu=\left|\frac{\varepsilon'}{\varepsilon}\right|. \tag{2-4}$$

(5) 胡克定律

$$\sigma=Y\varepsilon, \tag{2-5}$$

其中,Y 是由材料性质决定的杨氏模量.

(6) 形变势能密度

$$u=\frac{1}{2}Y\varepsilon^2. \tag{2-6}$$

形变势能

$$U=\frac{1}{2}YV\varepsilon^2. \tag{2-7}$$

2. 剪切形变

(1) 切应力

$$\tau=\frac{Q}{S}=\frac{F}{S}. \tag{2-8}$$

(2) 线应变

$$\varphi=\frac{aa'}{ac}, \tag{2-9}$$

式中,aa' 为相对滑移,ac 为形变前边长.

(3) 胡克定律

$$\tau=G\varphi, \tag{2-10}$$

式中,G 是由材料性质决定的切变模量.

(4) 形变势能密度

$$u=\frac{1}{2}G\varphi^2. \tag{2-11}$$

形变势能

$$U=\frac{1}{2}G\varphi^2 V. \tag{2-12}$$

3. 梁的弯曲的曲率与力偶矩的关系

$$k=\frac{12M}{Ybh^3}, \tag{2-13}$$

式中,b 为梁的宽度,h 为梁的高度,

4. 杆的扭转角与力偶矩的关系

$$M=D\theta,\ D=\frac{\pi GR^4}{2l}, \tag{2-14}$$

式中,R 为回杆的半径,l 为杆的长度.

问题与讨论

问题 1 作用于物体内某无穷小面元上的应力是面元两侧的相互作用力，其单位为牛顿. 这句话对不对?

答 不对. 应力是单位面积上受到面元法线方向的内力，内力成对出现，因此是面元两侧的相互作用力，但单位是 N/m^2 或 Pa.

问题 2 胡克定律是否可以表述为：当物体受到外力而发生拉伸（或压缩）形变时，外力与物体的拉伸（或压缩）成正比.

答 不能这样表述. 胡克定律为弹性体在发生应变时，在弹性限度内，杆的正应变与正应力成正比，即

$$Y=\sigma=\frac{F}{S}\varepsilon,$$

物体受到外力而发生的拉伸（或压缩）形变与物体受力面积有关.

典型例题分析

例 1 直径为 $d=20$ mm、长度为 $l=200$ mm 的钢杆，承受的拉力 $F=3\ 920$ N，求此钢杆横截面上的应力 σ、绝对伸长 Δl、应变 ε 和直径的改变量 Δd. 设 $Y=1.96\times10^{11}\ \text{N}\cdot\text{m}^{-2}$，$\mu=0.3$.

解 钢杆横截面上的应力是正应力，即

$$\sigma=\frac{F}{S}=\frac{F}{\pi r^2}=\frac{3\ 920}{\pi\times(10\times10^{-3})^2}=1.25\times10^{7}\ \text{N}\cdot\text{m}^{-2},$$

应变

$$\varepsilon=\frac{\sigma}{Y}=\frac{1.25\times10^{7}}{1.96\times10^{11}}=0.64\times10^{-4}.$$

因为

$$\varepsilon=\frac{\Delta l}{l_0},$$

所以
$$\Delta l=\varepsilon l_0=0.64\times10^{-4}\times0.2=1.24\times10^{-5}\ \text{m},$$

又
$$\mu=\left|\frac{\varepsilon'}{\varepsilon}\right|,$$

所以

$$\varepsilon'=\mu\varepsilon=0.3\times0.64\times10^{-4}=0.3\times0.64\times10^{-4}.$$

因此

$$\Delta d=d\varepsilon'=d\mu\varepsilon=20\times10^{-3}\times0.3\times0.64\times10^{-4}=3.84\times10^{-7}\ \text{m}.$$

例 2 在剪切钢板时，由于剪刀口不锋利，没有剪断，钢板发生了切变. 设钢

板的横截面积为 $S=90\ \text{cm}^2$，剪刀口间的垂直距离为 $d=0.5\ \text{cm}$，当剪切力为 $F=7\times10^5\ \text{N}$ 时，求：

(1) 钢板中的切应力；

(2) 钢板的切应变；

(3) 与刀口相齐的两个截面所发生的相对滑移($G_{钢}=8\times10^{10}\ \text{Pa}$).

解 (1) 由切应力定义得

$$\tau=\frac{F}{S}=\frac{7\times10^5}{90\times10^{-4}}=7.78\times10^7\ \text{N/m}^2.$$

(2) 由胡克定律得

$$\tau=N\psi,$$

所以
$$\psi=\frac{\tau}{N}=\frac{7.78\times10^7}{8\times10^{10}}=9.7\times10^{-4}\ \text{rad}.$$

(3) 因为
$$\psi=\Delta l/d$$

$$\Delta l=d\psi=0.5\times9.7\times10^{-4}=4.85\times10^{-4}\ \text{cm}$$

例 3 边长为 0.02 m 的立方体，在相对的两个面上各施加 9.8×10^2 N 的切力，其大小相等方向相反，施力后两相对面的相对位移为 0.001 mm. 求：

(1) 该物体的切变弹性模量；

(2) 物体的形变势能密度；

(3) 形变势能.

解 (1) 因为

$$\tau=\frac{Q}{S}=\frac{F}{S},\ \varphi=\frac{aa'}{ac},\ \tau=G\varphi,$$

所以

$$G=\frac{\tau}{\varphi}=\frac{F\cdot ac}{S\cdot aa'}=\frac{9.8\times10^2\times0.02}{0.02\times0.02\times0.001\times10^{-3}}$$
$$=4.9\times10^{10}\ \text{N}\cdot\text{m}^{-2}.$$

(2) $$u=\frac{1}{2}G\varphi^2=\frac{1}{2}G\left(\frac{aa'}{ac}\right)^2$$
$$=\frac{1}{2}\times4.9\times10^{10}\times\frac{(0.001\times10^{-3})^2}{0.02\times0.02}$$
$$=61.3\ \text{J}\cdot\text{m}^{-3}.$$

(3) $$U=\frac{1}{2}G\varphi^2V=61.3\times0.02^3=4.9\times10^{-4}\ \text{J}.$$

本章自测

一、选择题

1. 一弹性杆受到纵向拉伸时,杆内任一点处的任一截面上,________.

(A) 既有正应力,又有切应力

(B) 只有正应力

(C) 只有切应力

(D) 可能没有应力

2. 一均质铅丝竖直悬挂着,铅丝的密度为 $\rho=1.13\times10^4\ \text{g/m}^3$,长度为 L,那么由于铅丝自身重力所产生的应力,在距悬点 $L/4$ 处的值是距离点 $3L/4$ 处的值的________.

(A) 1 倍　　(B) 2 倍

(C) 3 倍　　(D) 4 倍

3. 在弹性限度内,弹性体的________.

(A) 弹性势能与应变成正比

(B) 弹性势能与应变的平方成正比

(C) 弹性势能密度与应变成正比

(D) 弹性势能密度与应变的平方成正比

二、填空题

1. 一长度为 l 的均匀弹性棒置于水平面上,已知其密度为 ρ,杨氏模量为 Y,若在其两端施以一对大小与物体所受重力相等的水平拉力,则该棒将伸长________.

2. 一均质钢杆的横截面积为 $5.0\times10^{-4}\ \text{m}^2$,所受轴向外力如图 2-1 所示,已知 $F_1=6\times10^4\ \text{N}$,$F_2=8\times10^4\ \text{N}$,$F_3=5\times10^4\ \text{N}$,$F_4=3\times10^4\ \text{N}$,则 A,B 之间的应力为________,B,C 之间的应力为________,C,D 之间的应力之间的应力为________.

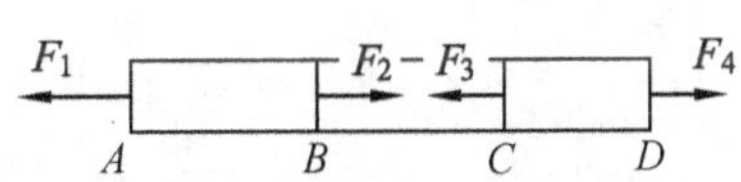

图 2-1

3. 已知一弹性体的长度为 l_0,横截面积为 S,杨氏模量为 Y,则该弹性体的劲度系数 $k=$________;如将劲度系数为 k 的两根弹簧相并联,则并联后系统总的劲度系数为________.

4. 一长为 l_0,横截面积为 S 的弹性细棒一端固定,当另一端受到沿棒的长

度方向的拉力 F_n 作用时，其伸长量为 Δl，则该细棒的正应力 $\sigma=$________；线应变 $\varepsilon=$________；此状态下该细棒的弹性势能 $E_p=$________.

5. 矩形横截面的梁，其长宽比为$\frac{2}{3}$，在力偶矩作用下发生纯弯曲，如果各以横截面的长和宽作为梁的高度，则同样力偶矩作用下曲率半径之比为________.

三、计算题

1. 如图 2-2 所示，上半段为横截面积等于 $4.0\times10^{-4}\ m^2$的铝制杆，下半段为横截面积等于 $1.0\times10^{-4}\ m^2$ 的钢杆，已知铝杆和钢杆最大允许应力分别为 7.8×10^7 Pa 和 13.7×10^7 Pa，不计杆的自重，求杆下端所能承受的最大负荷及在此负荷下的总伸长量（$Y_{铝}=6.9\times10^{10}$ Pa，$Y_{钢}=19.6\times10^{10}$ Pa）.

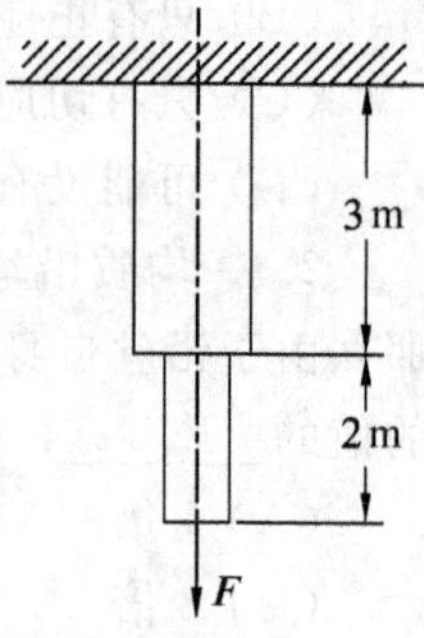

图 2-2

2. 某梁发生纯弯曲，梁的长、宽及厚度分别为 L，b 和 h，弯曲后曲率半径为 ρ，材料的杨氏模量为 Y，试求总形变势能.

3. 用直径 $d=0.02$ m 的钢质杆 CD 来固定刚性杆 AB，如果 CD 杆内的最大应力不得超过 1.6×10^8 Pa（见图 2-3），试问 B 处最多能挂多大的重量？（不计杆的自重）

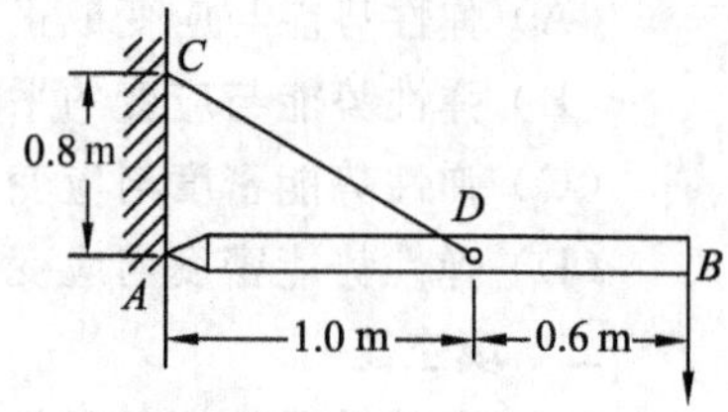

图 2-3

第3章

流体力学

学习基本要求

(1) 理解理想流体、不可压缩流体的概念,掌握静止流体内压强的计算和分析.

(2) 理解帕斯卡原理和阿基米德原理.

(3) 掌握不可压缩流体的连续性方程,并能用于计算.

(4) 掌握伯努利方程,并能熟练应用.

基本定律和基本方法

1. 静止流体内的压强分布

$$\mathrm{d}p=-\rho g \mathrm{d}y, \tag{3-1}$$

$$p_1-p_2=\rho g h, \tag{3-2}$$

其中,h 为两点间高度.

2. 帕斯卡原理

$$\frac{F_A}{S_A}=\frac{F_B}{S_B}. \tag{3-3}$$

3. 阿基米德原理

$$F=F_2-F_1=\rho g \Delta V. \tag{3-4}$$

4. 连续性方程

当不可压缩流体做稳定流动时,沿一流管,流量守恒,即

$$Q=v\Delta s=\text{恒量}. \tag{3-5}$$

5. 伯努利方程

当理想流体稳定流动时,沿一流线,有

$$p+\rho gh+\frac{1}{2}\rho v^2=\text{恒量}. \tag{3-6}$$

问题与讨论

问题 1　为什么在应用帕斯卡原理时，千斤顶的小活塞上加上很小的力，在大活塞上能得到很大的力？

答　两个活塞(大活塞截面积为 S_2，小活塞截面积为 S_1)，与同一容器的液体相接触. 施加于小活塞的力 F_1 产生的压强 p_1，即

$$\frac{F_1}{S_1}=\frac{F_2}{S_2},\ F_2=\frac{S_2}{S_1}\cdot F_1.$$

因为 S_2 大于 S_1，所以 F_2 大于 F_1，即在小活塞上只有一个较小的力，就能在大活塞上产生一个较大的力.

问题 2　伯努利方程

$$p+\rho gh+\frac{1}{2}\rho v^2=\text{恒量}$$

中 p 是由外界提供以做功，也就是说外压 p 越大流速越慢，那么去挤压水管水反而还流得较慢，而实际是挤压水管水流得快为什么矛盾？

答　伯努利方程是取流体中的一段用能量守恒推导而来，其中的 p 是另一边的液体给予讨论液体的，是液体的压强，在外界条件不变的情况下，同一高度液体压强越大流速越慢. 而挤压水管相当于改变了外界条件，不同情况下伯努利方程中的常量是不同的，两种情况不能用同一个伯努利方程，因此不能说挤压水管水反而还流得较慢.

问题 3　伯努利方程中的 p 指的是压强吗？液体中压强不是 $p=\rho gh$ 吗？伯努利方程中的 p 和后面的 ρgh 有什么区别？

答　p 是指压强，伯努利方程是表示流动流体的方程，这里 ρgh 代表的是单位体积的重力势能.

问题 4　如图 3-1 所示，所有流管均来自流体微团做匀速直线运动的点 A,B,A,B 沿竖直方向，高度差为 h，讨论这样的流体空间的伯努利方程常量.

图 3-1

答　因为点 A,B 的流体微团做匀速直线运动且沿水平方向，竖直方向无速度，因此水质方向的压强满足

$$p_B=p_A+\rho gh.$$

对流线 A，根据伯努利方程有

$$p_A+\rho gh_A+\frac{1}{2}\rho v^2=C_A.$$

对流线 B,有

$$p_B+\rho g h_B+\frac{1}{2}\rho v^2=C_B.$$

将压强关系和高度关系代入,对流线 B,有

$$p_A+\rho g h_A+\frac{1}{2}\rho v^2=C_B,$$

所以

$$C_A=C_B,$$

也就是说,对于来自这样区域的流体,所有的伯努利方程常量都相等.

典型例题分析

例 1 游泳池长 50 m,宽 25 m,水深 1.5 m,求游泳池各侧壁上的总压力.(不计大气压)

解 设游泳池长 $a=50$ m,宽 $b=25$ m,水深 $c=1.50$ m.如图 3-2 所示,在 h 深处,绕游泳池侧壁取高为 $\mathrm{d}h$ 的面元,其面积为

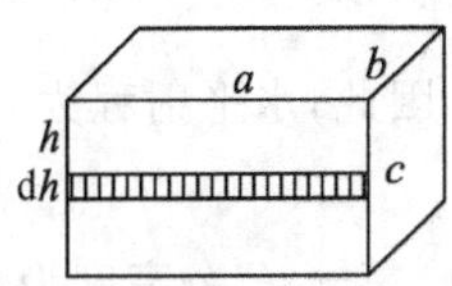

图 3-2

$$\mathrm{d}s=2(a+b)\mathrm{d}h.$$

因为 h 深处压强

$$p=p_0+\rho g h,$$

不计大气压,则 $p=\rho g h$,所以此面元所受压力

$$\mathrm{d}F=\rho g h 2(a+b)\mathrm{d}h=2(a+b)\rho g h \mathrm{d}h.$$

因此,游泳池侧壁受的总压力

$$F=2(a+b)\rho g\int_0^c h\mathrm{d}h=(a+b)\rho g c^2$$
$$=(50+25)\times10^3\times9.8\times1.5^2=1.65\times10^6\ \mathrm{N}.$$

例 2 如图 3-3 所示,在 U 形管中先装入水,然后从一边注入与水不相混合的另一种液体,达到平衡后,液体的自由表面比水面高出 d,水的自由表面和分界面的高度差为 l,现已知水的密度为 $\rho_{水}$,求液体的密度 $\rho_{液}$.

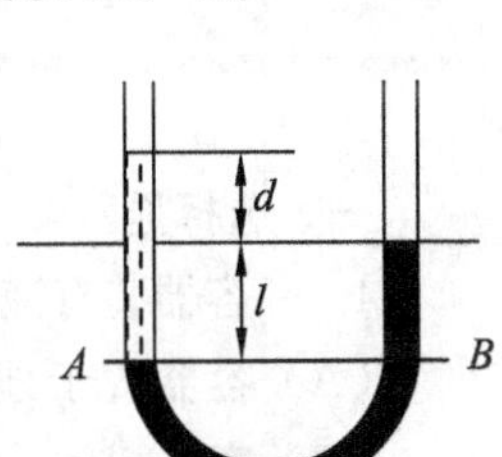

图 3-3

解 在点 A,

$$p_{液}=p_{水},$$

所以
$$p_0+\rho_{水}gl=p_0+\rho_{液}g(l+d),$$

因此
$$\rho_{液}=\frac{l}{l+d}\rho_{水}.$$

例3 容器内水的高度为 H,水自离自由表面 h 深的小孔流出(见图 3-4),求:

(1) 水流到达地面时的水平射程 x;

(2) 在水面下多深的地方开另一小孔可使水流的水平射程与前者相等?

解 (1) 对 1,2 两点,由伯努利方程可得

$$p_0+\rho gh=p_0+\frac{1}{2}\rho v_2^2,$$

所以

$$v_2=\sqrt{2gh}.$$

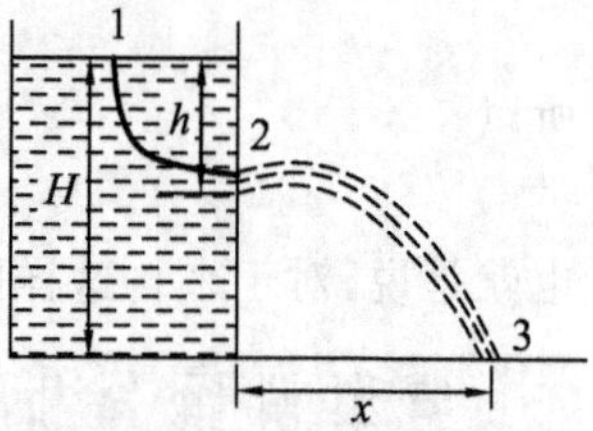

图 3-4

水从小孔流出后做平抛运动,设其落地时间为 t,则有

$$H-h=\frac{1}{2}gt^2,$$

所以

$$t=\sqrt{\frac{2(H-h)}{g}},$$

因此,水平射程为

$$x=v_2t=2\sqrt{h(H-h)}.$$

(2) 令高度为 y,则水平射程为

$$x=2\sqrt{y(H-y)}.$$

解得

$$y=h,\ y=H-h,$$

所以,另一高度为 $H-h$.

本章自测

一、选择题

1. 一容器装有液体,下列情况中下液体内同一点压强最大的是________.

(A) 容器置于地面上

(B) 容器以重力加速度自由下落

(C) 容器以加速度 a(a<g)下落

(D) 容器以加速度 a 上升

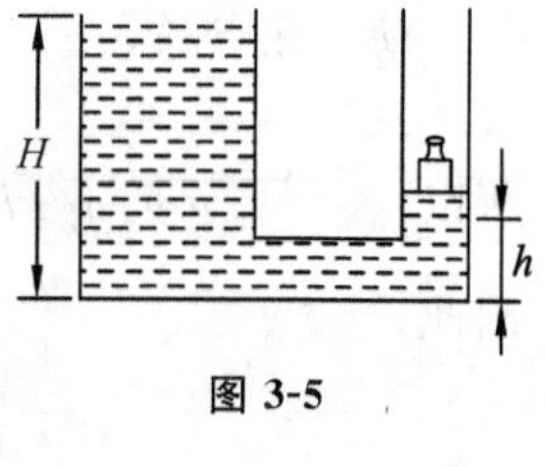

图 3-5

2. 有一个如图 3-5 所示的两端开口的弯管形容器,从粗端向容器中灌水,在细端用一个横截面是

0.01 m^2 质量是 1 kg 的活塞堵住，活塞可在细管中无摩擦的滑动. 当 $H=30$ cm, $h=10$ cm 时，在活塞上放置一个质量是 1 kg 的砝码，活塞静止. 由此可知________.

（A）水对活塞的压强等于砝码对活塞的压强

（B）水对活塞压力的大小等于 2 倍的砝码重力

（C）砝码对活塞的压强相当于 20 cm 深的水产生的压强

（D）撤去砝码，当两管液面相平时，活塞再次静止

3. 如图 3-6 所示，在一个充满油的固定装置中，两端同时用大小相等的力去推原来静止的活塞. 若活塞与容器壁的摩擦不计，则活塞将________.

（A）向左移动

（B）向左移动

（C）保持静止

（D）上述说法都有可能

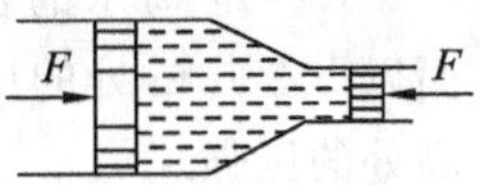

图 3-6

4. 关于连续性方程 $Q=v\Delta S=$ 恒量，下列说法正确的是________.

（A）对任意口径的管子都成立

（B）对不可压缩流体肯定成立

（C）对任意流体都成立

（D）只对不可压缩流体的定常流动成立

5. 关于伯努利方程，下列说法错误的是________.

（A）伯努利方程体现的是能量守恒

（B）不同流线可以有相同的伯努利方程常量

（C）同一流体内部肯定有相同的伯努利方程常量

（D）只对理想流体成立

二、填空题

1. 活塞 A 和活塞 B 将水密封于连通器内，其横截面积分别为 S 和 $3S$，如图 3-7 所示，开始时整个装置处于平衡状态，若往 A 上放一个重为 G 的砝码，则要保持整个系统仍然平衡，需要在 B 上放的砝码重为________.

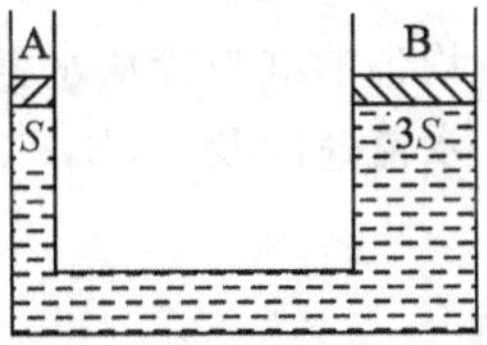

图 3-7

2. 设海平面处的大气压强为 p_0，大气密度为 ρ_0，随着高度变化大气密度 ρ 与压强 p 成正比，重力加速度 g 为恒量，则大气压随高度的变化规律为________.

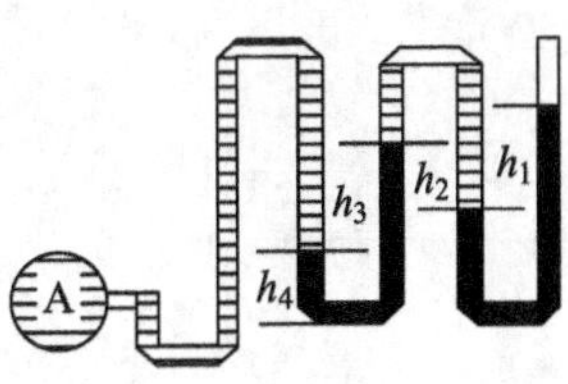

图 3-8

3. 如图 3-8 所示，若被测容器 A 内水的压强比大气压大很多时，可用图中的水银压强计，设 $h_1=$

50 cm，$h_2=45$ cm，$h_3=60$ cm，$h_4=30$ cm，则容器内的压强为________.

4. 一水平管的一端直径为 0.5 cm，水的流速为 20 cm/s，管的另一端横截面积缩为 1 cm，流速为________.

5. 装置如图 3-9 所示，出水口堵塞时，竖直管内和容器内的水面在同一高度，打开塞子后，水即流出，视水为理想流体，等截面的水平管直径比筒径小很多，则直管内的液面高度 $h_1=$________，$h_2=$________.

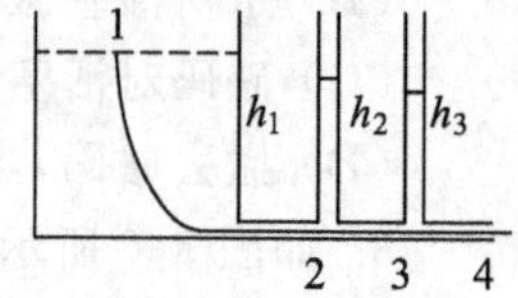

图 3-9

三、计算题

1. (1) 海水的密度为 $\rho=1.013\ \text{g}\cdot\text{cm}^{-3}$，求海平面以下 300 m 处的压强；(2) 求海平面以上 10 000 m 高处的压强.

2. A，B 两容器内的压强都很大，现欲测它们之间的压强差，可用图 3-10 所示装置，$\Delta h=50$ cm，求 A，B 内的压强差是多少厘米水银柱高？这个压强计的优点是什么？

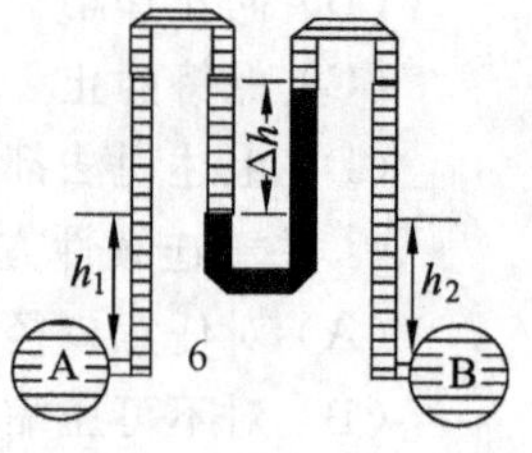

图 3-10

3. 容器内水的高度为 H，水自离自由表面 h 深的小孔流出，问：

(1) 在多深的地方开孔可使水流具有最大的水平射程？

(2) 最大的水平射程是多少？

4. 在一横截面积为 10.0 cm² 的水平管内有水流动，在管的另一端横截面积缩为 5.0 cm². 这两截面处的压力差为 300 Pa，试问一分钟内从管中流出的水是多少立方米？

5. 如图 3-11 所示，在大气压强的作用下，粗细均匀的虹吸管从水池中向池外吸水. 求虹吸管中的水流速度及 A，B，C(管口内附近)处的压强.

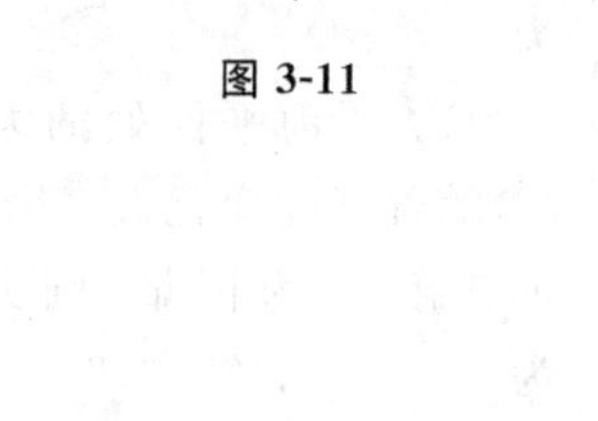

图 3-11

第4~6章

热力学 固体 液体及其相变

学习基本要求

(1) 理解准静态过程的概念.

(2) 掌握功、热量和内能的概念,掌握理想气体定体摩尔热容、定压摩尔热容的计算公式.

(3) 掌握热力学第一定律的实质及其应用,掌握热力学过程中的功、热量和内能改变量的计算方法.

(4) 掌握由理想气体几种等值过程组成的循环过程中功、热量和内能改变量的计算以及热机效率的计算,掌握卡诺循环.

(5) 理解热力学第二定律的两种叙述,理解可逆过程和不可逆过程并会判断过程是否可逆,掌握卡诺定理.

(6) 了解熵的概念、熵增加原理.

(7) 掌握晶体的宏观特性和微观结构,掌握晶体的五种结合力(化学键),了解晶体的结合能,理解晶体中粒子的热运动.

(8) 掌握液体的宏观特性和微观结构;理解液体分子的热运动;掌握表面张力、表面张力系数、附加压强的概念及其计算;理解润湿和不润湿现象.

(9) 理解相、组元、相变和焓的概念;掌握单元系一级相变的普遍特征;会计算相变潜热,包括内潜热和外潜热;掌握气液相变、固液相变和固气相变及其三相图;掌握克拉伯龙方程及其计算.

基本定律和基本方法

1. 准静态过程

在过程进行的每一时刻,系统都无限接近于平衡态.

2. 准静态过程中系统对外做的功

元功：$\mathrm{d}W = p\mathrm{d}V$.

总功：$W = \int \mathrm{d}W = \int_{V_1}^{V_2} p\mathrm{d}V$.

3. 热量

系统与外界或两物体之间由于温度不同而交换的热运动能量.

4. 热力学第一定律

$$\mathrm{d}Q = \mathrm{d}E + \mathrm{d}W,$$

$$Q = E_2 - E_1 + W = \Delta E + W.$$

上式是包含热量在内的能量守恒定律. 这里吸热 $Q>0$，放热 $Q<0$；系统对外做正功 $W>0$，系统对外做负功，即外界对系统做功 $W<0$；内能增加 $\Delta E>0$，内能减小 $\Delta E<0$.

热力学第一定律适用于任何热力学系统所进行的任意过程.

5. 热容量

$$C = \frac{\mathrm{d}Q}{\mathrm{d}T}.$$

定体摩尔热容：$C_{V,\mathrm{m}} = \frac{i}{2}R$.

定压摩尔热容：$C_{p,\mathrm{m}} = \frac{i+2}{2}R$.

迈耶公式：$C_{p,\mathrm{m}} = C_{V,\mathrm{m}} + R$.

比热容比：$\gamma = \frac{C_{p,\mathrm{m}}}{C_{V,\mathrm{m}}} = \frac{i+2}{i}$.

上述式中，i 为理想气体分子自由度.

6. 理想气体等值过程中热量、内能和功的计算

考虑质量为 m，摩尔质量为 M 的理想气体经历等值过程.

(1) 等体过程：系统对外不做功，吸收的热量全用于增加内能.

$$W = 0,$$

$$Q_V = \Delta E = \frac{m}{M}C_{V,\mathrm{m}}\Delta T.$$

(2) 等压过程：气体吸收的热量一部分用于增加内能，另一部分用于对外做功.

$$\Delta E = \frac{m}{M}C_{V,\mathrm{m}}\Delta T,$$

$$W = p\Delta V = \frac{m}{M}R\Delta T,$$

$$Q_p = \Delta E + W = \frac{m}{M}(C_{V,\mathrm{m}} + R)\Delta T = \frac{m}{M}C_{p,\mathrm{m}}\Delta T.$$

(3) 等温过程:气体吸热全部用于对外做功.

$$\Delta E=0,$$

$$Q_T=W=\frac{m}{M}RT\ln\frac{V_2}{V_1}=\frac{m}{M}RT\ln\frac{p_1}{p_2}.$$

(4) 绝热过程:系统与外界没有热交换.

$$Q=0,$$

$$W=-\Delta E=-\frac{m}{M}C_{V,\mathrm{m}}\Delta T=\frac{p_2V_2-p_1V_1}{1-\gamma}.$$

绝热方程:

$$pV^{\gamma}=C_1,$$

$$TV^{\gamma-1}=C_2,$$

$$T^{-\gamma}p^{\gamma-1}=C_3.$$

7. 循环过程的计算

(1) 循环过程:系统经过一系列状态变化,又回到原来状态的过程.

(2) 循环特征:系统经历一个循环之后内能不改变.

(3) 热机效率:

$$\eta=\frac{W}{Q_1}=\frac{Q_1-Q_2}{Q_1}=1-\frac{Q_2}{Q_1}.$$

制冷系数:

$$e=\frac{Q_2}{W}=\frac{Q_2}{Q_1-Q_2}.$$

(4) 卡诺循环:由两个等温过程和两个绝热过程组成的循环.

卡诺循环效率:

$$\eta=1-\frac{Q_2}{Q_1}=1-\frac{T_2}{T_1}.$$

卡诺制冷机的制冷系数:

$$e=\frac{T_2}{T_1-T_2}.$$

8. 热力学第二定律

(1) 可逆过程:系统状态变化过程中,逆过程能重复正过程的每一个状态,且不引起其他变化的过程.实现的条件:过程无限缓慢,没有耗散力做功.

(2) 不可逆过程:在不引起其他变化的条件下,不能使逆过程重复正过程的每一状态的过程.

(3) 热力学第二定律的两种表述:

开尔文表述:不可能制造出一种循环工作的热机,它只从单一热源吸收热量对外做功而不产生其他影响.

克劳修斯表述:不可能把热量从低温物体传到高温物体而不引起外界的变化.

9. 卡诺定理

(1) 工作在高温热源 T_1 和低温热源 T_2 之间的一切可逆热机效率为

$$\eta=1-\frac{T_2}{T_1}.$$

(2) 一切不可逆热机的效率不可能大于可逆热机的效率.

10. 晶体的宏观特性和微观结构

(1) 晶体的宏观特性.

① 具有规则的几何外形;

② 具有各向异性;

③ 具有固定的熔点.

(2) 晶体的微观结构:晶体内粒子呈规则的周期性排列.

① 结点:晶体粒子质心所在位置的点.

② 空间点阵:结点的总体构成的空间结构.

③ 原胞:取一个结点为顶点,边长等于平移周期的平行六面体可以作为一个基本的几何单元,这个几何单元就是原胞,它的重复排列可以形成整个空间点阵.

(3) 晶体按结合力的不同可以分为五类,相应地有五种化学键,分别为离子键、共价键、金属键、范德瓦尔斯键和氢键.

11. 液体的宏观性质和微观结构

(1) 液体的宏观性质.

介于固体和气体之间,它一方面像固体那样有一定的体积,不易压缩,另一方面它又像气体那样没有一定的形状,具有流动性.除液晶外,液体和其他非晶态固体一样呈各向同性.

(2) 液体的微观结构:短程有序、长程无序.

(3) 液体分子的热运动:① 主要是在平衡位置附近做微小振动,但并不长久停留在某一位置,可以在整个液体中运动;② 短时间的搬迁与较长时间的定居交替进行;③ 定居时间既体现了分子间的相互作用,又体现了分子的热运动.分子排列越密,分子间的距离越小,分子间的相互作用越强,分子越不容易运动,定居时间就越长;温度越高,分子热运动的能量增加,定居时间就越短.

12. 表面张力

液体的表面层中使液面尽可能收缩成最小的宏观张力.

表面张力系数 σ:单位长度直线段两侧液面的表面张力,或者增加单位液体表面积时,外力所需做的功,也等于增加单位液体表面积时增加的表面能.

在凸形球状液面的情形下，由于表面张力的存在，液体内外产生的附加压强差为

$$\Delta p=\frac{2\sigma}{R}.$$

在凹形球状液面的情形下，由于表面张力的存在，液体内外产生的附加压强差为

$$\Delta p=-\frac{2\sigma}{R}.$$

球形液泡内外气体的压强差为$\frac{4\sigma}{R}$.

13. 润湿与不润湿

润湿：液体沿固体表面延展的现象.

不润湿：液体在固体表面上收缩的现象.

润湿、不润湿是由于分子力不对称而引起的. 当附着力大于内聚力，附着层内的分子所受合力垂直于附着层指向固体，液体内的分子会尽量挤进附着层，使附着层扩展，宏观上表现为液体润湿固体；当附着力小于内聚力，附着层内的分子所受合力垂直于附着层指向液体内部，附着层中分子会尽量挤进液体内部，使附着层收缩，宏观上表现为液体不润湿固体.

14. 单元系一级相变的普遍特征

单元系一级相变的普遍特征包括潜热和体积突变.

相变潜热：相变过程中，物质吸收或放出的热量.

单位质量的某种物质从1相变到2相，相变潜热 l 的计算公式为

$$l=(E_2-E_1)+p(v_2-v_1),$$

式中，E_1 和 E_2 分别为1相和2相时的内能，p 为压强，v_1 和 v_2 分别为1相和2相的比容（单位质量的物质所占的体积）. E_2-E_1 为两相的内能之差，又称为内潜热. $p(v_2-v_1)$为克服外部压强 p 所做的功，又称为外潜热.

定义一个状态的函数——焓，用 H 表示，有

$$H=E+pv,$$

则相变潜热可以表示为

$$l=H_2-H_1.$$

15. 克拉伯龙方程

$$\frac{\mathrm{d}p}{\mathrm{d}T}=\frac{l}{T(v_2-v_1)}.$$

该方程反映了 p-T 图上相平衡曲线的斜率，式中，l 为相变潜热，T 为相变温度，v_1 和 v_2 分别为1相和2相的比容.

沸点与压强的关系：沸点随压强的增加而升高，随压强的减少而降低.

熔点与压强的关系：在熔解时体积膨胀，则熔点随压强的增加而升高；反之在熔解时体积收缩，则熔点随压强的增加而减少.

16. 三相图

由三相点、汽化曲线 OK、熔解曲线 OL 和升华曲线 OS 所构成的 p-T 图，如图 6-1 所示.

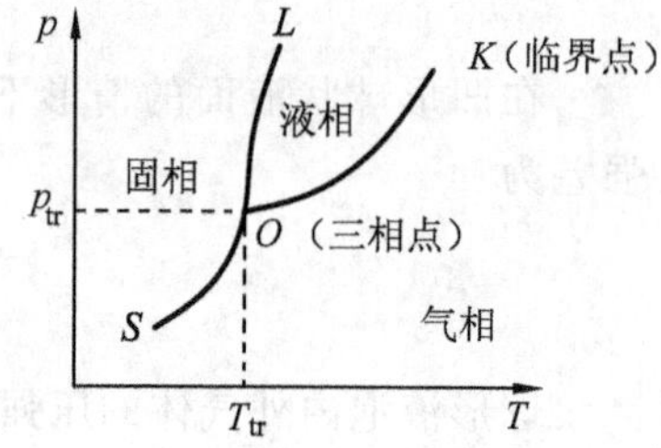

图 6-1

汽化曲线是气相和液相的分界线. 汽化的两种方式：蒸发和凝结. 单位质量液体在一定温度下蒸发为蒸气所吸收的热量，称为汽化热.

影响开口容器中液体蒸发量的主要因素：① 表面积；② 温度；③ 通风. 影响密封容器中饱和蒸气压的主要因素：① 液体的性质；② 液体的温度；③ 液面的形状.

沸腾的特点：沸腾时温度不再升高，直到液体全部变成气体为止. 影响沸点的因素：① 与液面上的压强有关，压强越高沸点越高；② 与液体的种类有关. 沸腾的条件：① 饱和蒸气压与外界压强相等；② 液体内有汽化核.

熔解曲线是固相和液相的分界线. 单位质量的晶体熔解所需要吸收的热量，称为熔解热.

升华曲线是固相和气相的分界线. 单位质量的物质升华时所吸收的热量，称为升华热.

$$三相点：l_{升华}=l_{熔解}+l_{汽化}.$$

问题与讨论

问题 1 如何理解内能、功和热量的概念?

答 内能是状态量，它是系统的单值函数. 对于理想气体，内能仅是温度的函数. 内能的增量只与系统初始和终了的状态有关，与系统状态变化的过程无关. 例如：对一定质量的理想气体，其温度由 T_1 变化到 T_2，无论其是通过等体过程、等压过程还是绝热过程，抑或是非平衡过程，内能的改变量都是一样的，都可以通过公式 $\Delta E=\dfrac{m}{M}C_{V,\mathrm{m}}(T_2-T_1)$ 计算.

功是过程量. 它不仅与系统的初态和终态有关，也与经历的过程有关. 过程不同，系统对外界做的功也就不同. 就准静态过程而言，由于过程可由 p-V 图上的一条曲线表示，因此只要知道描述过程进行的过程方程，即 p 随 V 变化的函数关系式，由积分式 $\int p\mathrm{d}V$ 就可以求出系统做功的大小，其值对应于曲线下的面积. 当系统经历的过程不同时，对应的 p-V 图上的曲线形状也就不同，由此不难理解功和过程有关的道理.

热量也是过程量. 绝热过程没有热量交换，而等体和等压过程中的热量计算也有区别. 如 1 mol 理想气体，温度升高 1 K，等体和等压过程吸热就分别为 $C_{V,m}$ 和 $C_{p,m}$，两者的差 $C_{p,m}-C_{V,m}=R$.

内能和功、热量的关系由热力学第一定律给出：

$$\mathrm{d}Q=\mathrm{d}E+\mathrm{d}W.$$

因此，若想改变系统的内能，既可热传递，亦可通过做功实现.

问题 2 如何理解热力学第二定律?

答 热力学第二定律指出了过程进行的方向. 它说明不一定满足能量守恒的过程都能实现，自然界一切自发的过程都是有方向性的，即凡是涉及热现象的过程都是不可逆过程. 值得一提的是，不可逆过程不是不能向相反的方向进行的过程，而是指不可逆过程所产生的效果，不论用何种方法都不能使外界和系统同时复原.

热力学中一个基本的现象是趋向平衡态，这是一个显著的不可逆过程. 从而热传导、气体的自由膨胀和气体扩散都是典型的不可逆过程. 摩擦生热也是不可逆过程的典型例子，因此凡是涉及摩擦现象的过程都是不可逆过程.

热力学第二定律的开尔文表述和克劳修斯表述，均对应于一个不可逆过程. 自然界中不可逆过程的种类是无穷的，因此热力学第二定律在原则上可以有多种不同的表达方式.

典型例题分析

例 1 有 0.1 kg 的水蒸气，从 120 ℃加热升温到 140 ℃，求：在等体过程和在等压过程中各吸收了多少热量？根据实验测定，水蒸气的定压摩尔热容 $C_{p,m}=36.21\ \mathrm{J\cdot mol^{-1}\cdot K^{-1}}$，定体摩尔热容 $C_{V,m}=27.82\ \mathrm{J\cdot mol^{-1}\cdot K^{-1}}$.

解 (1) 在等体过程中吸收的热量为

$$Q_V=\Delta E=\frac{m}{M}C_{V,m}(T_2-T_1)=3.1\times10^3\ \mathrm{J}.$$

(2) 在等压过程中吸收的热量为

$$Q_p=\Delta E+\int p\mathrm{d}V=\frac{m}{M}C_{p,m}(T_2-T_1)=4\times10^3\ \mathrm{J}.$$

例 2 一气缸内盛有 1 mol 温度为 27 ℃，压强为 1.013×10^5 Pa 的氮气(视作刚性双原子分子的理想气体). 先使它等压膨胀到原来体积的两倍，再等体升压使其压强变为 2.026×10^5 Pa，最后使它等温膨胀到压强为 1.013×10^5 Pa. 求：氮气在全部过程中对外做的功，吸收的热量及其内能的变化.（摩尔气体常

量 $R=8.31\ J\cdot mol^{-1}\cdot K^{-1}$)

解 该氮气系统经历的全部过程如图 6-2 所示.设初态的压强为 p_0、体积为 V_0、温度为 T_0,而终态压强为 p_0、体积为 V、温度为 T.

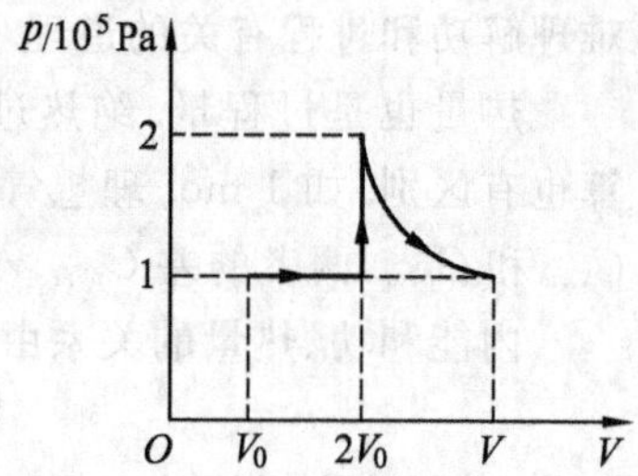

图 6-2

在全部过程中氮气对外所做的功

$$W=W(\text{等压})+W(\text{等温}).$$

其中,

$$W(\text{等压})=p_0(2V_0-V_0)=RT_0,$$

$$W(\text{等温})=4p_0V_0\ln(2p_0/p_0)$$

$$=4p_0V_0\ln 2=4RT_0\ln 2,$$

所以 $$W=RT_0+4RT_0\ln 2=9.41\times10^3\ J.$$

氮气内能改变

$$\Delta E=C_{V,m}(T-T_0)=\frac{5}{2}R(4T_0-T_0)=1.87\times10^4\ J.$$

氮气在全部过程中吸收的热量

$$Q=\Delta E+W=2.81\times10^4\ J.$$

例 3 如图 6-3 所示,$abcda$ 为 1 mol 单原子分子理想气体的循环过程.

(1) 求气体循环一次,从外界吸收的热量;

(2) 求气体循环一次对外做的净功;

(3) 证明:在 $abcd$ 四态,气体的温度有 $T_aT_c=T_bT_d$.

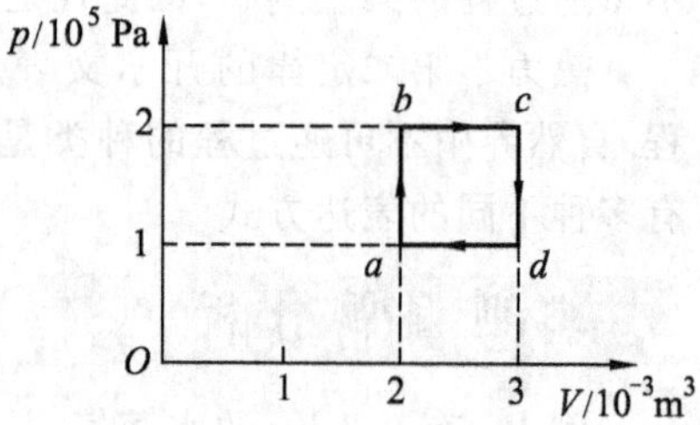

图 6-3

解 (1) 过程 ab 与 bc 为吸热过程,吸热总和为

$$Q_1=C_{V,m}(T_b-T_a)+C_{p,m}(T_c-T_b)$$

$$=\frac{3}{2}(p_bV_b-p_aV_a)+\frac{5}{2}(p_cV_c-p_bV_b)$$

$$=800\ J.$$

(2) 循环过程对外所做的净功为图中矩形面积

$$W=p_b(V_c-V_b)-p_d(V_d-V_a)=100\ J.$$

(3) 因为 $T_a=p_aV_a/R, T_c=p_cV_c/R, T_b=p_bV_b/R, T_d=p_dV_d/R$,所以

$$T_aT_c=\frac{p_aV_ap_cV_c}{R^2}=\frac{12\times10^4}{R^2},$$

$$T_bT_d=\frac{p_bV_bp_dV_d}{R^2}=\frac{12\times10^4}{R^2},$$

因此
$$T_aT_c=T_bT_d.$$

例 4　一定量的某种理想气体进行如图 6-4 所示的循环过程. 已知气体在状态 A 的温度为 $T_A=300\ \text{K}$,求:

(1) 气体在状态 B,C 的温度;

(2) 各过程中气体对外所做的功;

(3) 经过整个循环过程,气体从外界吸收的总热量(各过程吸热的代数和).

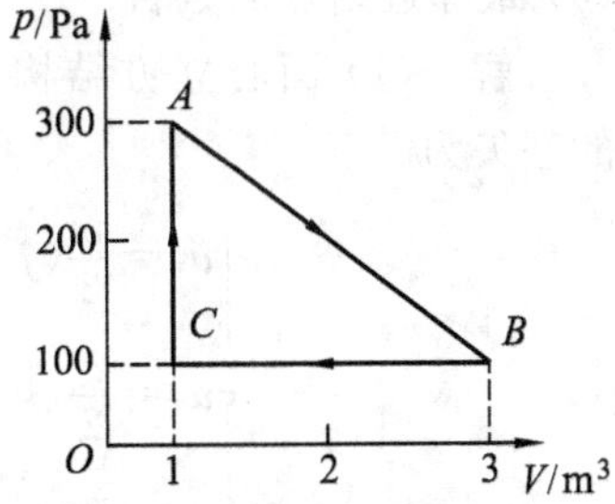

图 6-4

解　由图 6-4 可知,$p_A=300\ \text{Pa}$,$p_B=p_C=100\ \text{Pa}$;$V_A=V_C=1\ \text{m}^3$,$V_B=3\ \text{m}^3$.

(1) $C\rightarrow A$ 为等体过程,根据方程 $p_A/T_A=p_C/T_C$ 得

$$T_C=T_Ap_C/p_A=100\ \text{K}.$$

$B\rightarrow C$ 为等压过程,根据方程 $V_B/T_B=V_C/T_C$ 得

$$T_B=T_CV_B/V_C=300\ \text{K}.$$

(2) 各过程中气体所做的功分别为

$A\rightarrow B$: $W_1=\frac{1}{2}(p_A+p_B)(V_B-V_C)=400\ \text{J}$.

$B\rightarrow C$: $W_2=p_B(V_C-V_B)=-200\ \text{J}$.

$C\rightarrow A$: $W_3=0$.

(3) 整个循环过程中气体所做总功为

$$W=W_1+W_2+W_3=200\ \text{J}.$$

因为循环过程气体内能增量为 $\Delta E=0$,因此该循环中气体总吸热

$$Q=W+\Delta E=200\ \text{J}.$$

例 5　一卡诺循环的热机,高温热源温度是 400 K. 每一循环从此热源吸进 100 J 热量,并向一低温热源放出 80 J 热量. 求:

(1) 低温热源温度;

(2) 此循环的热机效率.

解　(1) 对卡诺循环有

$$T_1/T_2=Q_1/Q_2.$$

因此低温热源的温度

$$T_2=T_1Q_2/Q_1=320\ \text{K}.$$

(2) 热机效率

$$\eta=1-\frac{Q_2}{Q_1}=20\%.$$

例 6 立方点阵的点阵常数为 a,在面心立方点阵情形下,求:(1) 原胞的体积;(2) 立方点阵包含的结点数;(3) 原胞的结点数;(4) 最邻近结点间距离;(5) 最邻近结点的数目.

解 (1) 面心立方结构如图 6-5 所示,其原胞的基矢为

$$\begin{cases} \boldsymbol{a}_1=\dfrac{a}{2}(\boldsymbol{j}+\boldsymbol{k}), \\ \boldsymbol{a}_2=\dfrac{a}{2}(\boldsymbol{k}+\boldsymbol{i}), \\ \boldsymbol{a}_3=\dfrac{a}{2}(\boldsymbol{i}+\boldsymbol{j}). \end{cases}$$

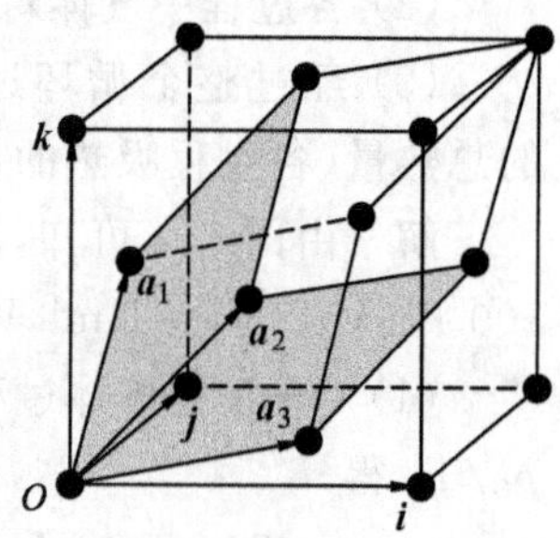

图 6-5

由此可以得到原胞的体积为

$$V=\boldsymbol{a}_1\cdot(\boldsymbol{a}_2\times\boldsymbol{a}_3)=\frac{a^3}{4}.$$

(2) 面心立方顶点上每一结点为八个面心立方所共有,只有八分之一属于面心立方.面心立方共八个顶点,因此总共有一个结点属于面心立方.面心上结点为两个面心立方所共有,只有二分之一属于面心立方.面心立方共六个面心结点,因此总共有三个结点属于面心立方.面心立方的结点数为这两项之和,所以面心立方的结点数为 4.

(3) 面心立方的结点数为 4,而原胞体积占了面心立方体积的 1/4,所以原胞的结点数为 1.

(4) 顶点上结点和面心上结点是最邻近结点.取顶点坐标为(0,0,0),其邻近一面心结点坐标为$\left(\frac{a}{2},\frac{a}{2},0\right)$,则最邻近结点间距离为

$$d=\sqrt{\left(\frac{a}{2}\right)^2+\left(\frac{a}{2}\right)^2}=\frac{\sqrt{2}}{2}a.$$

(5) 从一个顶角来看,它有三个最近邻,每个最近邻原子又和与它相邻的面心立方共用一个原子,一个顶角周围有 8 个这样的面心立方,所以 $3\times8\times\frac{1}{2}=12$.面心立方最近邻结点(原子)数目为 12.

例 7 已知冰的熔解热为 $3.34\times10^5\ \mathrm{J\cdot kg^{-1}}$,冰的比容为 $1.0905\times10^{-3}\ \mathrm{m^3\cdot kg^{-1}}$,水的比容为 $1.000\times10^{-3}\ \mathrm{m^3\cdot kg^{-1}}$.要使冰的熔点降低 1 K,需要增加多大的压强?

解

$$\frac{dp}{dT}=\frac{l}{T(v_2-v_1)}=\frac{3.34\times10^5}{273.15\times(10^{-3}-1.0905\times10^{-3})}=-1.35\times10^7\ \text{Pa}\cdot\text{K}^{-1}.$$

所以冰的熔点降低 1 K,需要增加 1.35×10^7 Pa 的压强.

本章自测

一、选择题

1. 热力学第一定律表明:________.

(A) 系统对外做的功不可能大于系统从外界吸收的热量

(B) 系统内能的增量等于系统从外界吸收的热量

(C) 不可能存在这样的循环过程,在此循环过程中,外界对系统做的功不等于系统传给外界的热量

(D) 热机的效率不可能等于 1

2. 如图 6-6 所示,当气缸中的活塞迅速向外移动从而使气体膨胀时,气体所经历的过程________.

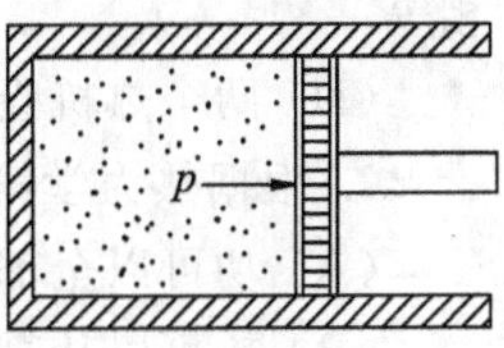

图 6-6

(A) 是平衡过程,它能用 p-V 图上的一条曲线表示

(B) 不是平衡过程,但它能用 p-V 图上的一条曲线表示

(C) 不是平衡过程,它不能用 p-V 图上的一条曲线表示

(D) 是平衡过程,但它不能用 p-V 图上的一条曲线表示

3. 一物质系统从外界吸收一定的热量,则________.

(A) 系统的内能一定增加

(B) 系统的内能一定减少

(C) 系统的内能一定保持不变

(D) 系统的内能可能增加,也可能减少或保持不变

4. 用公式$\Delta E=\frac{m}{M}C_{V,m}\Delta T$计算理想气体内能增量时,此式________.

(A) 只适用于准静态的等体过程

(B) 只适用于一切等体过程

(C) 只适用于一切准静态过程

(D) 适用于一切始末态为平衡态的过程

5. 如图 6-7 所示，一定量的理想气体，沿着图中直线从状态 a（压强 $p_1=4\times10^5$ Pa，体积 $V_1=2$ L）变到状态 b（压强 $p_2=2\times10^5$ Pa，体积 $V_2=4$ L）. 则在此过程中，________.

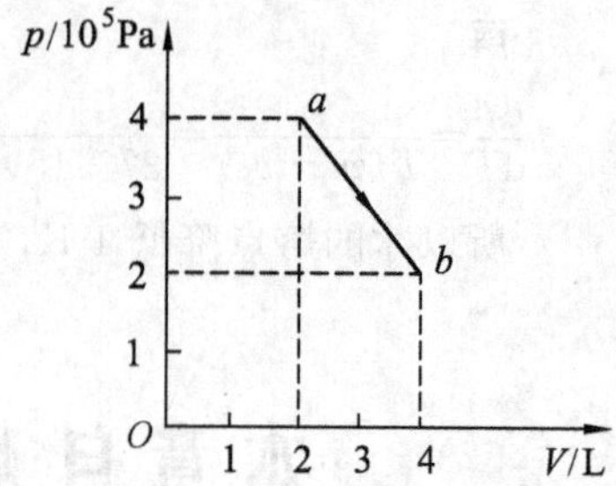

图 6-7

(A) 气体对外做正功，向外界放出热量

(B) 气体对外做正功，从外界吸热

(C) 气体对外做负功，向外界放出热量

(D) 气体对外做正功，内能减少

6. 两个卡诺热机的循环曲线如图 6-8 所示，一个工作在温度为 T_1 与 T_3 的两个热源之间，另一个工作在温度为 T_2 与 T_3 的两个热源之间. 已知这两个循环曲线所包围的面积相等. 由此可知，________.

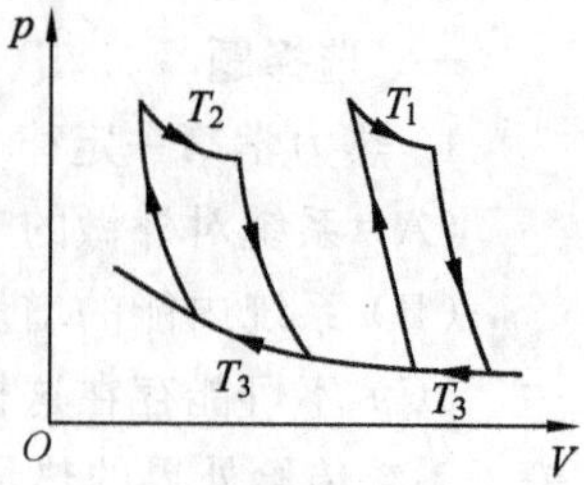

图 6-8

(A) 两个热机的效率一定相等

(B) 两个热机从高温热源吸收的热量一定相等

(C) 两个热机向低温热源放出的热量一定相等

(D) 两个热机吸收的热量与放出的热量（绝对值）的差值一定相等

7. 根据热力学第二定律可知，________.

(A) 功可以全部转换为热，但热不能全部转换为功

(B) 热可以从高温物体传到低温物体，但不能从低温物体传到高温物体

(C) 不可逆过程就是不能向相反方向进行的过程

(D) 一切自发过程都是不可逆的

8. 关于可逆过程和不可逆过程的判断：

(1) 可逆热力学过程一定是准静态过程

(2) 准静态过程一定是可逆过程

(3) 不可逆过程就是不能向相反方向进行的过程

(4) 凡有摩擦的过程，一定是不可逆过程

以上四种判断，其中正确的是________.

(A) (1)、(2)、(3)　　(B) (1)、(2)、(4)

(C) (2)、(4)　　(D) (1)、(4)

9. 区分晶体和非晶体的宏观标志为________.

(A) 有无确定的熔点　　(B) 有无规则的几何外形

(C) 是否各向异性　　(D) 以上三点都是

10. 在凹形球状液面的情形下，由于表面张力的存在，液面内外产生的附加压强差为________.

(A) $-\frac{4\sigma}{R}$　　(B) $-\frac{2\sigma}{R}$

(C) $\frac{2\sigma}{R}$　　(D) $\frac{4\sigma}{R}$

11. 西藏地区海拔高，关于西藏地区的气压与水的沸点，下列说法正确的是________.

(A) 气压低、水的沸点高　　(B) 气压高、水的沸点高

(C) 气压低、水的沸点低　　(D) 气压高、水的沸点低

12. 下列措施中，为了加快蒸发的是________.

(A) 酒精灯不用时盖上灯帽

(B) 将湿衣服展开后晾在向阳、通风处

(C) 用保鲜袋装蔬菜放入冰箱

(D) 春季植树时剪除大量枝叶

二、填空题

1. 某理想气体等温压缩到给定体积时外界对气体做功$|W_1|$，又经绝热膨胀返回原来体积时气体对外做功$|W_2|$，则整个过程中气体

(1) 从外界吸收的热量 $Q=$________；

(2) 内能增加了 $\Delta E=$________.

2. 如图 6-9 所示，一定量的理想气体经历 $a \to b \to c$ 过程，在此过程中气体从外界吸收热量 Q，系统内能变化 ΔE，请在以下空格内填上 >0 或 <0 或 $=0$：Q________，ΔE________.

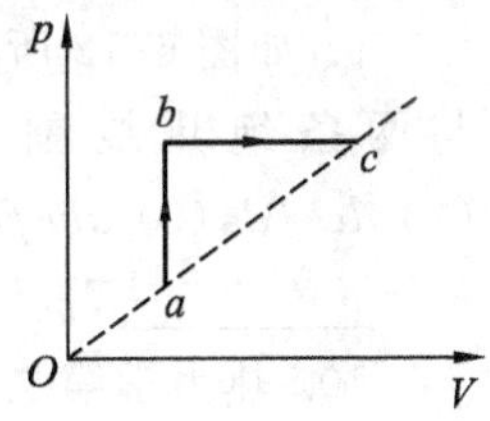

图 6-9

3. 将热量 Q 传给一定量的理想气体，

(1) 若气体的体积不变，则热量用于________；

(2) 若气体的温度不变，则热量用于________；

(3) 若气体的压强不变，则热量用于________.

4. 一气缸内贮有 10 mol 的单原子分子理想气体，在压缩过程中外界做功 209 J，气体升温 1 K，此过程中气体内能增量为________J，外界传给气体的热量为________J. (摩尔气体常量 $R=8.31\ \mathrm{J \cdot mol^{-1} \cdot K^{-1}}$)

5. 一定量理想气体，从 A 状态 $(2p_1, V_1)$ 经历如图 6-10 所示的直线过程变到 B 状态 $(2p_1, V_2)$，则 AB 过程中系统做功 $W=$________；内能改变 $\Delta E=$________.

6. 如图 6-11 所示，已知图中画不同斜线的两部分的面积分别为 S_1 和 S_2，那么

(1) 如果气体的膨胀过程为 $a\to1\to b$，则气体对外做功 $W=$__________.

(2) 如果气体进行 $a\to2\to b\to1\to a$ 的循环过程，则它对外做功 $W=$__________.

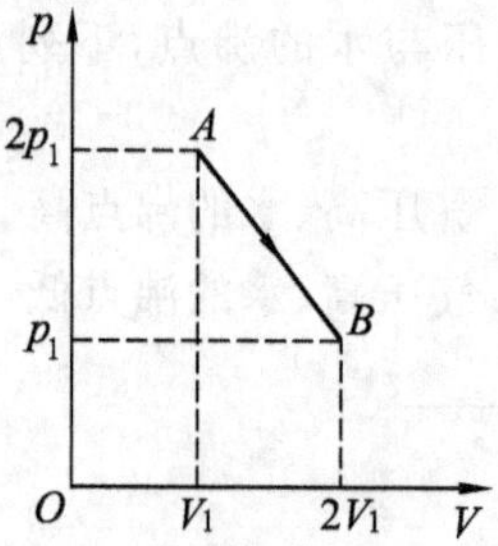

图 6-10

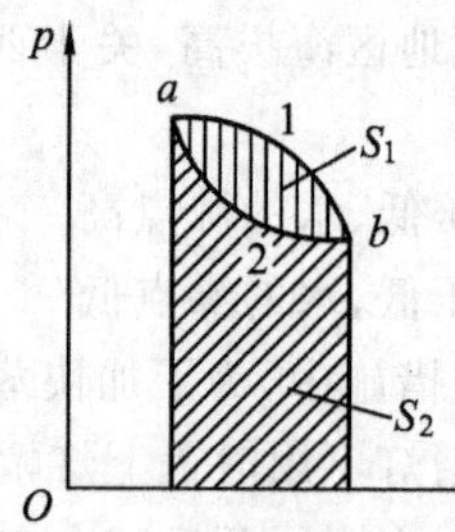

图 6-11

7. 一热机从温度为 727 ℃的高温热源吸热，向温度为 527 ℃的低温热源放热. 若热机在最大效率下工作，且每一循环吸热 2 000 J，则此热机每一循环做功__________ J.

8. 一卡诺热机(可逆的)，低温热源的温度为 27 ℃，热机效率为 40%，其高温热源温度为__________ K. 今欲将该热机效率提高到 50%，若低温热源保持不变，则高温热源的温度应增加__________ K.

9. 如图 6-12 所示，温度为 T_0，$2T_0$，$3T_0$ 三条等温线与两条绝热线围成三个卡诺循环：(1) $abcda$，(2) $dcefd$，(3) $abefa$，其效率分别为：$\eta_1=$__________，$\eta_2=$__________，$\eta_3=$__________.

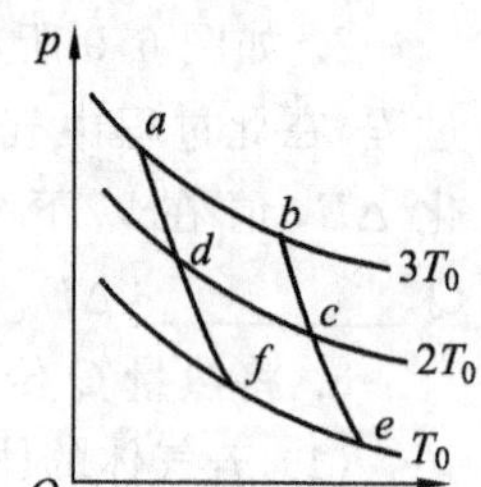

图 6-12

10. 热力学第二定律的开尔文表述和克劳修斯表述是等价的，表明在自然界中与热现象有关的实际宏观过程都是不可逆的，开尔文表述指出了__________的过程是不可逆的，而克劳修斯表述指出了__________的过程是不可逆的.

11. 晶体按结合力的不同可以分为五类，相应地有五种化学键，它们是__________、__________、__________、__________和__________.

12. 液体微观结构具有__________、__________的特点.

13. 设有一个在 1.013×10^5 Pa 的大气中吹成的、半径为 0.01 m 的球形泡. 已知泡膜的表面张力系数 $\sigma=0.05\ \mathrm{N\cdot m^{-1}}$，则当周围的大气压强等于__________ Pa 时，可使泡的半径在等温条件下增大为 0.02 m.

14. 单元系一级相变的普遍特征是相变时有________和________.

15. 在大气压 $p_0=1.013\times10^5$ Pa 下，有 5 kg 酒精沸腾变为蒸气. 已知酒精蒸气的比容为 $0.607\ m^3\cdot kg^{-1}$，酒精的比容和酒精蒸气比容相比可以忽略不计. 酒精的汽化热为 $8.63\times10^5\ J\cdot kg^{-1}$，则酒精内能的变化量为________ J.

16. 水在标准大气压下的沸点为 373.15 K. 实验测得，在该情况下水的汽化热 $l=5.391\ 4\times10^2\ kcal\cdot kg^{-1}$，而水蒸气的比容 $v_2=1.673\ m^3\cdot kg^{-1}$，水的比容 $v_1=1.043\ 46\times10^{-3}\ m^3\cdot kg^{-1}$. 则该情况下沸点随压强的变化率为________ $K\cdot Pa^{-1}$. (1 cal=4.18 J)

三、计算题

1. 温度为 25 ℃、压强为 1.013×10^5 Pa 的 1 mol 刚性双原子分子理想气体，经等温过程体积膨胀至原来的 3 倍. (摩尔气体常量 $R=8.31\ J\cdot mol^{-1}\cdot K^{-1}$，$\ln 3=1.098\ 6$)

(1) 计算这个过程中气体对外所做的功；

(2) 假若气体经绝热过程体积膨胀为原来的 3 倍，那么气体对外做的功又是多少？

2. 1 mol 双原子分子理想气体从状态 $A(p_1,V_1)$ 沿 p-V 图 6-13 所示的直线变化到状态 $B(p_2,V_2)$，试求：

(1) 气体的内能增量；

(2) 气体对外界所做的功；

(3) 气体吸收的热量.

3. 如图 6-14 所示，系统从状态 A 沿 ABC 变化到状态 C 的过程中，外界有 326 J 的热量传递给系统，同时系统对外做功 126 J. 当系统从状态 C 沿另一曲线 CA 返回到状态 A 时，外界对系统做的功为 52 J，则此过程中系统是吸热还是放热？传递的热量是多少？

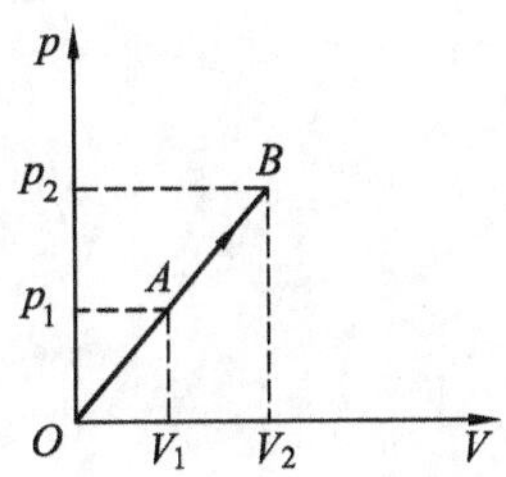

图 6-13

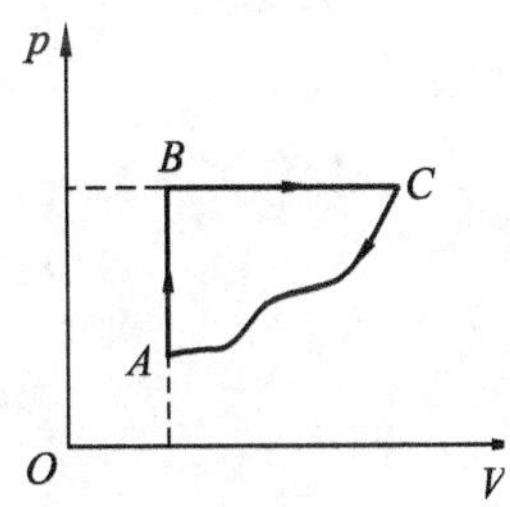

图 6-14

4. 一定量的理想气体在标准状态下体积为 $0.01\ m^3$，求下列过程中(见图 6-15)气体吸收的热量：

(1) 等温膨胀到体积为 0.02 m^3；

(2) 先等体冷却，再等压膨胀到(1)中所到达的终态.

(设气体的 $C_{V,m}=5R/2$.)

5. 比热容比 $\gamma=1.40$ 的理想气体进行如图 6-16 所示的循环. 已知状态 A 的温度为 300 K. 求：

(1) 状态 B,C 的温度；

(2) 每一过程中气体所吸收的净热量.

(摩尔气体常量 $R=8.31\ J\cdot mol^{-1}\cdot K^{-1}$)

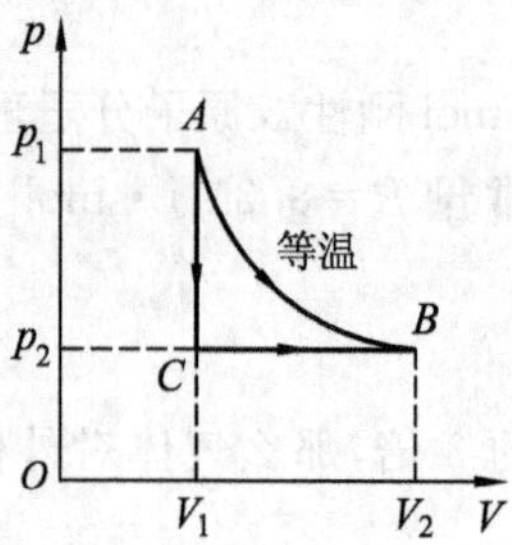

图 6-15

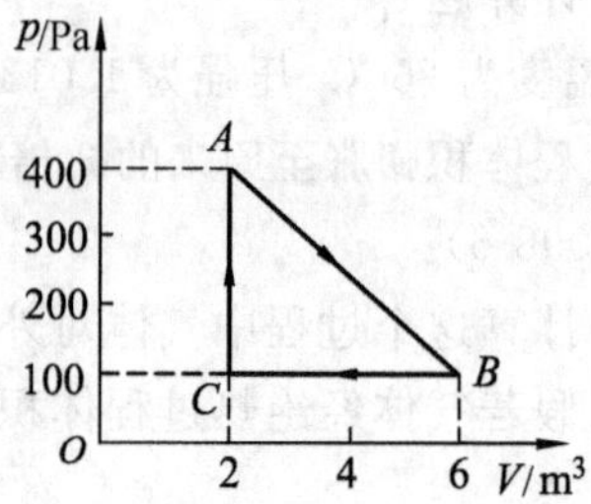

图 6-16

6. 0.32 kg 的氧气作如图 6-17 所示的 $ABCDA$ 循环, $V_2=2V_1$, $T_1=300$ K, $T_2=200$ K, 求循环效率.

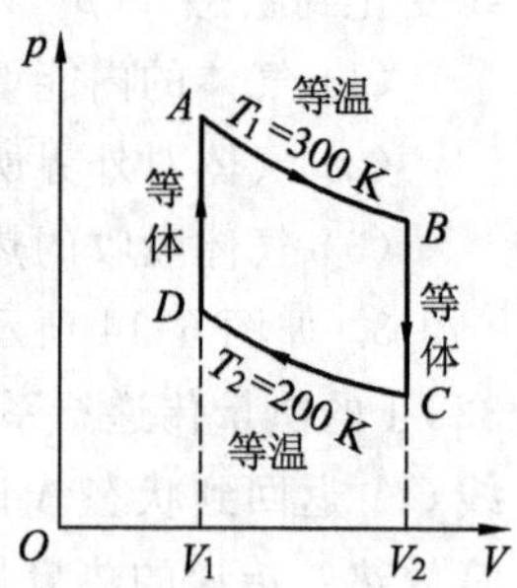

图 6-17

7. 立方点阵的点阵常数为 a，在体心立方点阵情形下，求：(1) 原胞的体积；(2) 立方点阵包含的结点数；(3) 原胞的结点数；(4) 最邻近结点间距离；(5) 最邻近结点的数目.

第7章

静电场中的导体与电介质

学习基本要求

（1）掌握静电平衡的条件，会计算导体处于静电平衡时的电荷、电势、电场分布.

（2）了解电介质的极化机理，掌握电位移矢量和电场强度的关系，理解电介质中的高斯定理，并会用它来计算电介质中对称电场的电场强度.

（3）掌握电容器的电容，能计算常见电容器的电容，掌握电容器串并联的相关计算，了解常用的电容器.

（4）理解电场能量密度的概念，掌握电场能量的计算.

基本定律和基本方法

1. 静电平衡条件

从电场强度的角度描述：导体内部任何一点处的电场强度为零；导体表面处的电场强度的方向都与导体表面垂直.

从电势的角度描述：导体是等势体；导体表面是等势面.

2. 静电平衡时的导体

（1）当导体处于静电平衡时，所带的电荷都分布在导体的表面上，导体的内部各处净电荷为零.

（2）当导体达到静电平衡时，带电导体表面附近的电场强度与表面的电荷面密度成正比.

（3）孤立导体的面电荷密度与导体表面的曲率有关.

（4）空腔导体.

空腔内无电荷：电荷 Q 分布在外表面上（内表面无电荷）.

空腔内有电荷：当空腔内有电荷 $+q$ 时，内表面因静电感应出现等值异号的电荷$-q$，外表面有感应电荷$+q$（电荷守恒），假使导体本身带有电荷Q，那么此时外表面总的电荷就是$Q+q$.

3. 有电介质时的高斯定理

(1) 电介质的极化：电介质通常是指不导电的绝缘介质，内部没有可自由移动的电荷，但是在外电场的作用下，它内部的正负电荷仍可做微观的相对移动，从而使电介质内部或表面出现带电现象.

如果在带电体的周围充满均匀的各向同性的电介质，则电介质内的场强仅为真空时场强E_0的$\frac{1}{\varepsilon_r}$倍.

(2) 电介质中的高斯定理.

$$\oint \boldsymbol{D} \cdot \mathrm{d}\boldsymbol{s} = \sum q.$$

$\boldsymbol{D}$称为电位移，

$$\boldsymbol{D} = \varepsilon_0 \varepsilon_r \boldsymbol{E} = \varepsilon \boldsymbol{E}.$$

在国际单位制中，电位移$\boldsymbol{D}$的单位是库·米$^{-2}$（$\mathrm{C \cdot m^{-2}}$）.

(3) 高斯定理应用的基本步骤.

① 根据带电体的形状分析电位移矢量的对称性，选择合适的高斯面.

② 求出对应的高斯面内的电荷的代数和.

③ 应用介质中的高斯定理，把积分$\oint \boldsymbol{D} \cdot \mathrm{d}\boldsymbol{S}$中的$\boldsymbol{D}$以标量的形式从积分号中提出来，求出$\boldsymbol{D}$的分布.

④ 根据$\boldsymbol{E} = \frac{\boldsymbol{D}}{\varepsilon_0 \varepsilon_r}$，求出$\boldsymbol{E}$.

(4) 掌握电介质中几种典型带电体的电位移矢量和电场强度.

4. 导体的电容及电容器

(1) 电容定义.

孤立导体的电容

$$C = \frac{Q}{V}.$$

电容器的电容

$$C = \frac{Q}{V_A - V_B} = \frac{Q}{U}.$$

(2) 电容的求解思路：

设两个极板分别带有电量$+Q$和$-Q$，根据高斯定理求出板间的场强$\boldsymbol{E}$.

根据电势差的定义，由$\boldsymbol{E}$求两极板的电势差：

$$U_{AB}=V_A-V_B=\int_A^B \boldsymbol{E}\cdot d\boldsymbol{l}.$$

由电容的定义式得出

$$C=\frac{Q}{V_A-V_B}=\frac{Q}{U}.$$

(3) 典型电容器及其电容.

平行板电容器:两块彼此靠得很近的平行金属板,金属板的面积为 S,两极板内侧距离为 d,极板内充满相对电容率为 ε_r 的各向同性均匀电介质.电容为

$$C=\frac{\varepsilon_0\varepsilon_r S}{d}.$$

球形电容器:由两个同心放置的金属球壳组成,内外球壳的半径分别为 R_A 和 R_B,两球壳间充满相对电容率为 ε_r 的各向同性均匀电介质.

球形电容器的电容为

$$C=4\pi\varepsilon_0\varepsilon_r\frac{R_AR_B}{R_B-R_A}.$$

圆柱形电容器:由两块彼此靠得很近的同轴金属圆柱面组成,内外柱面的半径分别为 R_1 和 R_2,圆柱高度为 H,圆柱间充满相对电容率为 ε_r 的各向同性均匀电介质.

圆柱形电容器的电容为

$$C=\frac{2\pi\varepsilon_0\varepsilon_r H}{\ln\frac{R_2}{R_1}}.$$

(4) 电容器的并联和串联.

电容器的并联:

$$C=C_1+C_2+C_3.$$

电容器的串联:

$$\frac{1}{C}=\frac{1}{C_1}+\frac{1}{C_2}+\frac{1}{C_3}.$$

5. 电场的能量

(1) 电容器的储能公式:

$$W_e=\frac{1}{2}\frac{Q^2}{C}=\frac{1}{2}QU=\frac{1}{2}CU^2.$$

(2) 能量 w_e(能量密度):

$$w_e=\frac{1}{2}\varepsilon E^2=\frac{1}{2}\frac{D^2}{\varepsilon}=\frac{1}{2}DE.$$

在国际单位制中,电场能量密度 w_e 的单位是 $J\cdot m^{-3}$(焦·米$^{-3}$).

(3) 静电场的能量.

如果该电场是匀强电场,则总能量为

$$W_e = w_e V = \frac{1}{2}\varepsilon E^2 V.$$

如果该电场是非匀强电场,则总能量为

$$W = \int \frac{1}{2}\varepsilon E^2 \mathrm{d}V,$$

式中,$\mathrm{d}V$ 为体积元,积分遍及整个电场空间.

问题与讨论

问题 1 将一电中性的导体放在静电场中,在导体上感应出来的正负电荷量是否一定相等?这时导体是否为等势体?如果在电场中把导体分开为两部分,则一部分导体上带正电,另一部分导体上带负电,这时两部分导体的电势是否相等?

答 将电中性的导体放入静电场之后,导体内的正负电荷将与电场发生相互作用而改变分布,同时改变空间电场的分布;静电感应并没有改变导体的电中性状态,所以,在导体上感应出来的正负电荷量一定相等,这是电荷守恒定律的必然结果.处于静电平衡状态的导体,不再有带电粒子宏观的定向运动,此时的导体是等势体,表面是等势面.将处于静电平衡状态的导体分开为两部分,则意味着原来的静电平衡状态被破坏,一部分导体带正电,而另一部分导体将带负电,重新达到新的平衡状态时,两部分导体的电势不再相等,但每部分仍然是等势体.

问题 2 有一个绝缘的金属筒,上面开了一个小孔,通过小孔放入一用丝线悬挂的带正点的小球,试讨论在下列情形下,金属筒外壁带何种电荷:(1) 小球和筒的内壁不接触;(2) 小球和筒的内壁接触;(3) 小球和筒不接触,但人用手接触了一下筒的外壁,松开手后再把小球移出筒外.

答 (1) 小球和筒的内壁不接触时,由于静电感应,金属筒内壁带等量负电荷,金属筒外壁带等量正电荷.

(2) 小球和筒的内壁接触时,小球与金属筒连为一体,球上电荷全部转移至金属筒外壁,故金属筒外壁将带正电荷.

(3) 用手接触了一下筒的外壁,外壁正电荷全部流入大地,外壁将不带电,再把小球移出筒外,则由于静电平衡,留置于筒内壁的负电荷将全部移至筒外壁,故外壁带负电荷.

问题 3 为什么高压电器设备上金属部件的表面要尽可能不带棱角?

答 当导体达到静电平衡时,带电导体表面附近的电场强度与表面的电荷面密度成正比. 而且孤立导体的面电荷密度与导体表面的曲率有关，高压电器设备上金属部件表面往往积聚着大量的感应电荷，如果有棱角就很容易发生放电损害设备，所以应该尽量避免表面上出现突起或棱角.

问题 4 怎样从物理概念上说明自由电荷和极化电荷的区别?

答 自由电荷是外电场作用下可以自由移动的带电粒子，如导体中，金属原子的最外层电子受原子核电场力小，容易摆脱原子核的束缚成为自由电子，可以“自由”迁移到其他物体之上. 介质分子中，原子核与电子间引力很大，结合精密，电子很难挣脱原子核束缚成为自由电子，但是在外场作用下，正负电荷中心会发生位移或者分子偶极矩沿电场方向排列，从宏观上看，在介质表面或者非均匀介质分界面处就会出现极化电荷，这种极化电荷不可以“自由”迁移至其他物体之上.

问题 5 有两个彼此远离的金属球，一大一小，所带电荷同号等量，问这两个球的电势是否相等? 其电容是否相等? 如果用一根细导线把两球相连接，是否会有电荷流动?

答 两个带电金属球相距很远，可认为彼此无相互作用，都是孤立导体球. 两个球所带电量相等，但电势

$$V_r=\frac{q}{4\pi\varepsilon_0 r},$$

电势与半径成反比，电势不相等. 电容

$$C_r=4\pi\varepsilon_0 r,$$

电容与半径成正比，由于导体球大小不同，所以电容不相同. 用一根细导线把两球相连接时，由于两球间存在电势差，将会有电荷流经导线，直到两球所带电荷量使两球等电势，即达到静电平衡为止.

问题 6 平板电容器如保持电压不变(接上电源)，增大极板间的距离，则极板上的电荷、极板间的电场强度、平板电容器的电容有何变化?

答 平行板电容器

$$C=\frac{\varepsilon_0\varepsilon_r S}{d},$$

如果增大板间距离，则电容变小. 当电压不变时，由于电容变小，则 $C=\frac{Q}{U}$，则极板电荷变少，板间场强 $E=\frac{Q}{\varepsilon_0\varepsilon_r S}$变小.

问题 7 一对相同的电容器，分别串联，并联后连接到相同的电源上，问哪一种情况用手去触及极板较危险? 并说明原因.

答 人体触及带电体时，因存在电势差，带电体通过人体与大地或其他导

体形成电流回路，若通过人体的电流值超过安全电流，则会因电击而引起人体伤害或致命，这就是触电事故；若通过人体的电流值未超过安全电流值，但通电时间较长，也会因电流的热效应等对人体造成伤害，甚至导致死亡. 本题中用手去触及带电容器的危险来自于通过人体的放电电流及其维持的时间，即与所触及的电容器所储存的电场能量有关. 由于 $W_e=\frac{1}{2}CU^2$，接在同一个电源上，电容越大，电场能量越大. 并联电容 $C_{并}=2C_0$，串联电容 $C_{串}=\frac{C_0}{2}$，所以用手去触及并联的电容器的极板时较为危险.

典型例题分析

例 1 如题图 7-1 所示，三块平行的金属板 A，B 和 C，面积均为 200 cm²，A 与 B 相距 4 mm，A 与 C 相距 2 mm，B 和 C 两板均接地，若 A 板所带电量 $Q=3.0\times10^{-7}$ C，忽略边缘效应，求：

(1) B 和 C 上的感应电荷；

(2) A 板的电势（设地面电势为零）.

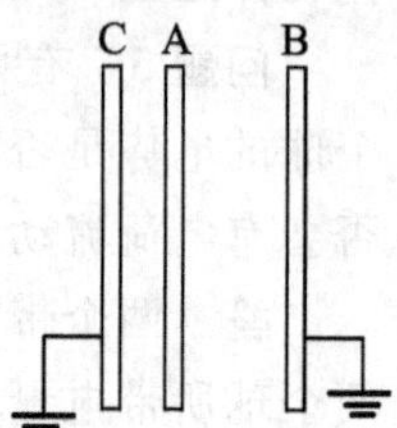

图 7-1

分析 当导体处于静电平衡时，根据静电平衡条件和电荷守恒定律，可以求得导体的电荷分布，又因为 B，C 两板都接地，所以有 $U_{AC}=U_{AB}$.

解 (1) 设 B，C 板上的电荷分别为 q_B，q_C. 因 3 块导体板靠的较近，可将 6 个导体面视为 6 个无限大带电平面. 导体表面电荷分布均匀，且其间的场强方向垂直于导体表面. 作如图 7-2 中虚线所示的圆柱形高斯面. 因导体达到静电平衡后，内部场强为零，故由高斯定理得

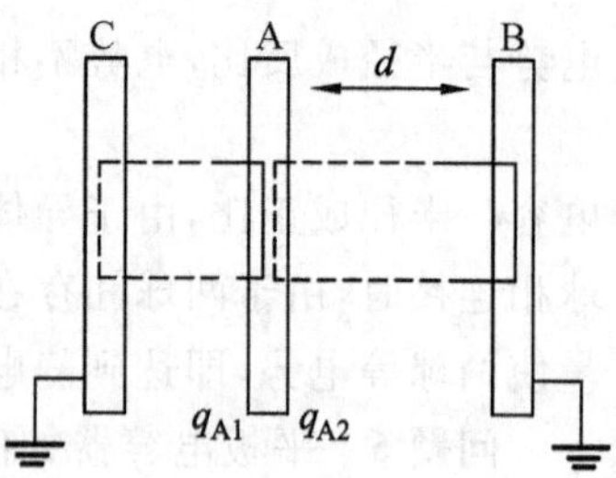

图 7-2

$$q_{A1}=-q_C,$$

$$q_{A2}=-q_B.$$

即

$$q_A=-(q_B+q_C). \quad ①$$

又因为 $U_{AC}=U_{AB}$，而

$$U_{AC}=E_{AC}\cdot\frac{d}{2},$$

$$U_{AB}=E_{AB}\cdot d,$$

所以

$$E_{AC}=2E_{AB}.$$

于是

$$\frac{\sigma_C}{\varepsilon_0}=2\cdot\frac{\sigma_B}{\varepsilon_0}.$$

两边乘以面积 S 可得

$$\frac{S\sigma_C}{\varepsilon_0}=2\cdot\frac{S\sigma_B}{\varepsilon_0},$$

即

$$q_C=2q_B. \tag{②}$$

联立①,②求得

$$q_C=-2\times10^{-7}\text{C},\ q_B=-1\times10^{-7}\text{C}.$$

(2) $U_A=U_{AC}+U_C=U_{AC}=E_{AC}\cdot\frac{d}{2}=\frac{\sigma_C}{\varepsilon_0}\cdot\frac{d}{2}=\frac{q_C}{S\varepsilon_0}\cdot\frac{d}{2}$

$$=\frac{2\times10^{-7}}{200\times10^{-4}\times8.85\times10^{-12}}\times2\times10^{-3}=2.26\times10^3\ \text{V}.$$

例 2 设有两个同心的薄导体球壳 A 与 B(见图 7-3),其半径分别为 $R_1=10$ cm, $R_2=20$ cm,所带电量分别为 $q_1=-4.0\times10^{-8}$C,$q_2=1.0\times10^{-7}$C. 球壳间有两层电介质球壳,内层的相对电容率 $\varepsilon_{r1}=4$,外层的 $\varepsilon_{r2}=2$,它们分界面的半径 $R'=15$ cm,球壳 B 外的电介质为空气,求:

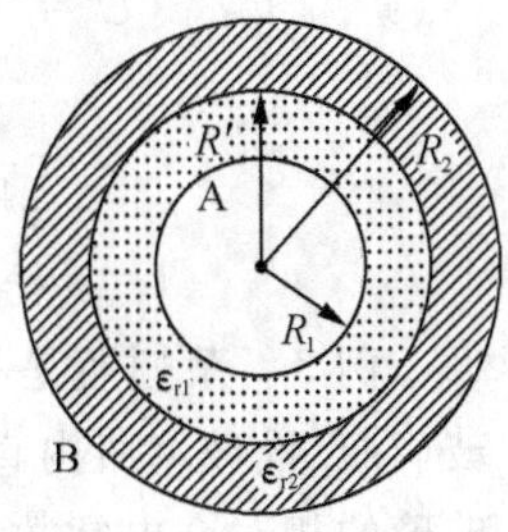

图 7-3

(1) 用字母表示出空间各区域的电位移的分布;

(2) 用字母表示出空间各区域电场强度的分布;

(3) 离球心 30 cm 处的场强;

(4) 两球壳的电势差.

分析 介质中高斯定理的应用. 先由介质中高斯定理求 D,E 的空间分布,然后由电势与场强的关系求电势差.

解 (1) 由于电荷分布呈球对称性,所以 D,E 分布亦呈球对称性,方向沿径向. 由高斯定理可得

$$\oint \boldsymbol{D}\cdot d\boldsymbol{S}=\sum q.$$

$$D4\pi r^2=\sum_i q_i.$$

$$D=\begin{cases}0, & r<R_1,\\ \dfrac{q_1}{4\pi r^2}, & R_1<r<R_2,\\ \dfrac{q_1+q_2}{4\pi r^2}, & r>R_2.\end{cases}$$

(2) 由于 $D=\varepsilon_0\varepsilon_r E$,所以

$$E=\begin{cases}0, & r<R_1. \\ \dfrac{q_1}{4\pi r^2\varepsilon_0\varepsilon_{r1}}, & R_1<r<R', \\ \dfrac{q_1}{4\pi r^2\varepsilon_0\varepsilon_{r2}}, & R'<r<R_2, \\ \dfrac{q_1+q_2}{4\pi r^2\varepsilon_0}, & r>R_2.\end{cases}$$

(3) $r=30\ \text{cm}>R_2$,所以

$$E=\frac{q_1+q_1}{4\pi\varepsilon_0 r^2}=\frac{(-4\times10^{-8}+1\times10^{-7})\times9\times10^9}{0.3^2}=6\times10^3\ \text{V/m}.$$

(4) 由场强与电势的关系可知

$$U=\int_{R_1}^{R_2}E\mathrm{d}r=\int_{R_1}^{R'}\frac{q}{4\pi\varepsilon_0\varepsilon_{r1}r^2}\mathrm{d}r+\int_{R'}^{R_2}\frac{q}{4\pi\varepsilon_0\varepsilon_{r2}r^2}\mathrm{d}r$$

$$=\frac{q}{4\pi\varepsilon_0}\left[\left(\frac{1}{\varepsilon_{r1}R_1}-\frac{1}{\varepsilon_{r1}R'}\right)+\left(\frac{1}{\varepsilon_{r2}R'}-\frac{1}{\varepsilon_{r2}R_2}\right)\right],$$

$$U_{AB}=-600\ \text{V}.$$

例 3 莱顿瓶是早期的一种储电容器,它是一内外贴有金属薄膜的圆柱形玻璃瓶.设玻璃瓶内直径为 8 cm,玻璃厚度为 2 mm,金属膜高度为 40 cm.已知玻璃的相对介电常数为 5.0,其击穿场强是 1.5×10^7 V/m.如果不考虑边缘效应,试计算:

(1) 莱顿瓶的电容值;

(2) 它最多能储存多少电荷?(真空介电常量 $\varepsilon_0=8.85\times10^{-12}\ \text{C}^2\cdot\text{N}^{-1}\cdot\text{m}^{-2}$)

分析 电容的相关知识运用.先由介质中高斯定理求 E 的空间分布,然后由电势与场强的关系求电势差,最后根据电容的定义得出莱顿瓶的电容.

解 (1) 设内、外金属膜圆筒半径分别为 R_1 和 R_2,高度均为 L,其上分别带电荷 $+Q$ 和 $-Q$.则玻璃内的场强为

$$E=\frac{Q}{2\pi\varepsilon_0\varepsilon_r Lr}\ (R_1<r<R_2).$$

内、外筒之间的电势差

$$U=\int_{R_1}^{R_2}\boldsymbol{E}\cdot\mathrm{d}\boldsymbol{r}=\frac{Q}{2\pi\varepsilon_0\varepsilon_r L}\int_{R_1}^{R_2}\frac{\mathrm{d}r}{r}=\frac{Q}{2\pi\varepsilon_0\varepsilon_r L}\ln\frac{R_2}{R_1}.$$

莱顿瓶的电容

$$C=\frac{Q}{U}=\frac{2\pi\varepsilon_0\varepsilon_r L}{\ln\dfrac{R_2}{R_1}}=2.28\times10^{-9}\ \text{F}.$$

(2) 柱形电容器两金属膜之间场强以靠近内膜处场强为最大，令该处场强等于击穿场强，即

$$E(R_1)=\frac{Q}{2\pi\varepsilon_0\varepsilon_r LR_1}=E(\text{击穿}),$$

则
$$Q=2\pi\varepsilon_0\varepsilon_r LR_1E(\text{击穿})=6.67\times10^{-5}\ \mathrm{C}.$$

此即所能储存的最大电荷.

例 4 一个充有各向同性均匀介质的平行板电容器，充电到 1 000 V 后与电源断开，然后把介质从极板间抽出，此时板间电势差升高到 3 000 V. 试求该介质的相对介电常量.

分析 此题考查介质电容的计算，并注意电容器充电后与电源断开意味着电荷保持不变.

解 有介质时的电容

$$C_1=\varepsilon_0\varepsilon_r S/d.$$

其上电荷为

$$Q=C_1U_1=1\,000\varepsilon_0\varepsilon_r S/d,$$

介质抽去后的电容

$$C_2=\varepsilon_0 S/d.$$

因电源断开，其上电荷不变

$$Q=C_2U_2=3\,000\varepsilon_0 S/d.$$

两式相等，即

$$1\,000\varepsilon_0\varepsilon_r S/d=3\,000\varepsilon_0 S/d,$$

得到

$$\varepsilon_r=3.$$

例 5 两个电容器分别标明为 200 pF/500 V 和 300 pF/900 V. 把它们串联起来，等效电容多大？如果两端加上 1 000 V 电压，是否会被击穿？

分析 电容器串并联的计算. 同时注意电容串联时各电容器上电量相等，而总电压等于各自电容上的电压之和.

解 当两个电容串联时，由公式

$$\frac{1}{C}=\frac{1}{C_1}+\frac{1}{C_2}=\frac{C_2+C_1}{C_1C_2},$$

得
$$C=\frac{C_1C_2}{C_1+C_2}=120\ \mathrm{pF}.$$

加上 $U=1\,000$ V 的电压后，带电量为

$$Q=CU.$$

第一个电容器两端的电压为

$$U_1 = Q/C_1 = CU/C_1 = 600\ \text{V}.$$

第二个电容器两端的电压为

$$U_2 = Q/C_2 = CU/C_2 = 400\ \text{V}.$$

由此可知：第一个电容器上的电压超过它的耐压值，因此会被击穿；当第一个电容器被击穿后，两极连在一起，全部电压就加在第二个电容器上，因此第二个电容器也接着被击穿.

例 6 两个同轴的圆柱面，长度均为 l，半径分别为 a，b，柱面之间充满介电常量为 ε 的电介质（忽略边缘效应）. 当这两个导体带有等量异号电荷（$\pm Q$）时，求：

（1）在半径为 $r(a<r<b)$、厚度为 $\mathrm{d}r$、长度为 l 的圆柱薄壳中任一点处，电场能量体密度是多少？整个薄壳层中总能量是多少？

（2）电介质中总能量是多少（由积分算出）？

（3）由电容器能量公式推算出圆柱形电容器的电容公式.

分析 电场能量知识的运用. 其中电场的能量密度

$$w_e = \frac{1}{2}\varepsilon E^2 = \frac{1}{2}\frac{D^2}{\varepsilon} = \frac{1}{2}DE,$$

即求出电场中的电位移，带入公式即可，如果该电场是非匀强电场，则总能量为

$$W = \int \frac{1}{2}\varepsilon E^2\,\mathrm{d}V,$$

式中，$\mathrm{d}V$ 为体积元，积分遍及整个电场空间.

解 （1）圆柱形内柱面的电荷线密度为

$$\lambda = Q/l,$$

根据介质是高斯定理，可知电位移为

$$D = \frac{\lambda}{2\pi r} = \frac{Q}{2\pi r l},$$

场强为

$$E = \frac{D}{\varepsilon} = \frac{Q}{2\pi\varepsilon r l}.$$

能量密度为

$$w = \boldsymbol{D}\cdot\frac{\boldsymbol{E}}{2} = \frac{DE}{2} = \frac{Q^2}{8\pi^2\varepsilon r^2 l^2}.$$

薄壳的体积为

$$\mathrm{d}V = 2\pi r l\,\mathrm{d}r,$$

能量为

$$\mathrm{d}W = w\,\mathrm{d}V = \frac{Q^2\,\mathrm{d}r}{4\pi\varepsilon l r}.$$

(2) 电介质中总能量为

$$W=\int_V \mathrm{d}W=\int_a^b \frac{Q^2}{4\pi\varepsilon l r}\mathrm{d}r=\frac{Q^2}{4\pi\varepsilon l}\ln\frac{b}{a}.$$

(3) 由公式 $W=\dfrac{Q^2}{2C}$得电容为

$$C=\frac{Q^2}{2W}=\frac{2\pi\varepsilon l}{\ln\dfrac{b}{a}}.$$

本章自测

一、选择题

1. 半径分别为 R 和 r 的两个金属球，相距很远. 用一根细长导线将两球连接在一起并使它们带电. 在忽略导线的影响下，两球表面的电荷面密度之比 σ_R/σ_r 为________.

(A) R/r　　(B) R^2/r^2

(C) r^2/R^2　　(D) r/R

2. 三块互相平行的导体板，相互之间的距离 d_1 和 d_2 比板面积线度小得多，外面二板用导线连接. 中间板上带电，设左右两面上电荷面密度分别为 σ_1 和 σ_2，如图 7-4 所示. 则比值 σ_1/σ_2 为________.

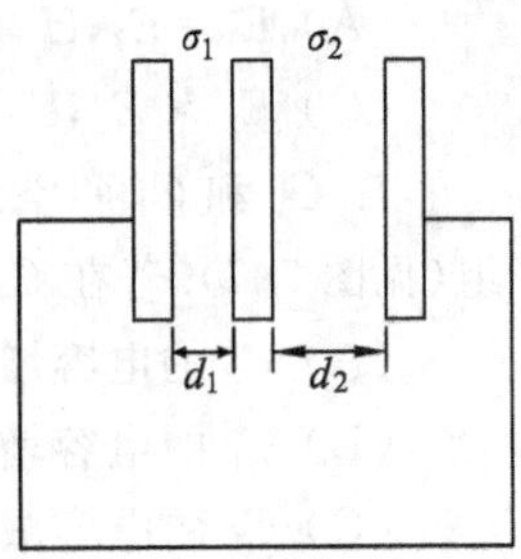

图 7-4

(A) d_1/d_2　　(B) d_2/d_1

(C) 1　　(D) d_2^2/d_1^2

3. A,B 为两导体大平板，面积均为 S，平行放置，如图 7-5 所示. A 板带电荷 $+Q_1$，B 板带电荷 $+Q_2$，如果使 B 板接地，则 AB 间电场强度的大小 E 为________.

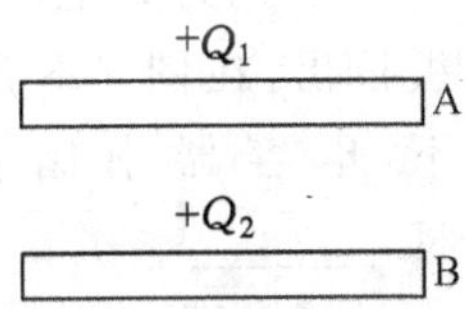

图 7-5

(A) $\dfrac{Q_1}{2\varepsilon_0 S}$　　(B) $\dfrac{Q_1-Q_2}{2\varepsilon_0 S}$

(C) $\dfrac{Q_1}{\varepsilon_0 S}$　　(D) $\dfrac{Q_1+Q_2}{2\varepsilon_0 S}$

4. 在静电场中做闭合曲面 S，若有 $\oint_S \boldsymbol{D}\cdot \mathrm{d}\boldsymbol{S}=0$（式中 $\boldsymbol{D}$ 为电位移矢量），则 S 面内必定________.

(A) 既无自由电荷,也无束缚电荷

(B) 没有自由电荷

(C) 自由电荷和束缚电荷的代数和为零

(D) 自由电荷的代数和为零

5. 在一点电荷 q 产生的静电场中,一块电介质如图 7-6 放置,以点电荷所在处为球心作一球形闭合面 S,则对此球形闭合面,________.

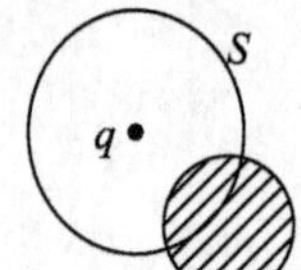

图 7-6

(A) 高斯定理成立,且可用它求出闭合面上各点的场强

(B) 高斯定理成立,但不能用它求出闭合面上各点的场强

(C) 由于电介质不对称分布,高斯定理不成立

(D) 即使电介质对称分布,高斯定理也不成立

6. 设有一个带正电的导体球壳. 当球壳内充满电介质、球壳外是真空时,球壳外一点的场强大小和电势用 E_1, U_1 表示;而球壳内、外均为真空时,壳外一点的场强大小和电势用 E_2, U_2 表示,则两种情况下壳外同一点处的场强大小和电势大小的关系为________.

(A) $E_1=E_2, U_1=U_2$　　(B) $E_1=E_2, U_1>U_2$

(C) $E_1>E_2, U_1>U_2$　　(D) $E_1<E_2, U_1<U_2$

7. C_1 和 C_2 两空气电容器,把它们串联成一电容器组(见图 7-7). 若在 C_1 中插入一电介质板,则________.

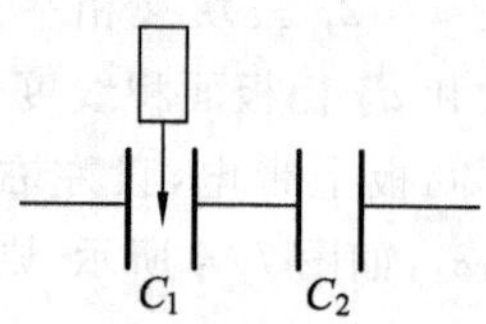

图 7-7

(A) C_1 的电容增大,电容器组总电容减小

(B) C_1 的电容增大,电容器组总电容增大

(C) C_1 的电容减小,电容器组总电容减小

(D) C_1 的电容减小,电容器组总电容增大

8. 用力 $\boldsymbol{F}$ 把电容器中的电介质板拉出,在图 7-8 所示的两种情况下,电容器中储存的静电能量将________.

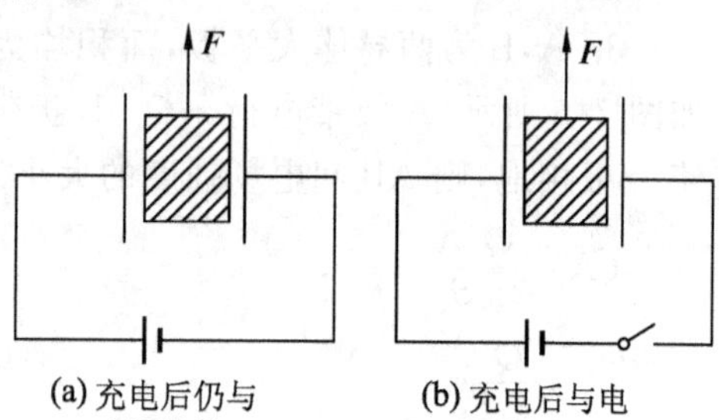

(a) 充电后仍与电源连接　　(b) 充电后与电源断开

图 7-8

(A) 都增加

(B) 都减少

(C) (a)增加,(b)减少

(D) (a)减少,(b)增加

9. 一平行板电容器充电后仍与电源连接,若用绝缘手柄将电容器两极板间距离拉大,则极板上的电荷 Q、电场

强度的大小 E 和电场能量 W 将发生如下变化：________.

(A) Q 增大，E 增大，W 增大

(B) Q 减小，E 减小，W 减小

(C) Q 增大，E 减小，W 增大

(D) Q 增大，E 增大，W 减小

10. 真空中有“孤立的”均匀带电球体和一均匀带电球面，如果它们的半径和所带的电荷都相等，则它们的静电能之间的关系是________.

(A) 球体的静电能等于球面的静电能

(B) 球体的静电能大于球面的静电能

(C) 球体的静电能小于球面的静电能

(D) 球体内的静电能大于球面内的静电能，球体外的静电能小于球面外的静电能

二、填空题

1. 一空气平行板电容器，两极板间距为 d，充电后板间电压为 U. 然后将电源断开，在两板间平行地插入一厚度为 $d/3$ 的金属板，则板间电压变成 $U'=$________________.

2. 如图 7-9 所示，两同心导体球壳，内球壳带电荷 $+q$，外球壳带电荷 $-2q$. 静电平衡时，外球壳的电荷分布为：内表面____________；外表面____________.

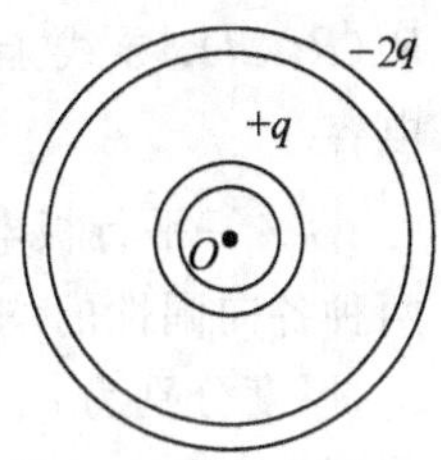

图 7-9

3. 分子的正负电荷中心重合的电介质叫做________________电介质. 在外电场作用下，分子的正负电荷中心发生相对位移，形成________________.

4. 半径为 R_1 和 R_2 的两个同轴金属圆筒，其间充满着相对介电常量为 ε_r 的均匀介质. 设两筒上单位长度带有的电荷分别为 $+\lambda$ 和 $-\lambda$，则介质中离轴线的距离为 r 处的电位移矢量的大小 $D=$________________，电场强度的大小 $E=$________________.

5. 一个半径为 R 的薄金属球壳，带有电荷 q，壳内真空，壳外是无限大的相对介电常量为 ε_r 的各向同性均匀电介质. 设无穷远处为电势零点，则球壳的电势 $U=$________________.

6. 一平行板电容器，充电后与电源保持连接，然后使两极板间充满相对介电常量为 ε_r 的各向同性均匀电介质，这时两极板上的电荷是原来的________倍；电场强度是原来的________倍；电场能量是原来的________倍.

7. 一个带电的金属球，当其周围是真空时，储存的静电能量为 W_{e0}，使其电荷保持不变，把它浸没在相对介电常量为 ε_r 的无限大各向同性均匀电介质中，

这时它的静电能量 $W_e=$ ________

8. 在相对介电常量 $\varepsilon_r=4$ 的各向同性均匀电介质中，与电能密度 $w_e=2\times10^6\ \mathrm{J/cm^3}$ 相应的电场强度的大小 $E=$ ________.（真空介电常量 $\varepsilon_0=8.85\times10^{-12}\ \mathrm{C^2/(N\cdot m^2)}$）

三、计算题

1. 一内半径为 a、外半径为 b 的金属球壳，带有电荷 Q，在球壳空腔内距离球心 r 处有一点电荷 q. 设无限远处为电势零点，试求：

(1) 球壳内外表面上的电荷；

(2) 球心 O 点处，由球壳内表面上电荷产生的电势；

(3) 球心 O 点处的总电势.

2. 半径分别为 R_1 和 $R_2(R_2>R_1)$ 的两个同心导体薄球壳，分别带有电荷 Q_1 和 Q_2，今将内球壳用细导线与远处半径为 r 的导体球相连，如图 7-10 所示，导体球原来不带电，试求相连后导体球所带电荷 q.

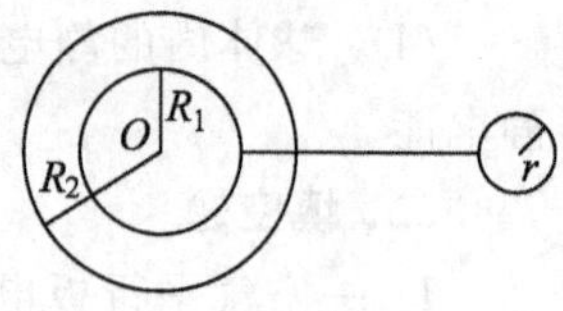

图 7-10

3. 两根平行"无限长"均匀带电直导线（见图 7-11），相距为 d，导线半径都是 $R\ (R\ll d)$. 导线上电荷线密度分别为 $+\lambda$ 和 $-\lambda$. 试求该导体组单位长度的电容.

4. 一平行板电容器，其极板面积为 S，两板间距离为 $d\ (d\ll\sqrt{S})$，中间充有两种各向同性的均匀电介质，其界面与极板平行，相对介电常量分别为 ε_{r1} 和 ε_{r2}，厚度分别为 d_1 和 d_2，且 $d_1+d_2=d$，如图 7-12 所示. 设两极板上所带电荷分别为 $+Q$ 和 $-Q$，求：

(1) 电容器的电容；

(2) 电容器储存的能量.

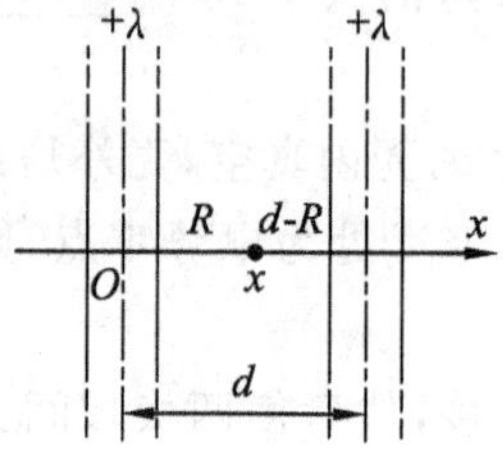

图 7-11

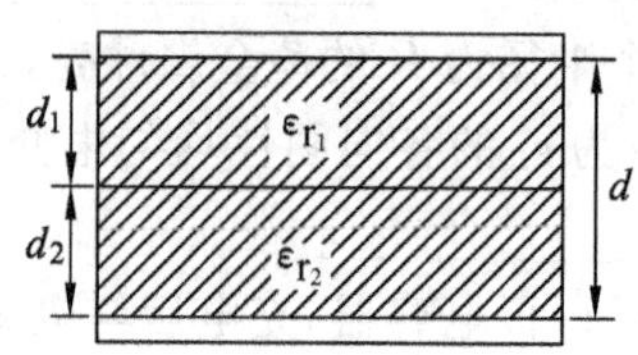

图 7-12

第8章

磁介质

学习基本要求

（1）了解介质的磁化现象和磁介质的分类.

（2）了解顺磁质、抗磁质和铁磁质的磁化机制.

（3）理解有介质时的安培环路定理，会用该定理求解磁介质中的磁场强度 $\boldsymbol{H}$ 和磁感强度 $\boldsymbol{B}$.

基本定律和基本方法

1．磁介质中的磁感强度

$$\boldsymbol{B}=\boldsymbol{B}_0+\boldsymbol{B}',$$

式中，$\boldsymbol{B}_0$ 为传导电流的磁感强度，$\boldsymbol{B}'$ 为磁化电流的磁感强度.

2．磁介质的分类

抗磁质：$\mu_r<1$；

顺磁质：$\mu_r>1$；

铁磁质：$\mu_r\gg1$.

3．磁场强度 $\boldsymbol{H}$ 和磁感强度 $\boldsymbol{B}$ 的关系

$$\boldsymbol{B}=\mu\boldsymbol{H}=\mu_0\mu_r\boldsymbol{H}.$$

4．有磁介质时的安培环路定理

$$\oint_L \boldsymbol{H}\cdot \mathrm{d}\boldsymbol{l}=\sum I.$$

式中，$\boldsymbol{H}$ 为闭合回路 L 上任一点的磁场强度，它由 L 内外的所有的各种电流决定；$\sum I$ 为 L 所包围的传导电流的代数和，它与 L 所包围的磁化电流及 L 外的所有各种电流无关.

5. 有磁介质时的安培环路定理的应用步骤

(1) 分析磁场分布的空间对称性. 考虑到同一点 $\boldsymbol{B}$,$\boldsymbol{H}$ 的方向相同,可以根据上册中典型电流的磁感强度方向确定磁介质中磁场强度的方向.

(2) 根据磁场强度分布的对称性特征选取通过场点的适当回路. 优先考虑的积分回路应是与 $\boldsymbol{H}$ 线重合的回路;其次应考虑部分与磁场强度方向垂直、另外部分与磁场强度方向平行的回路. 只有这样,$\boldsymbol{H}$ 才可以作为一个常量从积分号中提出,积分只对回路的长度进行.

(3) 利用 $\boldsymbol{B}=\mu\boldsymbol{H}=\mu_0\mu_r\boldsymbol{H}$ 的关系得到磁感强度的分布.

6. 用有介质的安培环路定理计算几种典型电流的磁场

(1) 长直密绕载流螺线管内部充满磁介质时的磁场

$$H=nI,\ B=\mu nI.$$

(2) 密绕载流螺绕环内部充满磁介质时的磁场

$$H=\frac{NI}{2\pi r},\ B=\frac{\mu NI}{2\pi r}.$$

(3) 载流同轴电缆之间充满同种磁介质时,磁介质中的磁场

$$H=\frac{I}{2\pi r},\ B=\frac{\mu I}{2\pi r}.$$

问题与讨论

问题 1 如何辨别外形完全相同的条形磁棒和未被磁化过的铁棒?

答 我们知道条形磁棒两极的磁场最强,中间部分最弱. 无磁性的铁棒的一端接近磁铁的磁极,磁棒将被磁化而相互吸引,从而用此法无法分辨哪一个是磁铁. 如将铁棒的一端接近磁铁的中间部分,由于磁铁的中间部分磁性最弱,不会有明显的磁相互作用;而若将磁铁的一端接近铁棒的中间部分,则由于铁棒可以被磁化(铁棒中磁感线垂直铁棒的轴线)而将发生明显的相互吸引现象,因此用该方法可以区分哪一个棒是磁铁.

问题 2 试说明两个安培环路定理的区别.

答 上册给出了用 $\boldsymbol{B}$ 的环流表示的安培环路定理

$$\oint_L \boldsymbol{B}\cdot \mathrm{d}\boldsymbol{l}=\mu_0\sum I. \tag{8-1}$$

在下册第 8 章中,我们知道了有介质的安培环路定理

$$\oint_L \boldsymbol{H}\cdot \mathrm{d}\boldsymbol{l}=\sum I. \tag{8-2}$$

两者的区别是式(8-1) 中的 $\sum I$ 为穿过环路的所有电流(含磁化电流) 的

代数和,式(8-2)中的 $\sum I$ 为穿过环路的所有传导电流的代数和.

问题3 关于有介质的安培环路定理,若闭合曲线 L 不包围传导电流,则曲线上各点的 $\boldsymbol{H}$ 一定为零吗?

答 在有介质的安培环路定理中,环路上的 $\boldsymbol{H}$ 不但与环路内、外的传导电流有关,也与空间所有磁介质的磁化电流有关.环路不包围传导电流,只能说明 $\boldsymbol{H}$ 对此环路的环流为零,并不说明曲线上各点的 $\boldsymbol{H}$ 必为零.

问题4 在磁铁附近的光滑桌面上的一枚铁钉由静止释放,试问铁钉被磁铁吸引加速而获得的动能从何而来?

答 在磁铁附近存在磁场,磁场的能量储于磁场存在的空间.铁钉被磁铁吸引而获得的动能来自于磁场,这意味着磁场的能量将减少.

问题5 顺磁质、抗磁质和铁磁质区别是什么?

答 顺磁质:磁介质在磁场中磁化后,产生的附加磁场的方向与原来的磁场方向相同.

抗磁质:磁介质在磁场中磁化后,产生的附加磁场的方向与原来的磁场方向相反.

铁磁质:磁介质在磁场中磁化后,产生的附加磁场的方向与原来的磁场方向相同,并且附加磁场远远大于原来磁场.

典型例题分析

例1 如图8-1所示,螺绕环平均周长 $L=10$ cm,环上绕有线圈 $N=200$ 匝,通有电流 $I=100$ mA.试求:

(1) 管内为空气时 B 和 H 的大小;

(2) 若管内充满相对磁导率 $\mu_r=4\ 200$ 的磁介质,B 和 H 的大小.

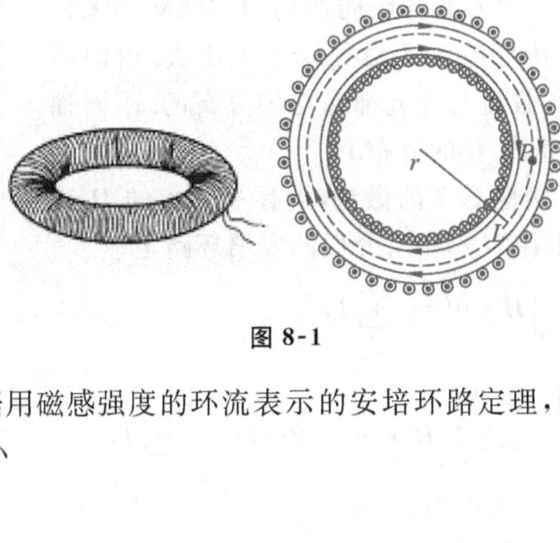

图8-1

解 (1) 根据用磁感强度的环流表示的安培环路定理,已知管内为空气时的磁感强度的大小

$$B=\frac{\mu_0 NI}{2\pi r}.$$

在螺绕环本身很细时,可以忽略 r 的差别,上式中的 $2\pi r$ 就可以用平均周长 L 代替,即

$$B=\mu_0 \frac{N}{L}I=4\pi\times10^{-7}\times100\times10^{-3}=2.5\times10^{-4}\ \mathrm{T}.$$

考虑到空气的相对磁导率 $\mu_r\approx1$,则管内为空气时的磁场强度的大小

$$H=\frac{B}{\mu_0}=200\ \mathrm{A/m}.$$

(2) 为了计算管内充满磁介质时的磁场强度,以与中心线重合的 $\boldsymbol{H}$ 线作为积分回路. 由于中心线与磁感线重合,因此中心线上任一点的 $\boldsymbol{H}$ 的方向与 $\mathrm{d}\boldsymbol{l}$ 方向相同,这样得到 $\boldsymbol{H}$ 的环流为

$$\oint_L \boldsymbol{H}\cdot\mathrm{d}\boldsymbol{l}=\oint_L H\,\mathrm{d}l=H\oint_L \mathrm{d}l=HL.$$

因为穿过回路的传导电流与回路绕行方向呈右手螺旋关系,电流取正值而且电流穿过回路 N 次,$\sum I=NI$,所以由有介质时的安培环路定理得

$$\oint_L \boldsymbol{H}\cdot\mathrm{d}\boldsymbol{l}=HL=NI.$$

即管内的磁场强度

$$H=\frac{N}{L}I=200\ \mathrm{A/m},$$

管内的磁感强度

$$B=\mu H=\mu_0\mu_r H=4\pi\times10^{-7}\times4\ 200\times200=1.06\ \mathrm{T}.$$

例 2 一根同轴线由半径为 R_1 的长导线和套在它外面的内半径为 R_2、外半径为 R_3 的同轴导体圆筒组成. 中间(阴影)充满磁导率为 μ 的各向同性均匀非铁磁绝缘材料,如图 8-2 所示. 传导电流 I 沿导线向上流去,由圆筒向下流回,在它们的截面上电流都是均匀分布的. 求同轴线内外的磁感强度大小 B 的分布.

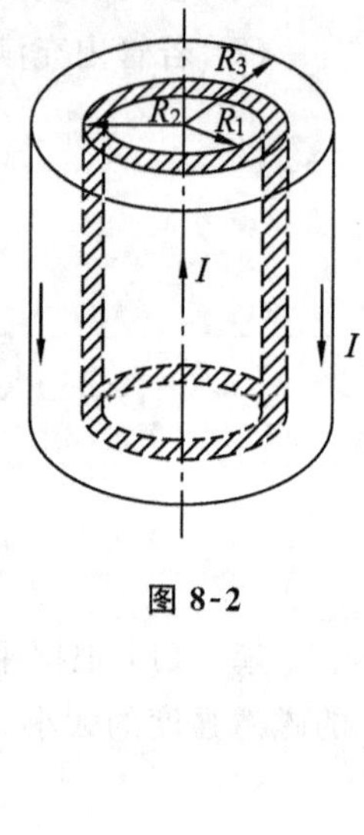

图 8-2

解 仿照下册例题 8.1 的做法,选择过场点的 $\boldsymbol{H}$ 线为积分回路 L,其半径为 r,由有介质的安培环路定理

$$\oint \boldsymbol{H}\cdot\mathrm{d}\boldsymbol{l}=\sum I,$$

可得

$$\oint_L \boldsymbol{H}\cdot\mathrm{d}\boldsymbol{l}=2\pi rH=\sum I,$$

式中，$\sum I$ 为 L 包围的传导电流，在不同的区域其值不同.

如场点在 $0< r <R_1$ 区域，则

$$\sum I = \frac{I}{\pi R_1^2}\pi r^2,$$

$$2\pi r H = I r^2 / R_1^2,$$

$$H = \frac{Ir}{2\pi R_1^2},\ B = \frac{\mu_0 I r}{2\pi R_1^2}.$$

如场点在 $R_1<r<R_2$ 区域，则

$$\sum I = I,$$

$$2\pi r H = I,$$

$$H = \frac{I}{2\pi r},\ B = \frac{\mu I}{2\pi r}.$$

如场点在 $R_2<r<R_3$ 区域，则

$$\sum I = I - \frac{I}{\pi(R_3^2 - R_2^2)}\pi(r^2 - R_2^2),$$

$$2\pi r H = I - \frac{I(r^2 - R_2^2)}{(R_3^2 - R_2^2)},$$

$$H = \frac{I}{2\pi r}\left(1 - \frac{r^2 - R_2^2}{R_3^2 - R_2^2}\right),$$

$$B = \mu_0 H = \frac{\mu_0 I}{2\pi r}\left(1 - \frac{r^2 - R_2^2}{R_3^2 - R_2^2}\right).$$

如场点在 $r>R_3$ 区域，则

$$\sum I = I - I = 0,$$

$$H = 0,\ B = 0.$$

本章自测

一、选择题

1. 磁介质有三种，用相对磁导率 μ_r 表征它们各自的特性时________.

(A) 顺磁质 $\mu_r>0$，抗磁质 $\mu_r<0$，铁磁质 $\mu_r\gg1$

(B) 顺磁质 $\mu_r>1$，抗磁质 $\mu_r=1$，铁磁质 $\mu_r\gg1$

(C) 顺磁质 $\mu_r>1$，抗磁质 $\mu_r<1$，铁磁质 $\mu_r\gg1$

(D) 顺磁质 $\mu_r>0$，抗磁质 $\mu_r<0$，铁磁质 $\mu_r>1$

2. 抗磁质的磁导率________.

(A) 比真空的磁导率略小　　(B) 比真空的磁导率略大

(C) 远小于真空的磁导率　　(D) 远大于真空中的磁导率

3. 如图 8-3 所示,流出纸面的电流强度为 $2I$,流进纸面的电流强度为 I,该二电流都是稳恒电流,则________.

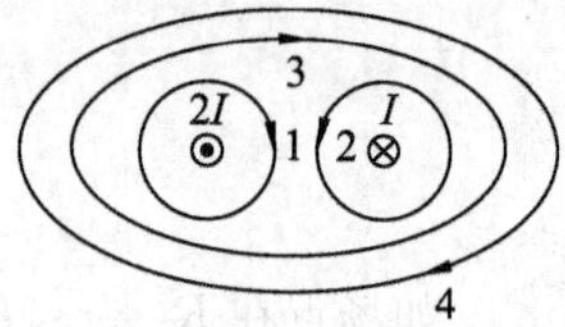

图 8-3

(A) $\oint_1 \boldsymbol{H}\cdot \mathrm{d}\boldsymbol{l}=2I$

(B) $\oint_2 \boldsymbol{H}\cdot \mathrm{d}\boldsymbol{l}=I$

(C) $\oint_3 \boldsymbol{H}\cdot \mathrm{d}\boldsymbol{l}=I$

(C) $\oint_4 \boldsymbol{H}\cdot \mathrm{d}\boldsymbol{l}=-I$

4. 用细导线均匀密绕成长为 l、半径为 a ($l\gg a$)、总匝数为 N 的螺线管,管内充满相对磁导率为 μ_r 的均匀磁介质. 若线圈中载有稳恒电流 I,则管中任意一点的________.

(A) 磁感强度大小为 $B=\mu_0\mu_r NI$

(B) 磁感强度大小为 $B=\mu_r NI/l$

(C) 磁场强度大小为 $H=\mu_0 NI/l$

(D) 磁场强度大小为 $H=NI/l$

5. 在磁介质存在的情况下,关于安培环路定理 $\oint_L \boldsymbol{H}\cdot \mathrm{d}\boldsymbol{l}=\sum I$,下述说法正确的是________.

(A) $\sum I$ 是环路 L 内外的所有传导电流

(B) $\sum I$ 是环路 L 内外的所有磁化电流

(C) $\sum I$ 是穿过环路 L 的传导电流

(D) $\sum I$ 是穿过环路 L 的磁化电流

二、填空题

1. 铜的相对磁导率 $\mu_r=0.999\,991\,2$,它是________质.

2. 对于顺磁质分子,其分子磁矩________0;而对于抗磁质分子,其分子磁矩________0.

3. 在国际单位制中,磁场强度 $\boldsymbol{H}$ 的单位是________.

4. 磁场强度 $\boldsymbol{H}$ 沿任意闭合回路的环路积分(环流),等于该闭合回路 L 所包围的________的代数和.

5. 一无限长直导线，通有 $I=1$ A 的电流，直导线外紧包一层相对磁导率 $\mu_r=2$ 的圆筒形磁介质，直导线半径 $R_1=0.10$ cm，磁介质的内半径为 R_1，外半径为 $R_2=0.20$ cm，则距直导线轴线为 $r_1=0.15$ cm 处的磁感应强度为________；距轴线为 $r_2=0.25$ cm 处的磁场强度为________.

三、计算题

1. 一圆柱形无限长导体，磁导率为 μ，半径为 R，通有沿轴线方向的均匀电流 I. 求：

(1) 导体内任一点的 H, B；

(2) 导体外任一点的 H, B.

2. 螺绕环内通有电流 20 A，环上所绕线圈共 400 匝，环的平均周长为 40 cm，环内磁感应强度为 1.0 T，求：

(1) 磁场强度；

(2) 相对磁导率.

第9章 电磁感应

学习基本要求

(1) 掌握法拉第电磁感应定律及楞次定律.

(2) 理解感应电动势的产生原因,熟练掌握两种感应电动势的计算方法.

(3) 理解感生电场,会计算感生电场的大小,了解电磁感应加速器的原理及涡电流的应用.

(4) 熟练掌握自感、互感和磁场能量的计算方法.

(5) 了解 RL 和 RC 电路的分析方法.

基本定律和基本方法

1. 电磁感应定律

(1) 法拉第电磁感应定律.

当穿过闭合回路所围面积的全磁通 Ψ 发生变化时,不论这种变化是什么原因引起的,回路中都会建立起感应电动势,且此感应电动势等于 Ψ 对时间导数的负值,即

$$\varepsilon=-\frac{\mathrm{d}\Psi}{\mathrm{d}t}=-N\frac{\mathrm{d}\Phi}{\mathrm{d}t},$$

式中,N 为线圈匝数,负号反映感应电动势的方向与磁通量变化的关系.

(2) 感应电流和感应电量.

如果回路的电阻为 R,则通过回路的感应电流

$$I=\frac{\varepsilon}{R}=-\frac{1}{R}\frac{\mathrm{d}\Psi}{\mathrm{d}t}.$$

通过回路任一截面的感应电量

$$q=\frac{1}{R}(\Psi_1-\Psi_2),$$

式中，Ψ_1 和 Ψ_2 分别是时刻 t_1 和 t_2 通过回路的全磁通.

(3) 楞次定律.

当回路全磁通变化时，由感应电流所产生的感应磁通总是力图阻止原磁通的变化. 在法拉第电磁感应定律中，由于规定回路绕行方向与闭合回路所围面积的正法线方向满足右手定则，因此其负号可看成是楞次定律的数学体现. 楞次定律也是能量转换和守恒定律在电磁感应现象中的具体反映.

2. 动生电动势和感生电动势

(1) 两种感应电动势的产生原因.

虽然任何闭合回路的感应电动势均可以用法拉第电磁感应定律计算，但是动生电动势和感生电动势的产生原因却不同. 动生电动势对应的非静电力是洛伦兹力，而感生电动势的非静电力是感生电场力.

(2) 动生电动势的计算.

$$\varepsilon=\int_l(\boldsymbol{v}\times\boldsymbol{B})\cdot \mathrm{d}\boldsymbol{l}=\int_l(vB\sin\theta)\cdot\cos\alpha\cdot\mathrm{d}l.$$

式中，θ 为 $\boldsymbol{v}$ 与 $\boldsymbol{B}$ 的夹角，α 为$(\boldsymbol{v}\times\boldsymbol{B})$矢量与 $\mathrm{d}\boldsymbol{l}$ 的夹角.

① 垂直均匀磁场中导体平动的电动势

$$\varepsilon=BLv.$$

② 均匀磁场中转动导体的电动势

$$\varepsilon=\frac{1}{2}B\omega L^2.$$

③ 非均匀磁场中平动直导线的电动势.

$$\varepsilon=\frac{\mu_0 Iv}{2\pi}\ln\frac{d+L}{d}.$$

(3) 感生电动势及感生电场的计算.

$$\varepsilon=\oint\boldsymbol{E}_{\mathrm{k}}\cdot\mathrm{d}\boldsymbol{l}=-\frac{\mathrm{d}}{\mathrm{d}t}\int_S\boldsymbol{B}\cdot\mathrm{d}\boldsymbol{S}.$$

通常，先由法拉第电磁感应定律 $\varepsilon=-\frac{\mathrm{d}}{\mathrm{d}t}\int_S\boldsymbol{B}\cdot\mathrm{d}\boldsymbol{S}$ 算出闭合回路的电动势，然后仿照柱形电流的磁场计算方法来算得感生电场的电场强度 $\boldsymbol{E}_{\mathrm{k}}$.

3. 自感和互感

(1) 自感.

电流变化引起自身回路中全磁通变化而在自身回路中产生感生电动势的现象称为自感现象，相应的感生电动势称为自感电动势，其值

$$\varepsilon_L=-L\frac{\mathrm{d}I}{\mathrm{d}t}.$$

上式把感生电动势和电流的变化直接联系起来，从而简化了感生电动势的计算步骤.

(2) 互感.

电流变化引起邻近回路中全磁通变化而在邻近回路中产生感生电动势的现象称为互感现象，相应的感生电动势称为互感电动势，其值

$$\varepsilon_{21}=-M\frac{\mathrm{d}I_1}{\mathrm{d}t},\ \varepsilon_{12}=-M\frac{\mathrm{d}I_2}{\mathrm{d}t}.$$

在大多数情况下，利用上面两式和法拉第电磁感应定律均可以计算互感电动势，但在教材下册例 9.10 的情形下却无法利用法拉第电磁感应定律计算大线圈中的感生电动势，必须借助先求互感的方法求其电动势.

4. *RL* 和 *RC* 电路

(1) *RL* 电路.

当接通电源后，电路中电流将按

$$I=\frac{\varepsilon}{R}(1-\mathrm{e}^{-\frac{t}{\tau}})$$

增长，式中，$\tau=\frac{L}{R}$为 *RL* 电路的时间常量.

当 *RL* 电路中的电流达到稳定值 I_0 后，将电键 *S* 迅速由 1 拨向 2，电路中电流将按

$$I=I_0\mathrm{e}^{-\frac{R}{L}t}=\frac{\varepsilon}{R}\mathrm{e}^{-\frac{t}{\tau}}$$

衰减.

(2) *RC* 电路.

接通电源后，电容器上的电量

$$q=C\varepsilon(1-\mathrm{e}^{-\frac{t}{\tau}})$$

按指数规律上升，最后达到稳定，式中，$\tau=RC$ 为 *RC* 电路的时间常量.

当 *RC* 电路中电容器的电压达到稳定值 ε 后，将电键 *S* 迅速由 1 拨向 2，电容器上的电量

$$q=q_0\mathrm{e}^{-\frac{t}{\tau}}$$

将按指数规律衰减.

5. 磁场的能量

(1) 自感磁能.

自感 *L* 可求的线圈的自感磁能

$$W_{\mathrm{m}}=\frac{1}{2}LI_0^2.$$

(2) 磁能密度.

任意磁场的磁能密度

$$w_m = \frac{B^2}{2\mu}.$$

(3) 磁场能量.

任意磁场的磁场能量

$$W_m = \iiint_V w_m \mathrm{d}V = \iiint_V \frac{B^2}{2\mu}\mathrm{d}V.$$

问题与讨论

问题 1 法拉第电磁感应定律 $\varepsilon = -\frac{\mathrm{d}\Psi}{\mathrm{d}t}$ 中负号应如何理解?

答 一些教材中指出法拉第电磁感应定律中的负号是楞次定律的体现. 实际上,只有在两个符号和方向规定下,即必须按右手螺旋法则确定回路绕行方向与回路包围面积的正法线方向的关系,并且电动势的正负分别表示电动势的方向与预先选定的回路绕行方向相同和相反,法拉第电磁感应定律中的负号才是楞次定律的体现. 其更详细的讨论可以阅读贾瑞皋于 2010 年发表在《物理通报》上的论文.

问题 2 如何利用法拉第电磁感应定律计算下册例 9.3 中铜棒两端的动生电动势?

答 一般地,动生电动势既可以利用 $\varepsilon = \int_{CD} (\boldsymbol{v} \times \boldsymbol{B}) \cdot \mathrm{d}\boldsymbol{l}$ 计算,也可以用法拉第电磁感应定律算得. 考虑到法拉第电磁感应定律仅适用于闭合回路,因此要用法拉第电磁感应定律计算动生电动势,必须增加假想的不随直铜棒 OP 转动的导体 OCP 与直铜棒 OP 组成回路 $OPCO$(见图 9-1). 由于此回路中仅有直铜棒切割磁感线,因此回路 $OPCO$ 的电动势就是直铜棒切割磁感线的动生电动势. 经过 Δt 时间,铜棒从 OP 位置转过 $\Delta\theta = \omega\Delta t$ 而且铜棒到达 OP' 位置. 在 Δt 时间内,穿过闭合回路的磁通量改变量

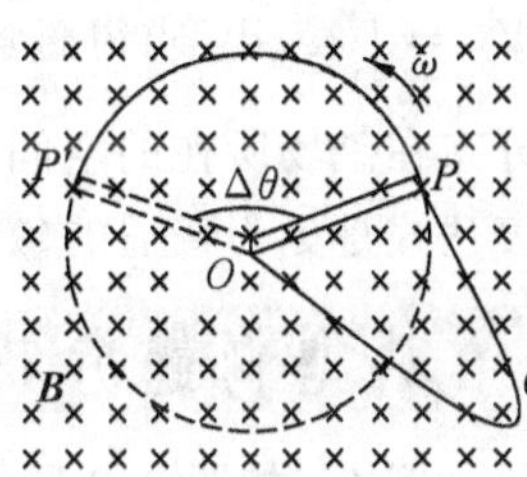

图 9-1

$$\Delta\Phi = B\Delta S = \frac{1}{2}BL^2\Delta\theta = \frac{1}{2}BL^2\omega\Delta t.$$

按法拉第电磁感应定律,回路 $OPCO$ 的电动势即直铜棒切割磁感线的动生电动势大小

$$\varepsilon=\left|\frac{\Delta\Phi}{\Delta t}\right|=\frac{1}{2}BL^2\omega.$$

问题 3 用电阻丝绕成的标准电阻要求没有自感,问怎样绕制方能使线圈的自感为零,试说明其理由.

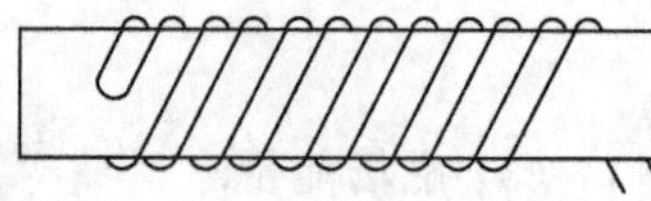

图 9-2

答 应采用双线密绕,如图 9-2 所示. 将所需电阻丝从中点折成双线,且双线紧密地靠在一起,使两线的电流在任何时刻都是大小相等,方向相反,使得绕制的线圈中的全磁通总是为零,根据定义式自感的定义式 $L=\frac{\Psi}{I}$,可得其自感为零.

问题 4 有两个半径相近的线圈,问如何放置方可使其互感最小? 如何放置可使其互感最大?

答 将两个线圈互相垂直地放置时,其互感最小. 因为当一线圈通以一定电流时,它的磁感强度通过另一垂直放置的线圈平面的磁通量最小. 由互感定义可知,此时的互感系数最小. 若将两线圈同轴地套合在一起,则当一线圈通以一定电流时,它的磁感线几乎完全通过另一线圈,即通过另一线圈的磁通量最大. 因此,同轴套合放置时,两线圈间的互感最大.

问题 5 磁能的两种表达式 $W_m=\frac{1}{2}LI_0^2$ 和 $W_m=\int_V w_m \mathrm{d}V$ 有何不同?式中,V 是磁场所占体积.

答 如果回路的自感 L 是已知的或者是可以计算出来的,则其总磁能既可以由自感磁能公式 $W_m=\frac{1}{2}LI_0^2$ 算出,也可以用 $W_m=\int_V w_m \mathrm{d}V$ 计算;如果回路的自感 L 难以知道或者要计算任何磁场(包括非稳恒磁场)的磁能,则只能用 $W_m=\int_V w_m \mathrm{d}V$ 求得磁场所储存的能量. 由于式 $W_m=\int_V w_m \mathrm{d}V$ 说明磁场的能量分布在磁场所在的空间,这一观点更准确地反映了客观事物的本质,因此,这一表达式是更为普适的磁能表达式.

典型例题分析

例 1 如图 9-3 所示,在马蹄形磁铁的中间点 A 处放置一半径 $r=1$ cm、匝数 $N=10$ 匝的小线圈,且线圈平面法线平行于点 A 磁感强度,今将此线圈移到足够远处,在这期间若线圈中流过的总电荷为 $q=\pi\times10^{-5}$ C,试求点 A 处磁感强度是多少?(已知线圈的电阻 $R=10\ \Omega$,线圈的

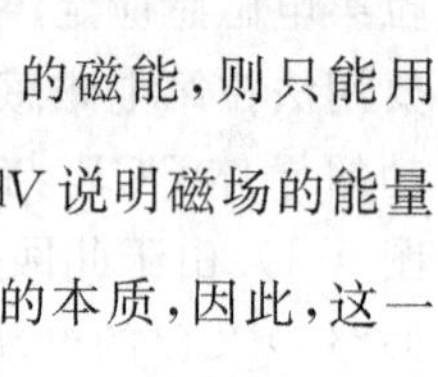

图 9-3

自感忽略不计）

解 设点 A 处磁感强度为 B_A.

我们已经知道通过回路任一截面的感应电量

$$q=\frac{1}{R}(\Psi_1-\Psi_2),$$

式中，Ψ_1 和 Ψ_2 分别是线圈在点 A 和足够远处通过线圈的全磁通.

显然，足够远处的磁感强度为零，即 $\Psi_2=0$，而

$$\Psi_1=\pi r^2 B_A N.$$

因此，

$$B_A=\frac{Rq}{\pi r^2 N}=0.1\ T.$$

例 2 如图 9-4 所示，一长直导线载有向上流动的稳恒电流 I，附近有一个与它共面的矩形线圈，线圈共有 N 匝，以速度 v 水平离开直导线. 试求线圈运动到图示位置时，线圈中的感应电动势的大小和方向.

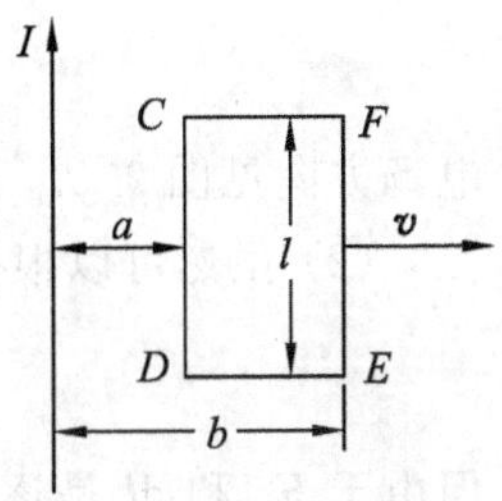

图 9-4

解 由于线圈以速度 v 水平离开直导线过程中，只有 CD 和 EF 两条边切割磁感线而产生环绕方向相反的动生电动势. 因此一匝线圈中的感应电动势应是 CD 和 EF 两条边分别切割磁感线而产生的动生电动势 ε_{CD}，ε_{EF} 之差，即

$$\varepsilon=\varepsilon_{CD}-\varepsilon_{EF}=B_{CD}lv-B_{EF}lv=\left(\frac{\mu_0 I}{2\pi a}-\frac{\mu_0 I}{2\pi b}\right)lv.$$

N 匝线圈中的感应电动势

$$\varepsilon'=N\varepsilon=\frac{N\mu_0 Ilv(b-a)}{2\pi ab},$$

方向与 ε_{CD} 的方向相同，为顺时针方向.

本题也可以先计算任意时刻回路中的全磁通，然后借助法拉第电磁感应定律计算整个线圈的感应电动势.

例 3 在半径为 R 的圆形区域内，有垂直向里的均匀磁场正以速率 $\frac{\mathrm{d}B}{\mathrm{d}t}$ 减少. 有一金属棒 abc 放在图 9-5 所示位置，已知 $ab=bc=R$，求：

（1）a，b，c 三点感应电场和方向.

（2）棒上的感应电动势 ε 是多大?

（3）a，c 中哪点电势高?

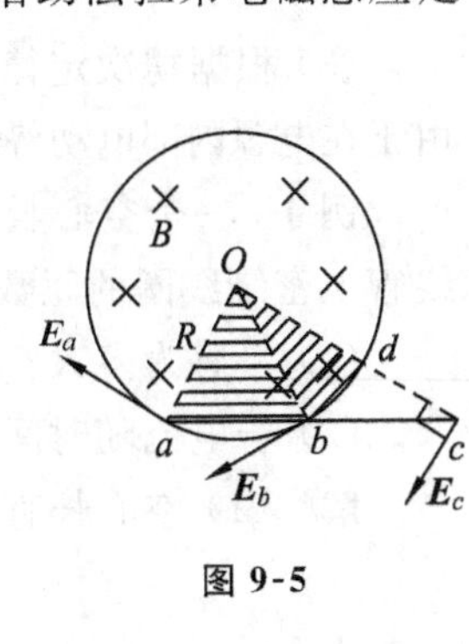

图 9-5

解 (1) 根据教材下册例题 9.5 的计算结果：

当 $r<R$ 时，

$$E_k=\frac{r}{2}\frac{dB}{dt}.$$

当 $r>R$ 时，

$$E_k=\frac{R^2}{2r}\frac{dB}{dt}.$$

当 $r=R$ 时，

$$E_a=E_b=\frac{R}{2}\frac{dB}{dt}.$$

当 $r=OC=\sqrt{3}R$ 时，

$$E_C=\frac{R^2}{2\sqrt{3}R}\frac{dB}{dt}=\frac{R}{2\sqrt{3}}\frac{dB}{dt}.$$

电场方向见图 9-5.

(2) 虽然可以根据求出的感生电场分布求得棒 abc 的电动势

$$\varepsilon=\int_a^b \boldsymbol{E}_k\cdot d\boldsymbol{l}+\int_b^c \boldsymbol{E}_k\cdot d\boldsymbol{l},$$

但由于 $\boldsymbol{E}_k$ 和 $d\boldsymbol{l}$ 是逐点变化的，积分计算较为复杂. 考虑到 $\boldsymbol{E}_k$ 无径向的分量，沿径向放置的导体中将不会产生感生电动势，因此，abc 棒上的感生电动势和由导体 oa，oc 及 ac 组成的导体回路的感生电动势相同. 对 $oaco$ 回路，可直接利用法拉第电磁感应定律求其感应电动势. 感生电动势大小

$$\varepsilon=\left|\frac{d\Phi}{dt}\right|=(S_{oab}+S_{obd})\left|\frac{dB}{dt}\right|,$$

$$S_{oab}+S_{obd}=\frac{\sqrt{3}R^2}{4}+\frac{\pi R^2}{12},$$

$$\varepsilon=\left(\frac{\sqrt{3}R^2}{4}+\frac{\pi R^2}{12}\right)\left|\frac{dB}{dt}\right|.$$

(3) 根据楞次定律，可知电动势的方向由 c 指向 a. 棒 abc 相当于一个电源，由于在电源内部电动势的方向由低电势点指向高电势点，因此点 a 的电势较高.

例 4 一个空心长直螺线管，长 l 为 0.5 m，横截面积 S 为 20.0 cm^2，若螺线管上密绕线圈的匝数 $N=5\,000$，问：

(1) 自感为多大？

(2) 若电流随时间的变化率为 10 $A\cdot s^{-1}$，试求自感电动势的大小.

解 (1) 空心长直螺线管内的磁场可视为匀强磁场，其大小

$$B=\mu_0 nI.$$

式中，$n=\frac{N}{l}$为沿轴线方向单位长度的线圈匝数.

整个线圈的全磁通

$$\Psi=N\Phi=NBS=\mu_0 nNSI,$$

$$L=\frac{\Psi}{I}=\frac{\mu_0 N^2 S}{l}=4\pi\times10^{-2}\ \text{H}=0.126\ \text{H}.$$

(2) 自感电动势的大小

$$\varepsilon=\left|L\frac{\mathrm{d}I}{\mathrm{d}t}\right|=4\pi\times10^{-2}\times10\ \text{V}=0.4\pi\ \text{V}=1.3\ \text{V}.$$

例 5 如图 9-6 所示，有一边长为 l 的矩形导线框 $ABCD$，在其平面内有一根平行于 AD 边的绝缘长直导线 OO'，其半径为 a，求长直导线与矩形导线框的互感 M.

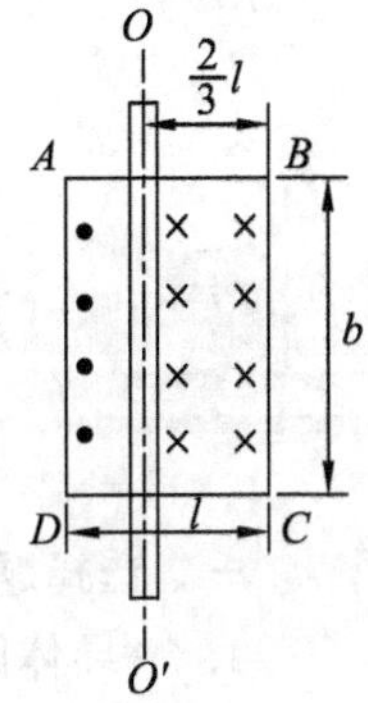

图 9-6

解 当长直导线通有电流 I 时，距离长直导线为 r 处的磁感强度大小

$$B=\frac{\mu_0 I}{2\pi r}.$$

在左、右两部分的磁感强度方向相反. 由于线圈左、右两部分的正法线方向相同，因此在矩形线框左、右两部分的磁通量符号相反. 考虑到对称性，穿过整个线框的磁通量就是右边区域 r 在$\frac{l}{3}$与$\frac{2l}{3}$之间的磁通量，即

$$\Phi=\int_S \boldsymbol{B}\cdot\mathrm{d}\boldsymbol{S}=\int_{\frac{l}{3}}^{\frac{2l}{3}} Bb\,\mathrm{d}r$$

$$=\frac{\mu_0 Ib}{2\pi}\ln\frac{2l}{l}=\frac{\mu_0 Ib}{2\pi}\ln 2.$$

该系统的互感

$$M=\frac{\Phi}{I}=\frac{\mu_0 b}{2\pi}\ln 2.$$

例 6 一根长直导线载有电流 I，电流均匀分布在它的横截面上，证明此导线内部单位长度的磁场能量为$\frac{\mu_0 I^2}{16\pi}$.

解 很显然，一方面难以计算长直导线的自感，因此难以用自感磁能公式 $W_{\mathrm{m}}=\frac{1}{2}LI_0^2$ 计算磁能，另一方面，本题要计算的是电流所产生的磁场的一部分区域的磁能，因此本题只能使用磁能密度法计算磁能. 设导线的半径为 R. 由于电流均匀分布在导线的横截面上，故对导线内部距导线对称轴距离为 r 处的磁

感强度的大小可由安培环路定理算得，即

$$B \cdot 2\pi r = \mu_0 I \frac{\pi r^2}{\pi R^2},$$

$$B = \frac{\mu_0 I}{2\pi R^2} r.$$

相应的磁能密度

$$w_{\mathrm{m}} = \frac{B^2}{2\mu_0} = \frac{\mu_0 I^2 r^2}{8\pi^2 R^4}.$$

导线内单位长度上储存的磁场能

$$W_{\mathrm{m}} = \int w_{\mathrm{m}} \mathrm{d}V = \int_0^R \frac{\mu_0 I^2 r^2}{8\pi^2 R^4} 2\pi r \mathrm{d}r = \frac{\mu_0 I^2}{16\pi}.$$

本章自测

一、选择题

1. 一导体圆线圈在匀强磁场中运动，下列几种情况下会产生感应电流的是________.

(A) 线圈沿磁场方向平移

(B) 线圈沿垂直磁场方向平移

(C) 线圈以自身的直径为轴转动，轴与磁场方向平行

(D) 线圈以自身的直径为轴转动，轴与磁场方向垂直

2. 将形状完全相同的铜环和木环静止放置，并使通过两环面的磁通量随时间的变化率相等，则________.

(A) 铜环中有感应电动势，木环中无感应电动势

(B) 铜环中感应电动势大，木环中感应电动势小

(C) 铜环中感应电动势小，木环中感应电动势大

(D) 两环中感应电动势相等

3. 一根长 $3a$ 的细铜杆 MN 与载流长直导线在同一平面内，相对位置如图 9-7 所示，铜杆以 $\boldsymbol{v}$ 做平行长直导线的移动，那么杆内的动生电动势为________.

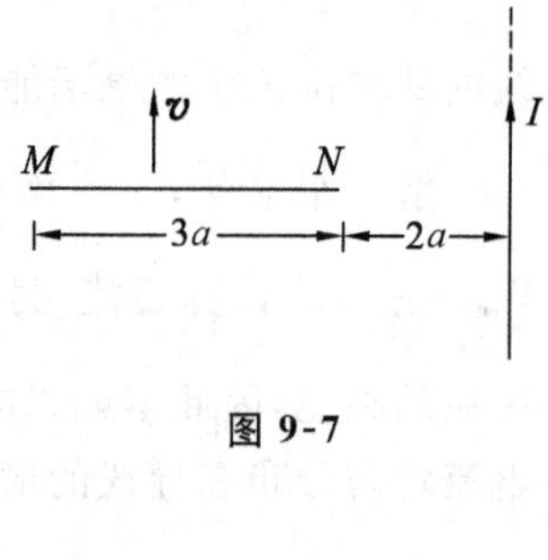

图 9-7

(A) $\varepsilon = \frac{\mu_0 I v}{2\pi} \ln \frac{2}{3}$，方向由 N 到 M

(B) $\varepsilon=\frac{\mu_0 Iv}{2\pi}\ln\frac{2}{3}$，方向由 M 到 N

(C) $\varepsilon=\frac{\mu_0 Iv}{2\pi}\ln\frac{5}{2}$，方向由 N 到 M

(D) $\varepsilon=\frac{\mu_0 Iv}{2\pi}\ln\frac{5}{2}$，方向由 M 到 N

4. 圆铜盘水平放置在均匀磁场中，$\boldsymbol{B}$ 的方向垂直盘面向上. 当铜盘绕通过中心垂直于盘面的轴沿图 9-8 所示方向转动时，________.

(A) 铜盘上有感应电流产生，沿着铜盘转动的相反方向流动

(B) 铜盘上有感应电流产生，沿着铜盘转动的方向流动

(C) 铜盘上产生涡流

(D) 铜盘上有感应电动势产生，铜盘边缘处电势最高

(E) 铜盘上有感应电动势产生，铜盘中心处电势最高

5. 如图 9-9 所示 abc 是一根长度为 $ab+bc=l_1+l_2=l$ 铜棒，在均匀磁场 $\boldsymbol{B}$ 中以速度 $\boldsymbol{v}$ 向上运动，则棒上因感应电动势而形成的电压 U_{ac} 是________.

(A) $Bl_2 v\cos\theta$ (B) $Bl_2 v\sin\theta$

(C) Blv (D) $Bl_1 v$

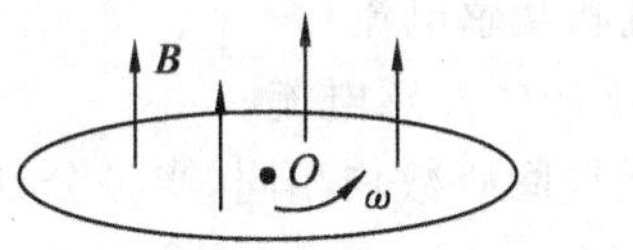

图 9-8

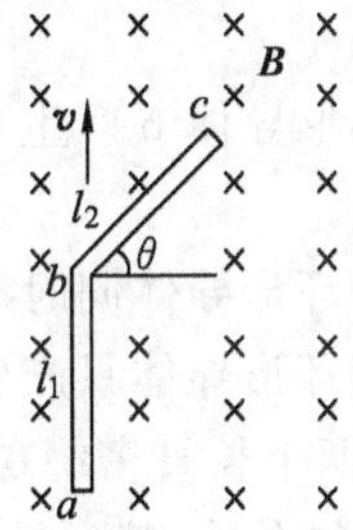

图 9-9

6. 如图 9-10 所示，无限长载流直导线通有电流 I，导线框 $abcd$ 和载流导线位于同一平面内，当 $abcd$ 框以速度 $\boldsymbol{v}$ 平行于导线向右匀速运动时(保持线框和导线在同一平面不变)，则有下列哪一个现象发生？________.

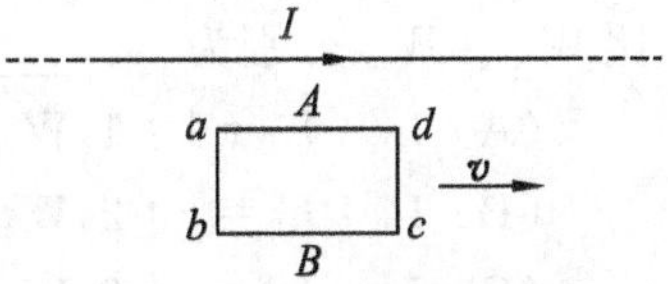

图 9-10

(A) ab，cd 两条边内产生感生电动势，使 $V_A>V_B$，但框内感生电流为零

(B) ab，cd 两条边内产生感生电动势，使 $V_A<V_B$，但框内感生电流为零

(C) ad，bc 两条边内产生感生电动势，但互相抵消，所以框内感生电流为零

(D) 四条边都不产生感生电动势，所以框内感生电流为零

(E) 四条边都产生感生电动势,因相互抵消,框内感生电流为零

7. 在圆柱形空间内有一均匀磁场区,如图 9-11 所示,在磁场内外各放有一长度相同的金属棒(在图中位置 1,2 处),当磁场 $\boldsymbol{B}$ 的大小以速率 $\frac{dB}{dt}$ 均匀变化时,下列说法正确的是________.

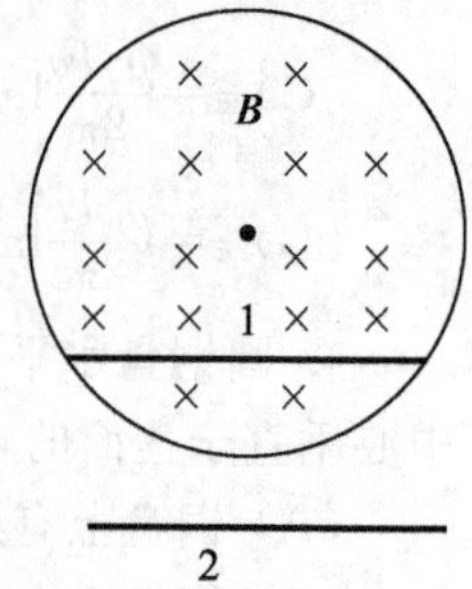

图 9-11

(A) 1 处的棒相对磁场静止,故 $\varepsilon_1=0$

(B) 2 处的棒相对磁场静止,故 $\varepsilon_2=0$

(C) 2 处的棒处在磁场以外的空间,故 $\varepsilon_2=0$

(D) 2 处的棒虽处在 $\boldsymbol{B}=0$ 的空间,但 $\boldsymbol{E}_k\neq0$,故 $\varepsilon_2\neq0$

8. 两个等长的直螺线管 a 和 b,绕在同一铁芯上,两螺线管的自感分别为 $L_a=0.8$ H,$L_b=0.2$ H,则螺线管 a 的匝数是螺线管 b 匝数的________.

(A) 1/2 倍　　(B) 2 倍　　(C) 4 倍　　(D) 1/4 倍

9. 如图 9-12 所示,两个环形导体 a,b 互相垂直地放置,当它们的电流 I_1 和 I_2 同时发生变化时,则________.

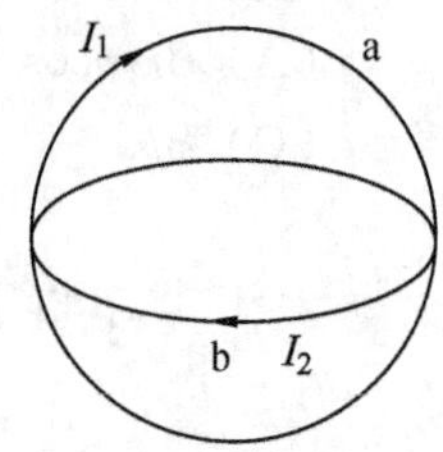

图 9-12

(A) 环形导体 a 产生自感电流,环形导体 b 产生互感电流

(B) 环形导体 b 产生自感电流,环形导体 a 产生互感电流

(C) 两环形导体同时产生自感电流和互感电流

(D) 两环形导体只产生自感电流,不产生互感电流

10. 有两个长直密绕螺线管,长度及线圈匝数均相同,半径分别为 r_1 和 r_2. 管内充满均匀介质,其磁导率分别为 μ_1 和 μ_2. 设 $r_1:r_2=1:2$,$\mu_1:\mu_2=2:1$,当将两只螺线管串联在电路中通电稳定后,其自感系数之比 $L_1:L_2$ 与磁能之比 $W_{m1}:W_{m2}$ 分别为________.

(A) $L_1:L_2=1:1$,$W_{m1}:W_{m2}=1:1$

(B) $L_1:L_2=1:2$,$W_{m1}:W_{m2}=1:1$

(C) $L_1:L_2=1:2$,$W_{m1}:W_{m2}=1:2$

(D) $L_1:L_2=2:1$,$W_{m1}:W_{m2}=2:1$

二、填空题

1. 在一长直密绕的螺线管中间放一边长为 a 正方形导体框,螺线管线密度为 n,导体框的电阻为 R,法线方向与螺线管的轴线方向一致. 若螺线管通以电流 $I=I_0\cos\omega t$(**SI**),则线圈中感应电流的最大值为________.

2. 长度为 l 的直导线 ab 在均匀磁场 $\boldsymbol{B}$ 中以速度 $\boldsymbol{v}$ 移动（见图 9-13），直导线 ab 中的电动势为________.

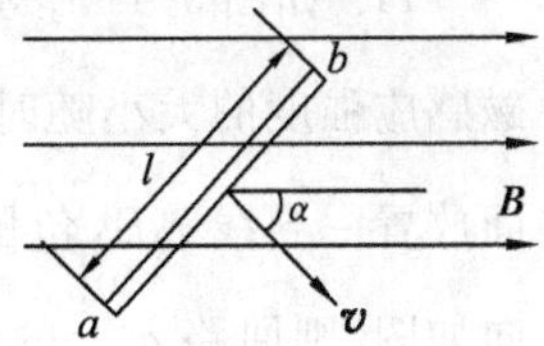

图 9-13

3. 在磁感应强度为 $\boldsymbol{B}$ 的磁场中，以速率 v 垂直切割磁力线运动的一长度为 L 的金属杆，相当于________，它的电动势 $\varepsilon=$ ________，产生此电动势的非静电力是________.

4. 长度为 L 的金属杆在均匀磁场 $\boldsymbol{B}$ 中绕平行于磁场方向的定轴 OO' 转动时的动生电动势为________. 已知杆相对于均匀磁场 $\boldsymbol{B}$ 的方位角为 θ，杆的角速度为 ω，转向如图 9-14 所示.

5. 四根辐条的金属轮子在均匀磁场 $\boldsymbol{B}$ 中转动（见图 9-15），转轴与 $\boldsymbol{B}$ 平行，轮子和辐条都是导体，辐条长为 R，轮子转速为 n，则轮子中心 O 与轮边缘 b 之间的感应电动势为________，电势最高点是在________处.

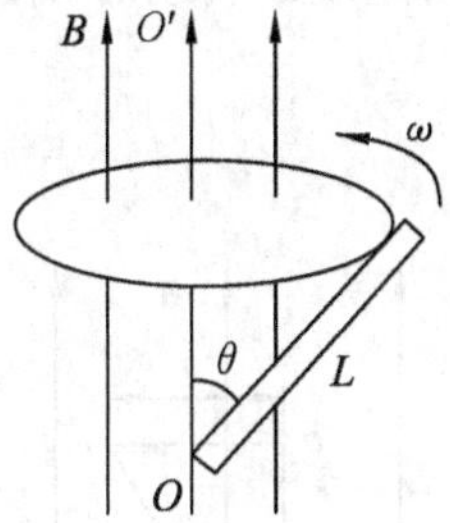

图 9-14

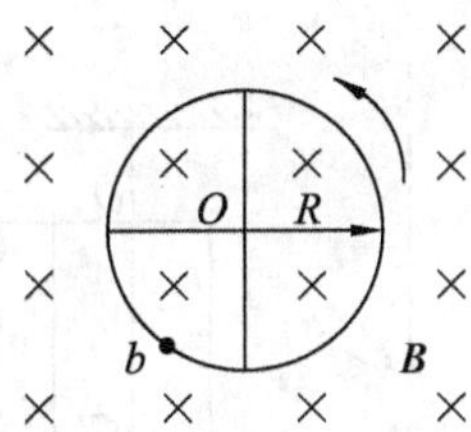

图 9-15

6. 感生电场是由________产生的，它的电场线是________.

7. 一根长为 l 的直螺线管，截面积为 S，线圈匝数为 N，管内充满磁导率为 μ 的均匀磁介质，则该螺线管的自感 $L=$________.

8. 一自感为 0.25 H 的线圈，当线圈中的电流在 0.01 s 内由 2 A 均匀地减小到零，线圈中的自感电动势的大小为________.

9. 自感 $L=0.2$ H 的螺线管中通以 $I=4$ A 的电流时，螺线管存储的磁场能量 $W=$________.

10. 面积为 S 和 $2S$ 的两圆线圈 1，2 如图 9-16 放置，通有相同的电流 I. 线圈 1 的电流所产生的通过线圈 2 的磁通用 Φ_{21} 表示，线圈 2 的电流所产生的通过线圈 1 的磁通用 Φ_{12} 表示，则 Φ_{21} 和 Φ_{12} 的大小关系为________.

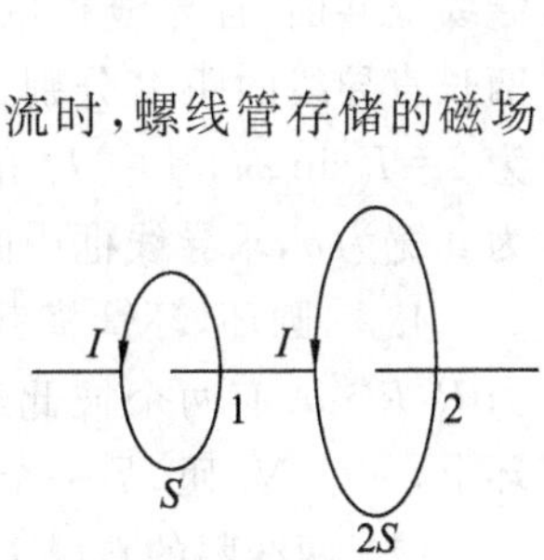

图 9-16

11. 如图 9-17 所示，磁场局限在图中圆形区域中，磁感应强度的大小随时间变化，且$\frac{\mathrm{d}B}{\mathrm{d}t}>0$.在磁场的外面放置一导线 AB，包围磁场区域有一回路 a，绕行方向如图. 则回路 a 上的环流 $\oint_a \boldsymbol{E}_\mathrm{k}\cdot\mathrm{d}\boldsymbol{r}$ ________ 0（填大于、小于或等于）；导线 AB 中电动势的方向是从________端指向________端.

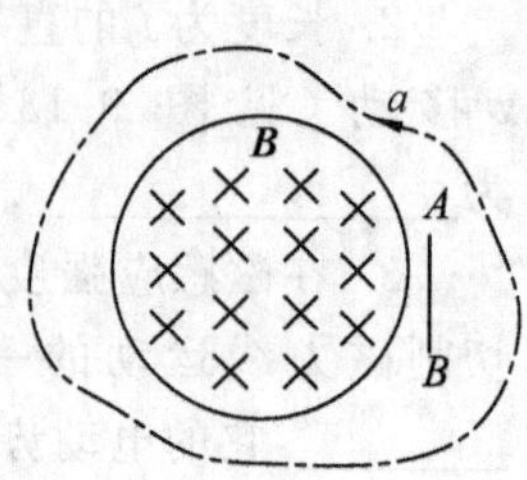

图 9-17

三、计算题

1. 一无限长直导线，通过电流为 I，在它旁边放有一矩形金属框，边长分别为 a 和 b，电阻为 R，如图 9-18 所示. 当线圈绕 OO' 轴转过 180°时，试求流过线框截面的感应电量.

2. 直角三角形金属框架 abc 放在均匀磁场中，磁场 $\boldsymbol{B}$ 平行于 ab 边，bc 的长度为 l. 如图 9-19 所示，当金属框架绕 ab 边以匀角速度 ω 转动时，求 abc 回路中的感应电动势及 a，c 两点间的电势差 V_a-V_c.

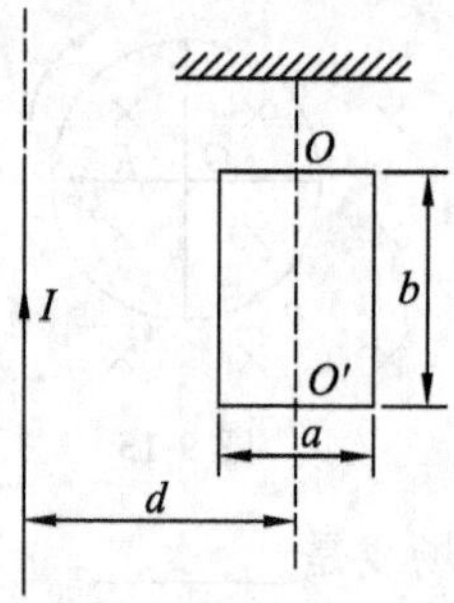

图 9-18

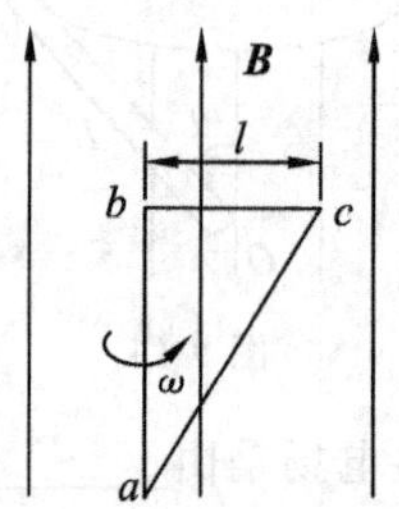

图 9-19

3. 如图 9-20 所示，两条平行长直导线和一个矩形导线框共面. 且导线框的一条边与长直导线平行，它到两长直导线的距离分别为 r_1，r_2. 已知两导线中电流都为 $I=I_0\sin\omega t$，其中 I_0 和 ω 为常数，t 为时间. 导线框长为 a 宽为 b，求导线框中的感应电动势.

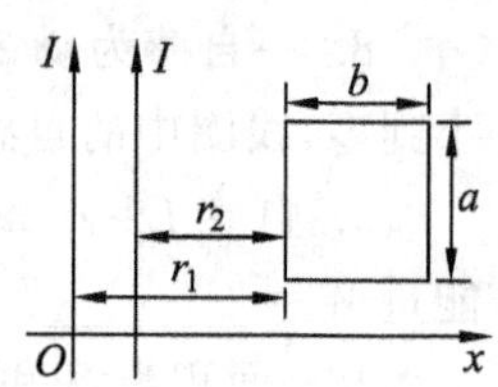

图 9-20

4. 一圆环，环管横截面的半径为 a，中心线的半径为 R，$R\gg a$. 有两个彼此绝缘的导线圈都均匀地密绕在环上，一个 N_1 匝，另一个 N_2 匝，求：

（1）两线圈的自感 L_1 和 L_2；

（2）两线圈的互感 M；

(3) M 与 L_1 和 L_2 的关系.

5. 如图 9-21 所示，两根无限长载流导线互相平行，相距为 $2a$，两导线中电流强度相同，但电流彼此反向. 在两平行无限长直导线所在的平面内有一半径为 a 的圆环，环刚好在两平行长直导线之间并且彼此绝缘. 试求圆环与两平行长直导线之间的互感系数 M.

6. 一无限长直导线通有电流 $I=I_0 e^{-\frac{t}{\tau}}$（$I_0$，$\tau$ 为恒量），和直导线在一平面内有一矩形线框，其边长与直导线平行，线框的尺寸及位置如图 9-22 所示，且 $\frac{b}{c}=3$. 试求：

(1) 直导线和线框间的互感；

(2) 线框中的互感电动势.

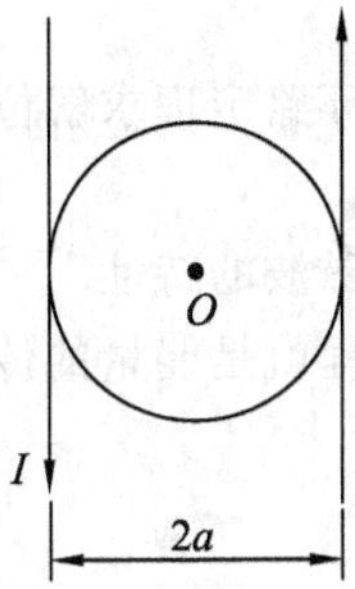

图 9-21

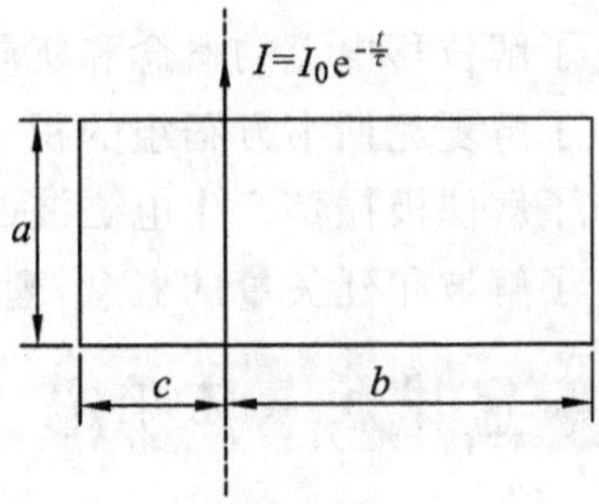

图 9-22

第10章

电磁场和电磁波

学习基本要求

(1) 了解位移电流的概念和实质,会用全电流安培环路定理求解位移电流.

(2) 了解麦克斯韦方程组的积分形式的含义.

(3) 了解偶极振荡产生电磁波的物理图像,掌握电磁波的特性.

(4) 了解坡印廷矢量的概念,理解电磁波传播的过程就是能量的传播过程.

基本定律和基本方法

1. 位移电流及位移电流密度

$$I_d = \frac{d\Psi}{dt},$$

$$\boldsymbol{j}_d = \frac{\partial \boldsymbol{D}}{\partial t}.$$

2. 麦克斯韦方程及其物理内涵

(1) $\oint_S \boldsymbol{D} \cdot d\boldsymbol{S} = Q$,说明电场是有源场.

(2) $\oint_l \boldsymbol{E} \cdot d\boldsymbol{l} = -\int \frac{\partial \boldsymbol{B}}{\partial t} \cdot d\boldsymbol{S}$,指出变化的磁场可以激发电场.

(3) $\oint_S \boldsymbol{B} \cdot d\boldsymbol{S} = 0$,说明磁场是无源的,磁感线是闭合曲线.

(4) $\oint_l \boldsymbol{H} \cdot d\boldsymbol{l} = \int_S \left(\boldsymbol{j}_c + \frac{\partial \boldsymbol{D}}{\partial t}\right) \cdot d\boldsymbol{S}$,指出变化的电场能产生磁场,位移电流像传导电流一样,按同一规律产生磁场.

以上四个方程构成了麦克斯韦方程组.在有介质时还需要加上物质方程$\boldsymbol{D}=\varepsilon \boldsymbol{E}$,$\boldsymbol{B}=\mu \boldsymbol{H}$,$\boldsymbol{j}=\sigma \boldsymbol{E}$ 才能保证麦克斯韦方程组的完备性.应用麦克斯韦方程组,加上

E 和 **B** 的边界条件和初始条件，就可以确定空间任一点在任一时刻的电磁场.

3．电磁波的产生

电磁波波源的基本单元为振荡电偶极子. 在离振荡电偶极子很远的地方，**E**，**H** 可看成振幅恒定的矢量，电磁波可看成平面电磁波，其波动方程可表示为

$$\boldsymbol{E}=E_0\cos\omega\left[\left(t-\frac{r}{u}\right)\right],$$

$$\boldsymbol{H}=H_0\cos\omega\left[\left(t-\frac{r}{u}\right)\right].$$

4．平面电磁波的性质

(1) 平面电磁波是横波，具有偏振性. 其电矢量 **E**、磁矢量 **H** 和波速 **u** 三者相互垂直，**u** 的方向就是矢积 **E**×**H** 的方向.

(2) 同一点的 **E** 和 **H** 的量值成比例，即 $\sqrt{\varepsilon}E=\sqrt{\mu}H$.

(3) **E** 和 **H** 的振动相位相同.

(4) 电磁波的传播速度 **u** 的大小为 $u=\dfrac{1}{\sqrt{\varepsilon\mu}}$，**u** 仅由介质的电容率和磁导率决定，在真空中

$$u=c=\frac{1}{\sqrt{\varepsilon_0\mu_0}}=2.997\,9\times10^8\ \text{m/s}.$$

5．电磁波的能量

(1) 能量密度

$$w=w_{\mathrm{e}}+w_{\mathrm{m}}=\frac{1}{2}\varepsilon E^2+\frac{1}{2}\mu H^2.$$

(2) 坡印廷矢量(能流密度)

$$\boldsymbol{S}=\boldsymbol{E}\times\boldsymbol{H}.$$

(3) 电磁波的强度(平均能流密度)

$$\overline{S}=\frac{1}{2}E_0H_0=\frac{1}{2}\sqrt{\frac{\varepsilon}{\mu}}E_0^2.$$

电磁波的强度正比于 E_0^2.

问题与讨论

问题 1　位移电流与传导电流的共同点和不同点有哪些？

答　(1) 位移电流与传导电流只有一个共同点，即位移电流具有与传导电流一样的磁效应.

(2) 位移电流与传导电流不同之处有三：一是产生机理不同，传导电流是电荷定向运动形成的，位移电流是变化的电场；二是存在条件不同，传导电流需要

导体，位移电流不需要导体，可以存在于真空中、导体中、介质中；三是位移电流没有热效应，传导电流产生焦耳热.

问题 2 位移电流密度的方向是否与电位移 $\boldsymbol{D}$ 的方向一致？

答 位移电流密度 $\boldsymbol{j}_{\mathrm{d}}$ 的方向与电位移 $\boldsymbol{D}$ 对时间的变化率 $\dfrac{\partial \boldsymbol{D}}{\partial t}$ 方向一致，而不一定与电位移 $\boldsymbol{D}$ 的方向一致. 当 $\boldsymbol{D}$ 增大时，$\boldsymbol{j}_{\mathrm{d}}$ 与 $\boldsymbol{D}$ 同方向，如电容器的充电过程；当 $\boldsymbol{D}$ 减小时，$\boldsymbol{j}_{\mathrm{d}}$ 与 $\boldsymbol{D}$ 反方向，如电容器的放电过程.

问题 3 麦克斯韦方程组有哪些不对称性，这些不对称性的物理意义是什么？

答 把麦克斯韦方程组中的

$$\oint_S \boldsymbol{D} \cdot \mathrm{d}\boldsymbol{S} = Q \text{ 和 } \oint_S \boldsymbol{B} \cdot \mathrm{d}\boldsymbol{S} = 0$$

作比较，可发现后一式的等号右边不存在与电荷对称的“磁荷”项，表明磁场是无源场，磁感线是无头无尾的闭合线. 把

$$\oint_L \boldsymbol{E} \cdot \mathrm{d}\boldsymbol{l} = -\int_S \frac{\partial \boldsymbol{B}}{\partial t} \cdot \mathrm{d}\boldsymbol{S} \text{ 与 } \oint_L \boldsymbol{H} \cdot \mathrm{d}\boldsymbol{l} = \int_S \left(\boldsymbol{j}_c + \frac{\partial \boldsymbol{D}}{\partial t}\right) \cdot \mathrm{d}\boldsymbol{S}$$

作比较，可发现前一式中少一项与传导电流对称的“磁流”项，而且前一式中还多了一个“－”号. 不出现“磁流”项是与不存在“磁荷”相自洽的.

麦克斯韦方程组的这些“不对称性”，深刻体现了电磁场的统一性和相对性，同时也给物理学家充分的想象空间.

典型例题分析

例 1 试证明平行板电容器中的位移电流可写为 $I_{\mathrm{d}} = C\dfrac{\mathrm{d}U}{\mathrm{d}t}$，式中，$C$ 是电容器的电容，U 是两极板间的电势差.

证 根据全电流连续的规律，对于电容器充放电电路，导体中只有传导电流，两板间只有位移电流，因此导体中的传导电流等于两板间的位移电流

$$I_{\mathrm{c}} = I_{\mathrm{d}}.$$

导体中的传导电流又等于两板上的电量对时间的导数

$$I_{\mathrm{c}} = \frac{\mathrm{d}q}{\mathrm{d}t} = \frac{\mathrm{d}(CU)}{\mathrm{d}t} = C\frac{\mathrm{d}U}{\mathrm{d}t},$$

即

$$I_{\mathrm{d}} = C\frac{\mathrm{d}U}{\mathrm{d}t},$$

命题得证.

例 2 氦氖激光器发出的圆柱形激光束的功率为 $\overline{P}=10\ \text{mW}$，光束截面直径 d 为 2 mm，求该激光的最大电场强度和磁感强度.

解 一方面，激光的平均能流强度

$$\overline{S}=\frac{\overline{P}}{S}=\frac{\overline{P}}{\frac{1}{4}\pi d^2}=\frac{4\overline{P}}{\pi d^2}=3.2\times10^3\ \text{W/m}^2.$$

另一方面，考虑到平均能流强度与电场强度和磁场强度的最大值有如下关系

$$\overline{S}=\frac{1}{2}\sqrt{\frac{\varepsilon_0}{\mu_0}}E_0^2=\frac{1}{2}\sqrt{\frac{\mu_0}{\varepsilon_0}}H_0^2,$$

以及

$$u=c=\frac{1}{\sqrt{\varepsilon_0\mu_0}}=2.997\,9\times10^8\ \text{m/s},$$

$$B_0=\mu_0 H_0,$$

可得电场强度和磁感强度的最大值

$$E_0=\sqrt{\frac{2S}{\varepsilon_0 c}}=1.55\times10^3\ \text{V/m},$$

$$B_0=\frac{E_0}{c}=5.17\times10^{-6}\ \text{T}.$$

本章自测

一、选择题

1. 位移电流的大小取决于________.

(A) 电场强度的大小　　(B) 电位移矢量的大小

(C) 电位移通量的大小　　(D) 电场随时间变化率的大小

2. 一平行板空气电容器的两板都是半径为 R 的圆导体片. 在充电时，板间电场强度的变化率为 $\frac{\mathrm{d}\boldsymbol{E}}{\mathrm{d}t}$，若略去边缘效应，则两板间的位移电流为________.

(A) $\frac{\mathrm{d}\boldsymbol{E}}{\mathrm{d}t}$　　(B) $\varepsilon_0\frac{\mathrm{d}\boldsymbol{E}}{\mathrm{d}t}$

(C) $\pi R^2\frac{\mathrm{d}\boldsymbol{E}}{\mathrm{d}t}$　　(D) $\pi R^2\varepsilon_0\frac{\mathrm{d}\boldsymbol{E}}{\mathrm{d}t}$

3. 如图 10-1 所示，平板电容器(忽略边缘效应)充电时，沿环路 L_1 的磁场

强度 H 的环流与沿环路 L_2 的磁场强度 H 的环流两者，必有________.

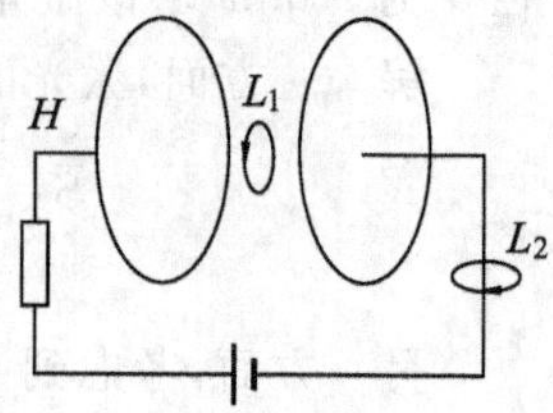

图 10-1

(A) $\oint_{L_1} \boldsymbol{H} \cdot \mathrm{d}\boldsymbol{l} > \oint_{L_2} \boldsymbol{H} \cdot \mathrm{d}\boldsymbol{l}$

(B) $\oint_{L_1} \boldsymbol{H} \cdot \mathrm{d}\boldsymbol{l} = \oint_{L_2} \boldsymbol{H} \cdot \mathrm{d}\boldsymbol{l}$

(C) $\oint_{L_1} \boldsymbol{H} \cdot \mathrm{d}\boldsymbol{l} < \oint_{L_2} \boldsymbol{H} \cdot \mathrm{d}\boldsymbol{l}$

(D) $\oint_{L_1} \boldsymbol{H} \cdot \mathrm{d}\boldsymbol{l} = 0, \oint_{L_2} \boldsymbol{H} \cdot \mathrm{d}\boldsymbol{l} \neq 0$

二、填空题

1. 位移电流与传导电流不同，只要电场随________变化，就会有位移电流.

2. 传导电流和________电流的和称为全电流.

3. 平面电磁波是________波，$\boldsymbol{E}$ 和 $\boldsymbol{H}$ 的振动相位________.

4. 坡印廷矢量 $\boldsymbol{S}$ 的物理意义是________，其定义式为________.

5. 反映电磁场基本性质和规律的积分形式的麦克斯韦方程组为

(A) $\oint_S \boldsymbol{D} \cdot \mathrm{d}\boldsymbol{S} = \int_V \rho \mathrm{d}V$　　(B) $\oint_S \boldsymbol{B} \cdot \mathrm{d}\boldsymbol{S} = 0$

(C) $\oint_l \boldsymbol{E} \cdot \mathrm{d}\boldsymbol{l} = -\int \frac{\partial \boldsymbol{B}}{\partial t} \cdot \mathrm{d}\boldsymbol{S}$　　(D) $\oint_l \boldsymbol{H} \cdot \mathrm{d}\boldsymbol{l} = \int_S \left(\mathrm{J} + \frac{\partial \boldsymbol{D}}{\partial t}\right) \cdot \mathrm{d}\boldsymbol{S}$

试判断下列结论是包含于或等效于哪一个麦克斯韦方程式的.将你确定的方程式用代号填在相应结论后的空白处.

(1) 变化的磁场一定伴随有电场.________

(2) 磁感线是无头无尾的.________

(3) 电荷总伴随有电场.________

6. 图 10-2 为一充电后的平行板电容器，A 板带正电，B 板带负电.当将开关 K 合上时，AB 板之间的电场方向为______，位移电流的方向为________.(按图上所标 x 轴正方向回答)

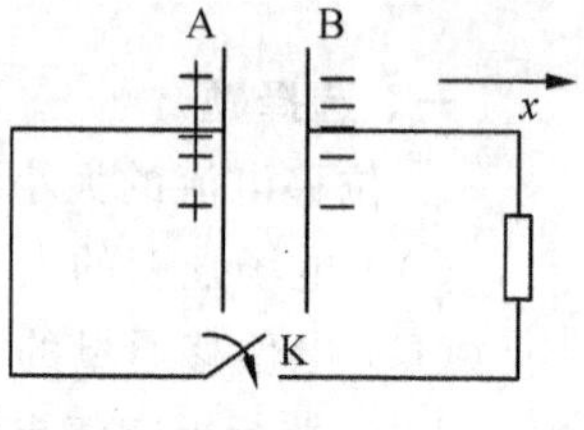

图 10-2

三、计算题

1. 如图 10-3 所示，直流电源的电动势为 ε（电源无内阻），电阻为 R，平行板电容器的电容为 C，试求：

(1) 接通电源的瞬时的传导电流和电容器极板间的位移电流；

(2) $t=t_0$ 时，电容器极板间的位移电流.

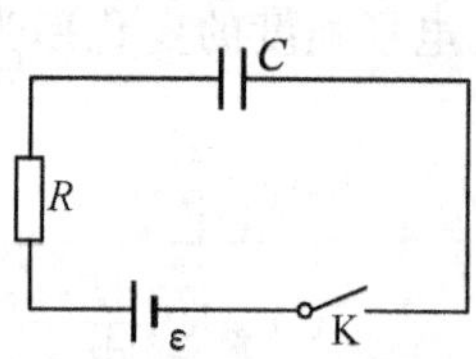

图 10-3

2. 一平行板电容器的两极板都是半径为 5.0 cm 的圆导体片，在充电时，其中电场强度的变化率为$\frac{\mathrm{d}E}{\mathrm{d}t}=1.0\times10^{12}\ \mathrm{V/m\cdot s^{-1}}$. 试求：

(1) 两极板间的位移电流 I_d；

(2) 极板边缘的磁感应强度 $\boldsymbol{B}$.

3. 在半径为 R 圆柱形区域内，存在均匀电场 $\boldsymbol{E}$，且$\frac{\mathrm{d}E}{\mathrm{d}t}$为负的恒量，如图 10-4 所示. 试求：

(1) 位移电流 I_d；

(2) 点 $P(r<R)$位移电流激发的磁场 $\boldsymbol{B}$.

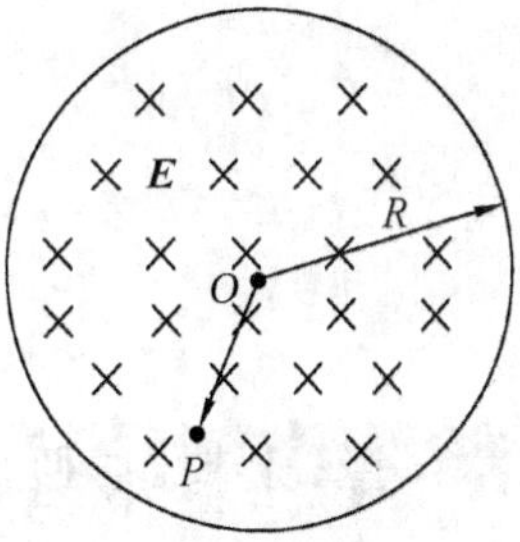

图 10-4

4. 在地面上测得太阳光的能流约为 1.4 kW/m^2.

(1) 求 $\boldsymbol{E}$ 和 $\boldsymbol{B}$ 的最大值；

(2) 从地球到太阳的距离约为 1.5×10^{11} m，试求太阳的总辐射功率.

第 11～12 章

光学仪器 干涉 衍射 偏振及其应用

学习基本要求

(1) 了解常用的几何光学仪器：投影仪、照相机、眼睛、放大镜、显微镜和望远镜. 掌握其基本计算.

(2) 掌握波动光学中干涉基本原理的工程应用，学会计算相关内容，掌握迈克尔孙干涉仪的基本原理.

(3) 了解光栅衍射图样的特点及其成因，能用光栅公式分析计算光栅衍射的规律.

(4) 了解 X 射线的衍射.

(5) 理解自然光、线偏振光和部分偏振光.

(6) 理解起偏器和检偏器的原理与作用，掌握马吕斯定律及其应用.

(7) 理解光在反射和折射时偏振状态的变化，掌握布儒斯特定律及其应用.

(8) 了解偏振光的干涉和双折射现象.

基本定律和基本方法

1. 常见光学仪器

(1) 投影仪器：电影机、幻灯机等，镜头到像平面的距离 s' 比焦距 f 大得多，物距 $s\approx f$，放大率 $\beta=\frac{s'}{s}=\frac{s'}{f}$.

(2) 照相机：镜头到物的距离 s 比焦距 f 大得多，像距 $s'\approx f$.

(3) 眼睛：眼睛肌肉完全放松和最紧张时所能清晰观察的点，分别称为远点和近点. 正常眼睛远点在无穷远处，而近视眼的远点在有限远的位置上，所以不能看清远处的物体，远视眼的近点却比正常眼睛要远，所以看不清近处的物体(见图 11-1).

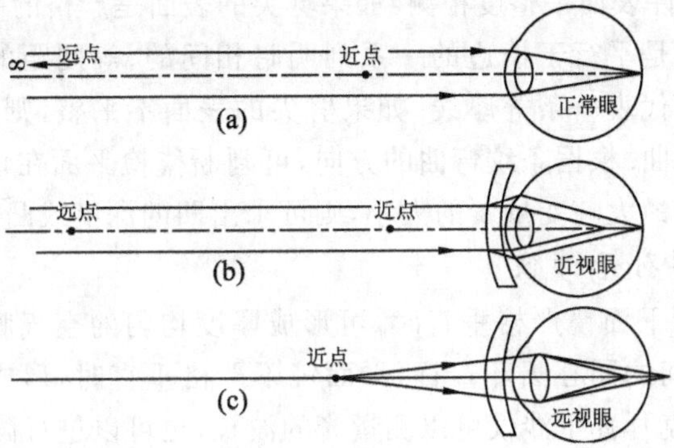

图 11-1

2. 增透和增反

(1) 反射光的光程差

$$\Delta=2d\sqrt{n_2^2-n_1^2\sin^2 i}+\delta.$$

附加光程差 δ 的取值由薄膜及其上下表面的折射率决定.设光从折射率为 n_1 的媒质中入射到折射率为 n_2 的薄膜上,薄膜下面的媒质的折射率为 n_3.

当 $n_1>n_2>n_3$ 或 $n_1<n_2<n_3$ 时,$\delta=0$;

当 $n_1>n_2<n_3$ 或 $n_1<n_2>n_3$ 时,$\delta=\frac{\lambda}{2}$.

当光垂直照射($i=0$)时,有

$$\Delta=2nd+\delta.$$

(2) 增透膜:反射光干涉减弱,透射光干涉增强.即

$$\Delta=(2k+1)\frac{\lambda}{2}\quad (k=1,2,3,\cdots).$$

增反膜:反射光干涉加强,透射光干涉减弱.即

$$\Delta=k\lambda\quad (k=1,2,3,\cdots).$$

3. 劈尖干涉相关应用

(1) 干涉条件(垂直入射,且有$\frac{\lambda}{2}$附加光程差)

$$\Delta=2nd+\frac{\lambda}{2}=\begin{cases}k\lambda & (k=1,2,\cdots), & 加强,\\ (2k+1)\lambda/2 & (k=0,1,2,\cdots), & 减弱.\end{cases}$$

(2) 光干涉微位移测量:空气劈尖的上表面(或下表面)往上(或往下)平移 $\lambda_n/2$ 的距离,即薄膜的厚度增大(或减小)$\lambda_n/2$,则光线在劈尖两表面反射光的光程差,就要增加(或减少)一个 λ_n,这时干涉条纹在水平方向上移动了一条,如果数出在视场中移过条纹的数目,就能测得劈尖表面上、下移动的距离.

(3) 光学元件表面平整度检测：如果劈尖的表面是严格的平面，则在劈尖薄膜上的干涉条纹是平行于棱边的一系列明暗相间的、等间距的直条纹，每一条明纹(或暗纹)都代表一条等厚线. 如果劈尖的表面不平整，则干涉条纹将在凹凸不平处发生弯曲. 根据条纹弯曲的方向，可判断待检平面在该处是凹还是凸，测出条纹弯曲的最大畸变量 b' 的大小，则可求出凹的深度或凸的高度.

4. 迈克耳孙干涉仪

该装置中两平面镜严格垂直时，可形成厚度均匀的空气膜，看到等倾干涉条纹，即明暗相间的同心圆环；当两平面镜不严格垂直时，形成空气劈尖，观察到等厚条纹. 迈克耳孙干涉仪可以测量光的波长，也可以进行微小长度的测量.

5. 光栅衍射

大量等间距、等宽度的平行透光缝组成透射光栅，透光缝的宽度 b，相邻缝间不透光的宽度 a，相邻两缝的间距为 d，$d=a+b$ 叫做光栅常数. 若光栅每毫米刻有 N 条缝，则其光栅常数为 $d=\dfrac{1}{N}$ mm.

(1) 光栅方程(主极大条件)

$$d\sin\theta=\pm j\lambda, j=0,1,2\cdots.$$

(2) 衍射图样：光栅衍射是多缝干涉和单缝衍射的综合效果，单色光照射时，由于在主极大亮纹之间有许多暗纹和次级明纹，所以观察效果为几乎黑暗的背景上出现许多又细又亮的条纹，缝越多，条纹越细越亮.

(3) 缺级现象

$$\begin{cases} d\sin\theta=\pm j\lambda, \\ b\sin\theta=\pm k\lambda. \end{cases}$$

缺级的级次为

$$j=k\frac{d}{b}, k=\pm 1,2,\cdots.$$

j 也要为整数，也就是说只有 $k\dfrac{d}{b}$ 为整数时才会发生缺级.

(4) 光栅光谱：白光照射光栅时，除中央亮纹仍为白色外，两侧会出现由紫到红连续的彩色光带，称为光谱. 除第一级光谱外，其他各级光谱均有部分重叠.

6. X 射线衍射

X 射线在本质上是一种波长极短的电磁波，因而也有干涉衍射现象.

布拉格公式：当一束 X 射线以掠射角 θ 射到晶面上时，当两束反射线的光程差

$$\Delta=2d\sin\theta=j\lambda \quad (j=0,1,2,3,\cdots)$$

时，各层晶面的反射都相互加强，形成干涉主极大，其中 d 为晶格常量.

7. 光的偏振性

(1) 自然光与偏振光.

自然光:在垂直于光传播方向的平面上,一切可能的方向上都具有光振动,并且在所有可能的方向上,光矢量的振幅都相等.

线偏振光(平面偏振光):自然光经某些物质反射、折射或吸收后,可能只保留某一方向的光振动.

部分偏振光:某一方向的光振动比与之相垂直的方向上的光振动占优势.

图 12-1a,12-1b,12-1c 分别为自然光、线偏振光、部分偏振光的表示.

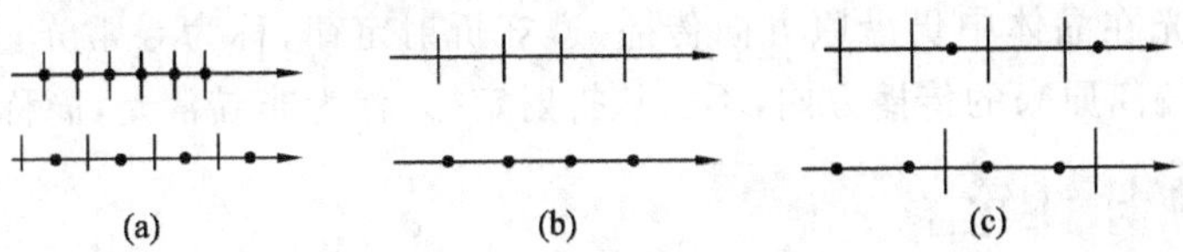

图 12-1

(2) 起偏与检偏.

起偏:自然光照射在偏振片上时,透过偏振片后成为线偏振光,其光振动的方向与偏振化方向平行,其透过光强为原来的 1/2.

检偏:让光束垂直照射检偏器,并让检偏器绕轴旋转,若透射光强不变,则为自然光;若只有某个方向透射光光强最大,而与该方向垂直的透射光强为零,则为线偏振光;若透射光强发生变化,但始终有透射光通过,则为部分偏振光.

8. 马吕斯定律

线偏振光通过检偏器时,若不考虑吸收,则透射光强为

$$I=I_0\cos^2\alpha,$$

其中,I_0 为透过前的线偏振光光强,I 为透过后光强,α 为偏振光的振动方向与检偏器的偏振化方向的夹角.

9. 反射光和折射光的偏振

一般情况下,当自然光入射到折射率分别为 n_1 和 n_2 的两种透明媒质的分界面上时,反射光和折射光都是部分偏振光(见图 12-2a).

布儒斯特定律:当 $i=i_0$ 时,反射光有可能成为线偏振光(见图 12-2b).

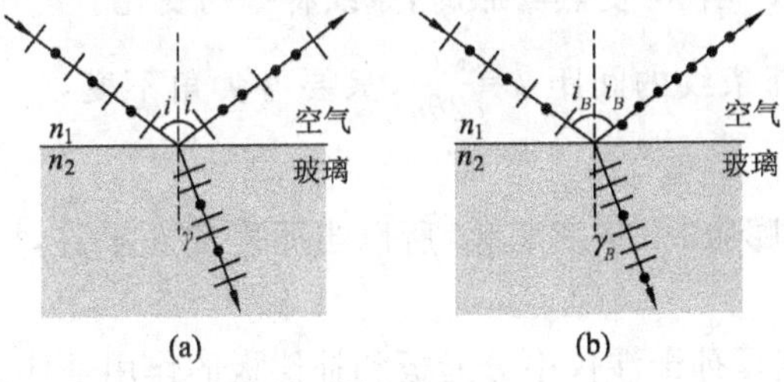

图 12-2

此时，
$$\tan i_B=\frac{n_2}{n_1}.$$
入射光线和折射光线垂直，即
$$i_B+\gamma_B=90°.$$

10. **光的双折射**

自然光经各向异性介质（如方解石、石英等）折射时，将有两束折射光，这种现象称为双折射现象.

当自然光垂直入射（入射角 $i=0$）于方解石晶体的表面，折射光分成两束，其中一束光在晶体中仍沿原方向传播，遵守折射定律，称为寻常光，简称 o 光；另一束光偏离原来的传播方向，不服从折射定律，称为非寻常光，简称 e 光.

问题与讨论

问题 1 来自远方物体的光，经小华眼球折光系统折射后成像情况如图 11-2 所示，则他应佩戴什么样的眼镜加以矫正？近视眼镜的镜片是一个什么透镜？它和眼球中相当于透镜的那部分的综合作用使眼球这个“照相机”的“镜头”的焦距如何变化？

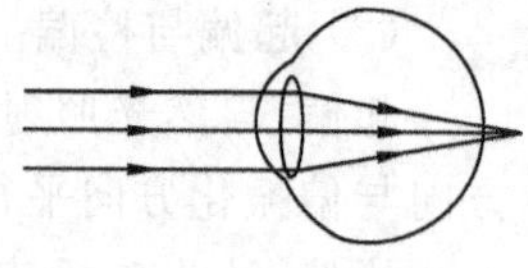

图 11-2

答 图 11-2 所示为远视眼，应使用凸透镜进行矫正；近视眼镜的镜片是一个凹透镜；它和眼球中相当于透镜的那部分的综合作用使眼球这个“照相机”的“镜头”的焦距变大.

问题 2 若从望远镜内看到的狭缝不够清晰，应当调节什么部件.

答 旋松狭缝紧固螺丝，前后拉伸狭缝装置，使其落在望远镜的焦平面上（即物镜调焦）.

问题 3 图 11-3 为一干涉膨胀仪示意图，上下两平行玻璃板用一对热膨胀系数极小的石英柱支撑着，被测样品 W 在两玻璃板之间，样品上表面与玻璃板下表面间形成一空气劈尖，在以波长为 λ 的单色光照射下，可以看到平行的等厚干涉条纹. 当 W 受热膨胀时，条纹将如何变化？

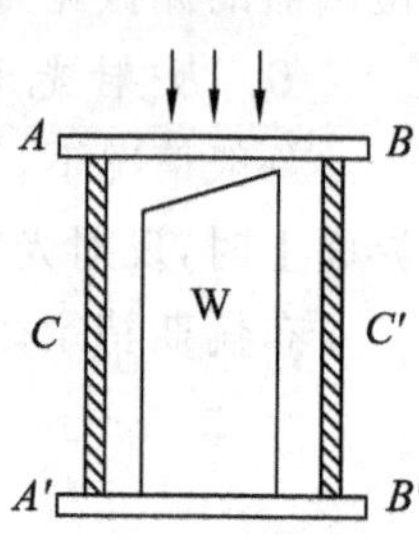

图 11-3

答 根据相邻条纹的间距 $l=\frac{\lambda}{2\theta n}$，只要劈尖角不变，间距不变.

由于 W 受热膨胀时，厚度变化，所以当厚度向左平移，则相应的条纹也向左平移.

问题 4 迈克耳孙干涉仪中分光板和补偿板的作用是什么？

答 分光玻璃板作用：产生两个具有同频率，同振动方向，初相相同，强度相差不大的两个光源. 迈克耳孙干涉仪中补偿玻璃板有两种作用，其一是补偿分光板因色散而产生的附加程差，为获得白光干涉条纹所必须；其二是补偿相同入射角不同入射面光线所产生的附加光程差，为获得同心圆形的等倾条纹所必须.

问题 5 光栅形成的光谱较玻璃棱镜形成的色散光谱有何不同？

答 两者都是分光元件，不同点如下：

(1) 光栅光谱有一系列的级次，每一级次都有正负两套光谱，零级光谱因波长重合而不能分光；而棱镜光谱只有一套零级光谱，相对强度大.

(2) 低级次的光栅光谱波长与衍射角近似有正比关系，称为匀排光谱；而棱镜光谱的波长与角度为非线性关系，不是匀排光谱.

问题 6 假定光源的波长范围是 400～550 nm，入射光垂直入射到光栅上，问光谱从第几级开始相互重叠？为什么？

答 由于不同波长的光通过光栅的角色散不同，对应接收屏上条纹间距不同，所以不同波长不同级次的光谱会重叠. 取光谱范围两端的衍射光进行计算，设从 m 级开始重叠，则

$$m\times 550=(m+1)\times 400,$$

得到 $m=2.67$，取整得到 $m=3$，即从第 3 级开始重叠.

问题 7 用偏振片怎样来区分自然光、部分偏振光和线偏振光？

答 将光通过偏振片，光强无变化的为自然光；光强有变化但不会出现完全消光的为部分偏振光；光强有变化且在某个方向为零的是线偏振光.

问题 8 在图 12-3 所示的偏振光干涉装置中，C 是劈尖角很小的双折射晶片，折射率 $n_e>n_0$，P_1，P_2 的偏振化方向相互正交，与光轴方向皆成 45°角. 若以波长为 λ 的单色自然光垂直照射，试讨论：

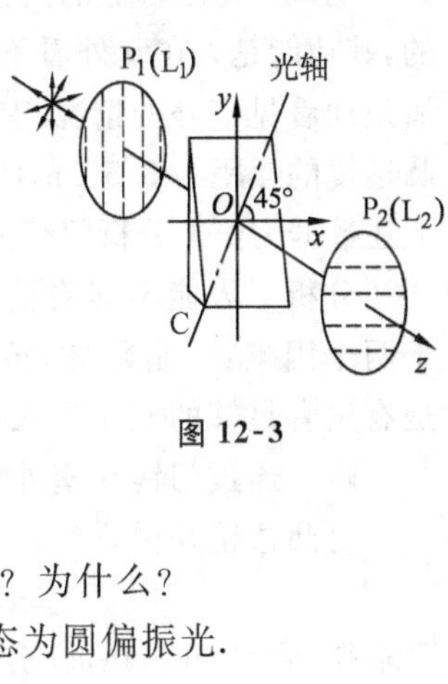

图 12-3

(1) 通过晶片 C 不同厚度处出射光的偏振态；

(2) 经过偏振片 P_2 的出射光干涉相长及相消位置与劈尖厚度 d 之间的关系，并求干涉相长的光强与入射光光强之比；

(3) 转动 P_2 到与 P_1 平行时，干涉条纹如何变化？为什么？

答 (1) 通过晶片 C 不同厚度处出射光的偏振态为圆偏振光.

(2) 这是一个劈尖干涉的情况，所以，

$$\begin{cases} \dfrac{2\pi}{\lambda}(n_e-n_o)d+\pi=2k\pi & \text{（明条纹）}, \\ \dfrac{2\pi}{\lambda}(n_e-n_o)d+\pi=(2k+1)\pi & \text{（暗条纹）}. \end{cases}$$

干涉相长时的光强

$$I=I_o+I_e=\frac{1}{2}\sin^2\theta\cos^2\theta+\frac{1}{2}\sin^2\theta\cos^2\theta=\frac{1}{4}I_0.$$

干涉相长的光强与入射光光强之比为 1∶4.

(3) 若转动 P_2 到与 P_1 平行时，相位差中的 π 就没有了，所以干涉条纹中明暗条纹互换位置.

问题 9 如图 12-4 所示，A 是一块有小圆孔 S 的金属挡板，B 是一块方解石，其光轴方向在纸面内，P 是一块偏振片，C 是屏幕. 一束平行的自然光穿过小孔 S 后，垂直入射到方解石的端面上. 当以入射光线为轴，转动方解石时，在屏幕 C 上能看到什么现象？

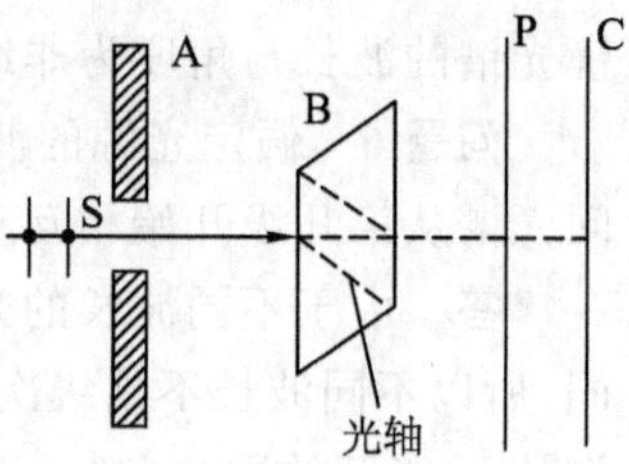

图 12-4

答 一个光点围绕着另一个不动的光点旋转，方解石每转过 90°角时，两光点的明暗交变一次，一个最亮时，另一个最暗.

典型例题分析

例 1 装在门上的门镜是由一个凹透镜和一凸透镜组成的，其功能是人在室外看不清室内的情况，而在室内的人却能清楚地看见室外的情况. 有一种门镜的凹透镜焦距为 1.0 cm，凸透镜的焦距为 3.5 cm，两透镜之间的距离为 2.1 cm，我们以上述数据为例来分析门镜为什么具有这样的功能.

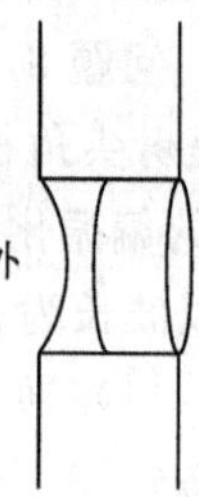

图 11-4

分析 人能不能看清一个物体(或一个物体的像)取决于两个因素：一是物体(或像)是否在人眼的明视距离内；二是有没有足够的光能进入人眼.

解 通过门镜在室外看室内物体时，设室内物体到门的距离为 100 cm.

对凸透镜来说，

$$s_1=100\text{ cm},\ f_1=3.5\text{ cm},$$

可求得 $s_1'=3.63$ cm，成实像.

对凹透镜来说，实像是它的虚物，

$$s_2=-1.53\text{ cm},\ f_2=-1.0\text{ cm},$$

求得 $s_2'=-2.89$ cm.

这说明室内物体发出的光经过门镜后在门内侧成一虚像，像距相当小. 人眼如果靠近门镜观察，人眼与虚像间的距离比明视距离小很多，无法看清. 如果人退离门镜观察，则虚像能够进入眼睛的光线太少，同样无法看清.

通过门镜在室内看室外物体时，设室外物体到门的距离为 100 cm.

对凹透镜来说，

$$s_1=100\ \text{cm},\ f_1=-1.0\ \text{cm},$$

可求得 $s_1'=-0.99$ cm，成虚像.

对凸透镜来说，虚像是它的实物，

$$s_2=3.09\ \text{cm},\ f_2=3.5\ \text{cm},$$

求得 $s_2'=-26.4$ cm.

这说明室外物体发出的光经过门镜后在门外侧成一虚像，像距略大于明视距离. 如果人眼贴在门镜上看，可以看清门外物体.

例 2 一观剧望远镜物镜焦距为 12 cm，目镜焦距为 -4 cm，当观察 7.2 m 处的物体时，最后的像成于目镜前 20 cm 处，求两镜间距.

解 对物镜而言，

$$s_1=7.2\ \text{m},\ f_1=12\ \text{cm},$$

则 $s_1'=12.2$ cm.

对目镜而言，

$$s_2'=-20\ \text{cm},\ f_2=-4\ \text{cm},$$

则 $s_2=-5$ cm.

物镜成的像是目镜的虚物，两镜间距为

$$s_1'-|s_2|=7.2\ \text{cm}.$$

例 3 图 11-5a 为检查块规的装置，G_0 为标准块规，G 为上端面待测的块规，用波长为 λ 的平行光垂直照射，测得平晶与块规之间空气劈尖的干涉条纹如图 11-5b 所示. 对于 G_0 和 G 的条纹间距分别为 l_0 和 l，且 $l_0<l$. 若将 G 转过 180°，两侧条纹均比原来密.

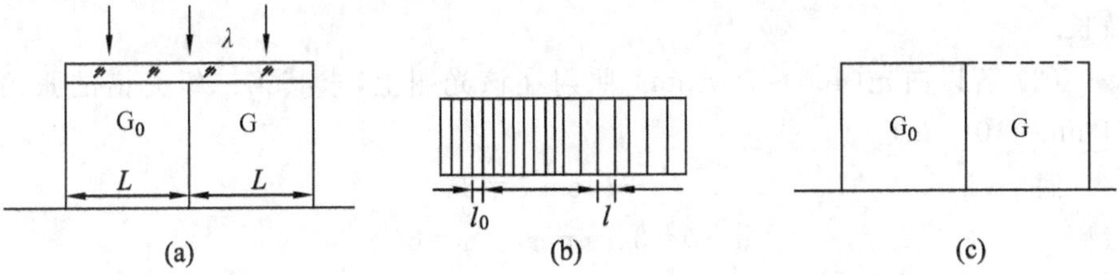

图 11-5

(1) 判断并在图 11-5c 中画出 G 规上端面的形貌示意图；

(2) 求 G 规左、右侧与 G_0 的高度差.

解 (1) 根据相邻条纹的间距 $l=\dfrac{\lambda}{2\theta}$，对于 G_0 和 G 的条纹间距分别为 l_0 和 l，$l_0<l$，可知 $\theta_0>\theta$. 将 G 转过 180°，两侧条纹均比原来密，即角度变大了，所以图中 G 的形状为 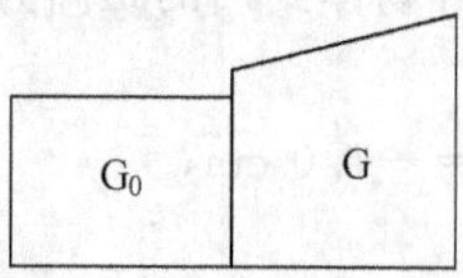

(2) 求 G 规左、右侧与 G_0 的高度差.

$$h_{左}=L\sin\theta_0=\frac{\lambda L}{2l_0},$$

$$h_{右}=L\sin\theta=h_{左}+\frac{\lambda L}{2l}=\frac{\lambda L}{2l_0}+\frac{\lambda L}{2l}.$$

例 4 迈克尔孙干涉仪一光路中插入一折射率为 n、厚度为 d 的介质片，条纹移动多少条？

分析 本题要求掌握迈克尔孙干涉仪干涉条纹移动数与光程差改变量的关系.

解 在迈克尔孙干涉仪一光路中插入一介质片后，光程差改变

$$\Delta_2-\Delta_1=2(n-1)d.$$

由干涉相长公式 $\Delta=k\lambda$ 可知

$$\Delta_1=k\lambda,\ \Delta_2=(\Delta k+k)\lambda,$$

则

$$\Delta_2-\Delta_1=\Delta k\cdot\lambda.$$

所以条纹移动的条数

$$\Delta k=\frac{2(n-1)d}{\lambda}.$$

例 5 用钠光($\lambda=589.3$ nm)垂直照射到某光栅上，测得第三级光谱的衍射角为 60°.

(1) 若换用另一光源测得其第二级光谱的衍射角为 30°，求后一光源发光的波长.

(2) 若以白光(400～760 nm) 照射在该光栅上，求其第二级光谱的张角.(1 nm$=10^{-9}$ m)

解 (1)

$$(a+b)\sin\varphi=3\lambda,$$

$$a+b=3\lambda/\sin\varphi,\quad \varphi=60°.$$

$$a+b=2\lambda'/\sin\varphi',\quad \varphi'=30°.$$

$$3\lambda/\sin\varphi=2\lambda'/\sin\varphi',$$

$$\lambda'=510.3\ \text{nm}.$$

(2) $$(a+b)=3\lambda/\sin\varphi=2\,041.4\ \text{nm},$$

$$\varphi_2'=\sin^{-1}(2\times400/2\,041.4)\ (\lambda=400\ \text{nm}),$$

$$\varphi_2''=\sin^{-1}(2\times760/2\,041.4)\ (\lambda=760\ \text{nm}).$$

白光第二级光谱的张角

$$\Delta\varphi=\varphi''_2-\varphi'_2=25°.$$

例 6 已知某 X 射线含有从 9.5～13 nm 范围内的各种波长，晶体的晶格常数为 $d=27.5$ nm，X 射线以 45°角入射，求反射加强的波长.

解 由布拉格公式 $2d\sin\theta=k\lambda$ 得

$$\lambda=\frac{2d\sin\theta}{k}.$$

$k=1,\lambda_1=2\times2.75\times\sin45°=3.89$ nm(舍去).

$k=2,\lambda_2=\frac{1}{2}\times2\times2.75\times\sin45°=1.94$ nm(舍去).

$k=3,\lambda_3=\frac{1}{3}\times2\times2.75\times\sin45°=1.30$ nm.

$k=4,\lambda_4=\frac{1}{4}\times2\times2.75\times\sin45°=0.97$ nm.

答 $\lambda=1.3, 0.97$ nm 的射线能产生强反射.

例 7 有三个偏振片叠在一起. 已知第一个偏振片与第三个偏振片的偏振化方向相互垂直. 一束光强为 I_0 的自然光垂直入射在偏振片上，已知通过三个偏振片后的光强为 $I_0/16$. 求第二个偏振片与第一个偏振片的偏振化方向之间的夹角.

解 设第二个偏振片与第一个偏振片的偏振化方向间的夹角为 θ.

透过第一个偏振片后的光强为

$$I_1=I_0/2.$$

透过第二个偏振片后的光强为 I_2，由马吕斯定律得

$$I_2=(I_0/2)\cos^2\theta.$$

透过第三个偏振片的光强为

$$I_3=I_2\cos^2(90°-\theta)=(I_0/2)\cos^2\theta\sin^2\theta=(I_0/8)\sin^2 2\theta.$$

由题意知

$$I_3=I_2/16,$$

所以

$$\sin^2 2\theta=1/2,$$

$$\theta=\frac{1}{2}\sin^{-1}(\sqrt{2}/2)=22.5^\circ.$$

例 8 一束自然光以起偏角 $i_0=48.09^\circ$ 自某透明液体入射到玻璃表面上，若玻璃的折射率为 1.56，求：

(1) 该液体的折射率；

(2) 折射角.

解 (1) 设该液体的折射率为 n，由布儒斯特定律

$$\tan i_0=\frac{1.56}{n}$$

得

$$n=1.56/\tan 48.09^\circ=1.40.$$

(2) 折射角

$$\gamma=0.5\pi-48.09^\circ=41.91^\circ\ (=41^\circ 55').$$

例 9 在图 12-5 所示的装置中，P_1，P_2 为两个正交的偏振片，C 为四分之一波片，其光轴与 P_1 的偏振化方向间夹角为 60°，强度为 I 的单色自然光垂直入射于 P_1.

(1) 试述①、②、③各区光的偏振态；

(2) 计算①、②、③各区的光强.

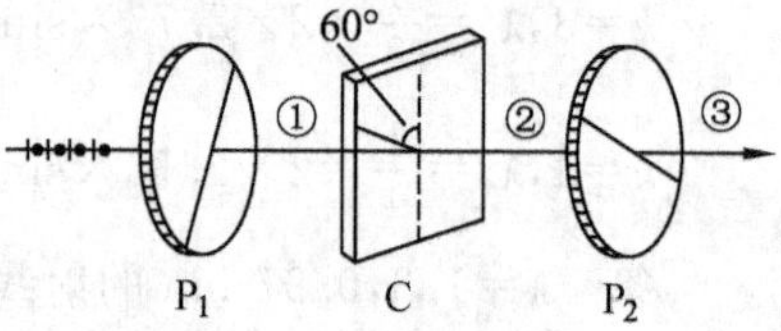

图 12-5

答 (1) ①区为线偏振光；②区为椭圆偏振光；③区为椭圆偏振光.

(2) ①区光强：$\frac{1}{2}I_0$.

②区光强：

$$I_o=\frac{1}{2}I_0\sin^2\theta=\frac{3}{8}I_0.$$

$$I_e=\frac{1}{2}I_0\cos^2\theta=\frac{1}{8}I_0.$$

③区的光强：

$$I_o=\frac{1}{2}\sin^2\theta\cos^2\theta=\frac{3}{32}I_0$$

$$I_e=\frac{1}{2}\sin^2\theta\cos^2\theta=\frac{3}{32}I_0.$$

两者发生干涉现象，并且干涉加强：

$$I=I_o+I_e=\frac{3}{16}I_0.$$

本章自测

一、选择题

1. 如图 11-6 所示，波长为 λ 的平行单色光垂直入射在折射率为 n_2 的薄膜上，经上下两个表面反射的两束光发生干涉. 若薄膜厚度为 e，而且 $n_1>n_2>n_3$，则两束反射光在相遇点的相位差为________.

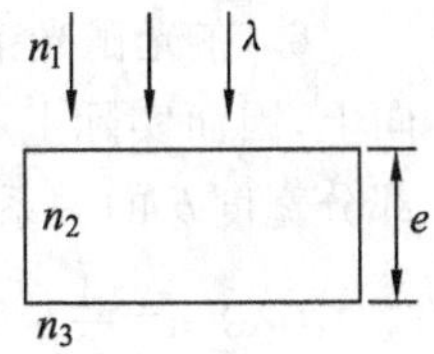

图 11-6

(A) $4\pi n_2 e/\lambda$　　(B) $2\pi n_2 e/\lambda$

(C) $(4\pi n_2 e/\lambda)+\pi$　　(D) $(2\pi n_2 e/\lambda)-\pi$

2. 在玻璃(折射率 $n_2=1.60$)表面镀一层 MgF_2(折射率 $n_2=1.38$)薄膜作为增透膜. 为了使波长为 500 nm(1 nm$=10^{-9}$ m)的光从空气($n_1=1.00$)正入射时尽可能少反射，MgF_2 薄膜的最少厚度应是________.

(A) 78.1 nm　　(B) 90.6 nm

(C) 250 nm　　(D) 181 nm

3. 用劈尖干涉法可检测工件表面缺陷，当波长为 λ 的单色平行光垂直入射时，若观察到的干涉条纹如图 11-7 所示，每一条纹弯曲部分的顶点恰好与其左边条纹的直线部分的连线相切，则工件表面与条纹弯曲处对应的部分________.

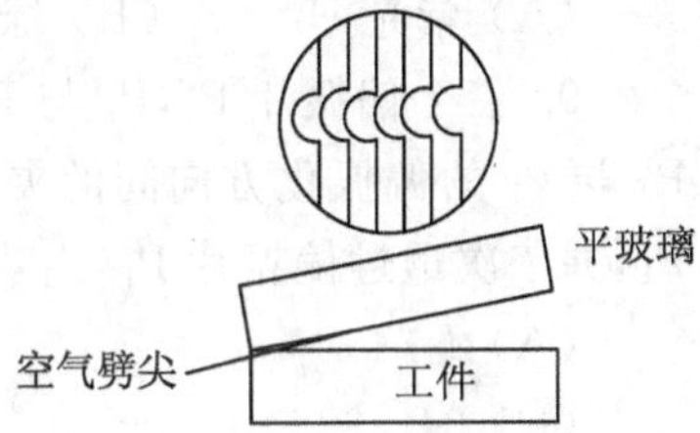

图 11-7

(A) 凸起，且高度为 $\lambda/4$

(B) 凸起，且高度为 $\lambda/2$

(C) 凹陷，且深度为 $\lambda/2$

(D) 凹陷，且深度为 $\lambda/4$

4. 如图 11-8 所示，两个直径有微小差别的彼此平行的滚柱之间的距离为 L，夹在两块平晶的中间，形成空气劈形膜，当单色光垂直入射时，产生等厚干涉条纹. 如果滚柱之间的距离 L 变小，则在 L 范围内干涉条纹的________.

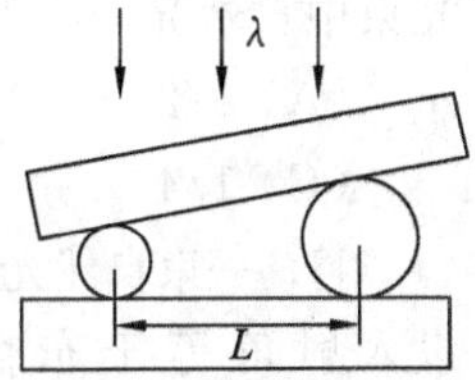

图 11-8

(A) 数目减少，间距变大　　(B) 数目不变，间距变小

(C) 数目增加，间距变小　　(D) 数目减少，间距不变

5. 在迈克耳孙干涉仪的一支光路中，放入一片折射率为 n 的透明介质薄膜后，测出两束光的光程差的改变量为一个波长 λ，则薄膜的厚度是________.

(A) $\frac{\lambda}{2}$　　(B) $\frac{\lambda}{2n}$

(C) $\frac{\lambda}{n}$　　(D) $\frac{\lambda}{2(n-1)}$

6. 在光栅光谱中，假如所有偶数级次的主极大都恰好在单缝衍射的暗纹方向上，因而实际上不出现，那么此光栅每个透光缝宽度 a 和相邻两缝间不透光部分宽度 b 的关系为________.

(A) $a=\frac{1}{2}b$　　(B) $a=b$

(C) $a=2b$　　(D) $a=3b$

7. 波长 $\lambda=550\ \text{nm}(1\ \text{nm}=10^{-9}\ \text{m})$ 的单色光垂直入射于光栅常数 $d=2\times10^{-4}\ \text{cm}$ 的平面衍射光栅上，可能观察到的光谱线的最大级次为________.

(A) 2　　(B) 3　　(C) 4　　(D) 5

8. 一束白光垂直照射在一光栅上，在形成的同一级光栅光谱中，偏离中央明纹最远的是________.

(A) 紫光　　(B) 绿光　　(C) 黄光　　(D) 红光

9. 三个偏振片 P_1，P_2 与 P_3 堆叠在一起，P_1 与 P_3 的偏振化方向相互垂直，P_2 与 P_1 的偏振化方向间的夹角为 30°. 强度为 I_0 的自然光垂直入射于偏振片 P_1，并依次透过偏振片 P_1，P_2 与 P_3，则通过三个偏振片后的光强为________.

(A) $I_0/4$　　(B) $3I_0/8$

(C) $3I_0/32$　　(D) $I_0/16$

10. 一束光是自然光和线偏振光的混合光，让它垂直通过一偏振片. 若以此入射光束为轴旋转偏振片，测得透射光强度最大值是最小值的 5 倍，那么入射光束中自然光与线偏振光的光强比值为________.

(A) 1/2　　(B) 1/3

(C) 1/4　　(D) 1/5

11. 一束自然光自空气射向一块平板玻璃(见图 12-6)，设入射角等于布儒斯特角 i_0，则在界面 2 的反射光________.

(A) 是自然光

(B) 是线偏振光且光矢量的振动方向垂直于入射面

(C) 是线偏振光且光矢量的振动方向平行于入射面

(D) 是部分偏振光

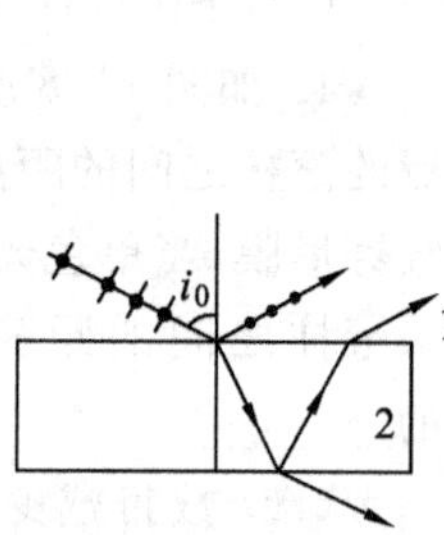

图 12-6

12. 某种透明媒质对于空气的临界角(指全反射)等于45°,光从空气射向此媒质时的布儒斯特角是________.

(A) 35.3°　　　　　　　　(B) 40.9°

(C) 45°　　　　　　　　　(D) 54.7°

13. $ABCD$ 为一块方解石的一个截面,AB 为垂直于纸面的晶体平面与纸面的交线.光轴方向在纸面内且与 AB 成一锐角 θ,如图12-7所示.一束平行的单色自然光垂直于 AB 端面入射.在方解石内折射光分解为 o 光和 e 光,o 光和 e 光的________.

(A) 传播方向相同,电场强度的振动方向互相垂直

(B) 传播方向相同,电场强度的振动方向不互相垂直

(C) 传播方向不同,电场强度的振动方向互相垂直

(D) 传播方向不同,电场强度的振动方向不互相垂直

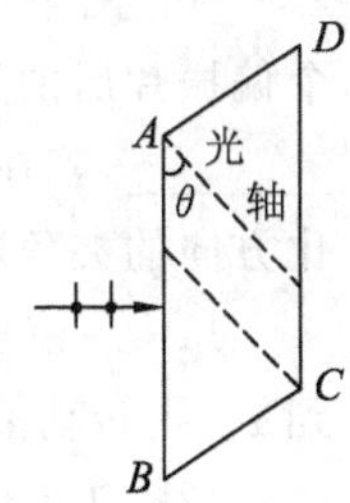

图 12-7

二、填空题

1. 人眼的调节包含________调节和________调节.

2. 一个放大镜,明视距离是30 cm的人使用时放大率是6,那么当正常人使用时放大率为________.

3. 用白光垂直照射一厚度为400 nm、折射率为1.50的空气中的薄膜表面时,反射光中被相干加强的可见光波长为________.

4. 波长为 λ 的平行单色光垂直地照射到劈形膜上,劈形膜的折射率为 n,第二条明纹与第五条明纹所对应的薄膜厚度之差是________.

5. 图12-8a为一块光学平板玻璃与一个加工过的平面一端接触,构成的空气劈尖,用波长为 λ 的单色光垂直照射.看到反射光干涉条纹(实线为暗条纹)如图11-9b所示,则干涉条纹上点 A 处所对应的空气薄膜厚度为 $e=$________.

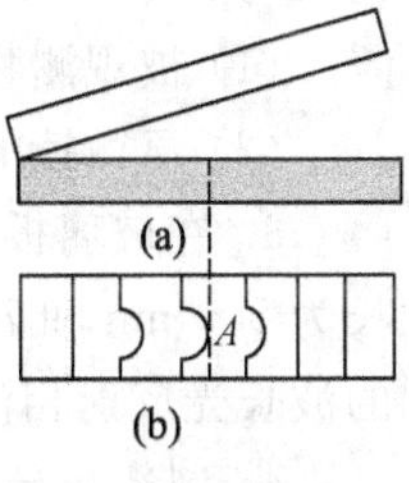

图 12-8

6. 用迈克耳孙干涉仪测微小的位移.若入射光波波长 $\lambda=628.9$ nm,当动臂反射镜移动时,干涉条纹移动了2 048条,反射镜移动的距离 $d=$________.

7. 波长为500 nm(1 nm$=10^{-9}$ m)的单色光垂直入射到光栅常数为 1.0×10^{-4} cm的平面衍射光栅上,第一级衍射主极大所对应的衍射角 $\varphi=$________.

8. 用波长为 λ 的单色平行红光垂直照射在光栅常数 $d=2$ μm(1 μm$=10^{-6}$ m)的光栅上,用焦距 $f=0.500$ m的透镜将光聚在屏上,测得第一级谱线与透镜主焦点的距离 $l=0.166\ 7$ m.则可知该入射的红光波长 $\lambda=$________nm.

$(1\ nm=10^{-9}\ m)$

9. 已知氯化钠晶体的晶面距离 $d=0.282$ nm，现用波长 $\lambda=0.154$ nm 的 X 射线射向晶体表面，观察到第一级反射极大，则 X 射线与晶体所成的掠射角=________.

10. 两个偏振片叠放在一起，强度为 I_0 的自然光垂直入射其上，若通过两个偏振片后的光强为 $I_0/8$，则此两偏振片的偏振化方向间的夹角（取锐角）是________，若在两片之间再插入一片偏振片，其偏振化方向与前后两片的偏振化方向的夹角（取锐角）相等，则通过三个偏振片后的透射光强度为________.

11. 一束自然光通过两个偏振片，若两偏振片的偏振化方向间夹角由 α_x 转到 α_y，则转动前后透射光强度之比为________.

12. 自然光以 53°的入射角照射到不知折射率的透明介质表面时，反射光为线偏振光，则折射光为________偏振光，折射角=________.

13. 一束自然光以布儒斯特角入射到平板玻璃片上，就偏振状态来说反射光为________，反射光 $\boldsymbol{E}$ 矢量的振动方向________，透射光为________.

14. 一束光线入射到单轴晶体后，成为两束光线，沿着不同方向折射. 这样的现象称为双折射现象. 其中一束折射光称为寻常光，它____________定律；另一束光线称为非常光，它____________定律.

三、计算题

1. 一个人的眼睛的远点距为 −500 mm，需带多大度数眼镜？眼镜的焦距是多少？

2. 已知显微镜物镜的焦距为 $f_1=2$ mm，目镜的焦距为 $f_2=20$ mm，光学筒长为 $\Delta=153$ mm，最后像离目镜的距离为明视距离 $d=250$ mm. 试求：

(1) 被观测物离物镜的距离；

(2) 显微镜的视角放大率.

3. 在玻璃板（折射率为 1.50）上有一层油膜（折射率为 1.30）. 已知对于波长为 500 nm 和 700 nm 的垂直入射光都发生反射相消，而这两波长之间没有别的波长光反射相消，求此油膜的厚度.

4. 制造半导体元件时，常常要精确测定硅片上 SiO_2 薄膜的厚度，这时可把 SiO_2 薄膜的一部分腐蚀掉，使其形成劈尖，利用等厚条纹测出其厚度. 已知 Si 的折射率为 3.42，SiO_2 的折射率为 1.5，入射光波长为 589.3 nm，观察到 7 条暗纹（见图 12-9）. 问 SiO_2 薄膜的厚度 h 是多少？

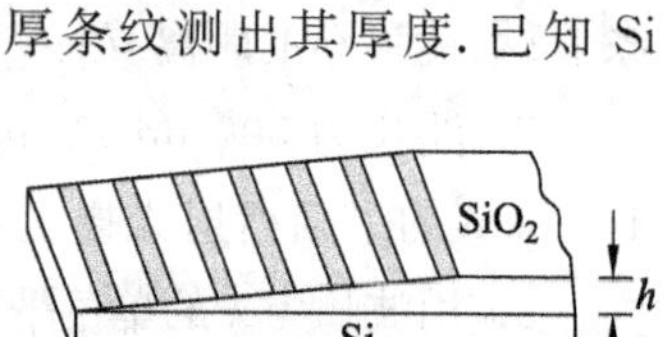

图 12-9

5. 波长 $\lambda=600\ nm(1\ nm=10^{-9}\ m)$ 的单色光垂直入射到一光栅上，测得第二级主极大的衍射角为 30°，且第三级是缺级.

(1) 光栅常数 $(a+b)$ 等于多少？

(2) 透光缝可能的最小宽度 a 等于多少？

(3) 在选定了上述 $(a+b)$ 和 a 之后，求在衍射角 $-\frac{1}{2}\pi<\varphi<\frac{1}{2}\pi$ 范围内可能观察到的全部主极大的级次.

6. 自然光投射到叠在一起的两块偏振片上，则两偏振片的偏振化方向夹角为多大才能使：

(1) 透射光强为入射光强的 1/3？

(2) 透射光强为最大透射光强的 1/3(均不计吸收)？

7. 一束自然光自空气入射到水(折射率为 1.33)表面上，若反射光是线偏振光，问：

(1) 此入射光的入射角为多大？

(2) 折射角为多大？

8. 由钠灯射出的波长为 589.0 nm 的平行光束以 50°角入射到方解石制成的晶片上，晶片光轴垂直于入射面且平行于晶片表面，已知折射率 $n_o=1.65$，$n_e=1.486$，求：

(1) 在晶片内 o 光与 e 光的波长；

(2) o 光与 e 光两光束间的夹角.

第13章

狭义相对论

学习基本要求

(1) 理解狭义相对论的两条基本原理及洛伦兹变换.

(2) 理解狭义相对论的时空观,会计算长度收缩和时间膨胀.

(3) 理解狭义相对论的质量和速度、质量和能量、能量和动量的关系.

基本定律和基本方法

1. 伽利略坐标变换式和力学相对性原理

(1) 伽利略时空变换式.

$$\begin{cases} x'=x-ut, \\ y'=y, \\ z'=z, \\ t'=t, \end{cases} \quad 或 \quad \begin{cases} x=x'+ut', \\ y=y', \\ z=z', \\ t=t'. \end{cases}$$

(2) 伽利略速度变换式.

$$\begin{cases} v'_x=v_x-u, \\ v'_y=v_y, \\ v'_z=v_z, \end{cases} \quad 或 \quad \begin{cases} v_x=v'_x+u, \\ v_y=v'_y, \\ v_z=v'_z. \end{cases}$$

(3) 伽利略加速度变换.

$$\begin{cases} a'_x=a_x, \\ a'_y=a_y, \\ a'_z=a_z. \end{cases}$$

(4) 经典力学的相对性原理.

由伽利略变换,考虑到质量 m 是不变的,则必有 $\boldsymbol{F}=m\boldsymbol{a}$ 和 $\boldsymbol{F}'=m\boldsymbol{a}'$,而牛顿力学中的动力学规律都是由牛顿运动定律推导出来的. 因此可以推断:牛顿力学中的一切规律在伽利略变换式下其形式保持不变，这就是经典力学的相对性原理.

(5) 经典力学的绝对时空观.

绝对时空观认为时间和空间是两个独立的观念，时间与空间的度量与惯性系的运动状态无关，彼此之间没有联系，分别具有绝对性.

2. 狭义相对论的基本假设

(1) 相对性原理.

在所有惯性系中，物理定律(包括光学定律)都具有相同的形式. 这条原理不仅把经典力学的相对性原理简单地推广到光学领域，而且否定了绝对参考系的存在，以太因此成为多余的东西.

(2) 光速不变原理.

在所有惯性系中，真空中的光速与光源或观察者的运动无关. 无论光沿什么方向传播，其速率都是相同的. 光速不变原理说明真空中的光速是不可超越的.

3. 洛伦兹变换

(1) 洛伦兹时空变换.

① 正变换.

$$\begin{cases} x'=\dfrac{x-ut}{\sqrt{1-\beta^2}}, \\ y'=y, \\ z'=z, \\ t'=\dfrac{t-\dfrac{u}{c^2}x}{\sqrt{1-\beta^2}}. \end{cases}$$

② 逆变换.

$$\begin{cases} x=\dfrac{x'+ut'}{\sqrt{1-\beta^2}}, \\ y=y', \\ z=z', \\ t=\dfrac{t'+\dfrac{u}{c^2}x'}{\sqrt{1-\beta^2}}. \end{cases}$$

从洛伦兹时空变换可以看出，时间坐标和空间坐标互有关联，二者构成不可分割的四维时空. 当物体的运动速度远小于光速时，洛伦兹变换与伽利略变换是等效的. 当测得一个事件 P 相对 S 系的时空坐标 x, y, z, t，则可借助正变

换推出同一事件 P 相对 S' 系时空坐标 x',y',z',t'；反之亦然.

(2) 洛伦兹速度变换.

① 正变换.

$$\begin{cases} v_x'=\dfrac{v_x-u}{1-\dfrac{u}{c^2}v_x}, \\ v_y'=\dfrac{v_y\sqrt{1-\beta^2}}{1-\dfrac{u}{c^2}v_x}, \\ v_z'=\dfrac{v_z\sqrt{1-\beta^2}}{1-\dfrac{u}{c^2}v_x}. \end{cases}$$

② 逆变换.

$$\begin{cases} v_x=\dfrac{v_x'+u}{1+\dfrac{u}{c^2}v_x'}, \\ v_y=\dfrac{v_y'\sqrt{1-\beta^2}}{1+\dfrac{u}{c^2}v_x'}, \\ v_z=\dfrac{v_z'\sqrt{1-\beta^2}}{1+\dfrac{u}{c^2}v_x'}. \end{cases}$$

可以检验：洛伦兹速度变换是符合光速不变原理的.

4. 狭义相对论的时空观

(1) 同时的相对性.

沿两惯性系相对运动方向的不同地点发生的两个事件，在一个惯性系表现为同时，在另一个惯性系一定是不同时的；只有在一个惯性系的同一个地点同时发生的两个事件，在另一惯性系才具有同时性.

(2) 长度收缩.

在不同惯性系中测得的物体长度不同. 相对所选参考系静止的事物长度称为固有长度 l_0. 运动物体的长度 l 比固有长度短，即

$$l'=l_0\sqrt{1-\left(\frac{u}{c}\right)^2}<l_0.$$

长度收缩只发生在平行于运动的方向上，在垂直于运动方向上无收缩效应.

(3) 时间膨胀.

在某一参考系（设为 S）中相对静止的事物经历的时间称为固有时间 τ_0. 固

有时间最短，在另一惯性系(S')系中测量这两个事件发生的时间间隔膨胀了，即

$$\Delta t'=\frac{\tau_0}{\sqrt{1-\left(\frac{u}{c}\right)^2}}>\tau_0.$$

若先后发生的事件是用时钟计量的，上述公式的另一个表述为：运动的钟比静止的钟走得慢.

5. 狭义相对论的动力学

(1) 质量.

$$m=\frac{m_0}{\sqrt{1-\left(\frac{v}{c}\right)^2}}.$$

质量 m 与物体的运动状态相关，它是物体速度的函数.

(2) 动量.

$$\boldsymbol{p}=m\boldsymbol{v}=\frac{m_0}{\sqrt{1-\left(\frac{v}{c}\right)^2}}\boldsymbol{v}.$$

在 $v\ll c$ 时，动量 $\boldsymbol{p}$ 同样回归牛顿力学的表达式.

(3) 动能.

$$E_k=mc^2-m_0c^2.$$

在 $v\ll c$ 时，动能 E_k 同样回归到牛顿力学的形式 $E_k=\frac{1}{2}mv^2$.

(4) 质能关系.

$$E=mc^2=E_k+m_0c^2.$$

在相对论中，总能量 E 为动能和静能的和.

(5) 能量和动量的关系.

$$E^2=p^2c^2+m_0^2c^4.$$

上式中的三项可形象地用直角三角形表示.

问题与讨论

问题1 根据爱因斯坦的狭义相对论，如果你以接近光的速度移动，那你将会“看到”什么“奇妙”现象？

答 人移动得太快了，人的眼睛来不及反映，其实什么都看不到. 假设人的眼睛真的有这么高的灵敏度，那么会看到周围的一切都变慢，甚至近乎静止；而物体与速度平行的方向变扁，你看到的将会是扁平的世界.

问题 2 在惯性系 S 和 S' 中分别观测同一个空间曲面. 如果在 S 系观测该曲面是球面,在 S' 系观测必定是椭球面. 反过来,如果在 S' 系观测是球面,则在 S 系观测是什么面? 为什么?

答 在 S 系观测该空间曲面,必定发现是椭球面,因为运动是相对的.

问题 3 一列以速度 v 行驶的高速火车,其中点 C' 与站台中点 C 对准时,从站台首尾两端同时发出闪光. 从点 C' 的观测者看来,这两次闪光是否同时? 为什么?

答 "从站台首尾两端同时发出闪光"意味着这两次闪光是在站台参考系中不同地点同时发生的, $\Delta t=0$. 根据

$$\Delta t'=\frac{\left(\Delta t-\frac{u}{c^2}\Delta x\right)}{\sqrt{1-\left(\frac{u}{c}\right)^2}},$$

考虑到站台的长度 $\Delta x\neq 0$,所以 $\Delta t'\neq 0$,即对点 C' 的观测者来说两次闪光肯定是不同时发生的.

问题 4 一高速列车穿过一隧道,列车和隧道的固有长度相同. 地面上的人观察到当列车完全进入隧道中时,在隧道的进口和出口处同时发生了雷击,但并未击中列车. 试按相对论理论定性分析列车上的旅客应观察到什么现象?

答 对于地面的人来说,雷击是在不同地点同时发生的,但是对于列车上的旅客来说进口和出口处发生的雷击不是同时发生的,他应该先后观察到两次雷击现象.

问题 5 如何正确理解质能关系式?

答 质能关系式 $E=mc^2$ 是狭义相对论的最重要推论. 质能关系式表明:一切物质都潜藏着质量乘于光速平方的能量. 质能关系不是告诉我们质量可以转化为能量,能量也可以转化为质量,而是告诉我们能量和质量是同一事物的两个方面,质量和能量具有相当性,具有一定质量的物体也必具有和这质量相当的能量;反过来,具有某种能量的物体也必具有和这能量相当的质量. 如果一个物体或一个物体系统的质量发生 Δm 的变化,那么它的能量也会发生相应的改变 $\Delta E=\Delta mc^2$.

典型例题分析

例 1 如图 13-1 所示, S' 系(飞船)以速率 $u=\frac{\sqrt{3}}{2}c$ 沿 Ox 轴相对 S 系(地面)匀速运动. 一长为 $l'=10$ m 的棒静止地放在 $O'x'y'$ 平面内. 在 S' 系的观察者测得此棒与 $O'x'$ 轴成 $\theta'=60°$ 角. 试问从 S 系的观察者来看,此棒的长度 l 以

及棒与 Ox 轴的夹角 θ 是多少？

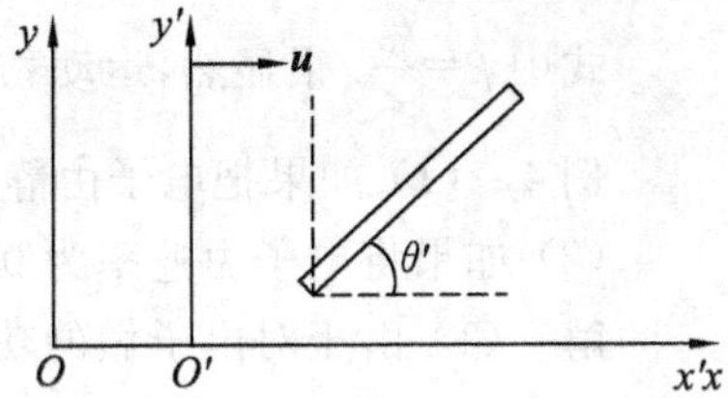

图 13-1

解 根据洛伦兹变换，由于棒仅在速度方向上的分量缩短，在垂直速度方向上的分量并不发生变化，因此

$$\Delta y=\Delta y'=l'\sin\theta',$$

$$\Delta x=\Delta x'\sqrt{1-\beta^2}=l'\cos\theta'\sqrt{1-\beta^2}.$$

从 S 系的观察者来看，此棒的长度

$$l=\sqrt{(\Delta x)^2+(\Delta y)^2}=l'\sqrt{1-\beta^2\cos^2\theta'}=4.3\ \mathrm{m}.$$

从 S 系的观察者来看，此棒与 Ox 轴的夹角

$$\tan\theta=\frac{\tan\theta'}{\sqrt{1-\beta^2}},\ \theta=75.96^\circ.$$

可见，从 S 系的观察者来看，运动着的棒不仅长度要收缩，而且还要转向.

例 2 在距地面 8.00 km 的高空，由 π 介子衰变产生出一个 μ 子，它相对地球以 $v=0.998c$ 的速度飞向地面，如果该 μ 子的固有寿命恰好为 μ 子的固有寿命平均值 $\tau_0=2.00\times10^{-9}$ s，试说明该 μ 子能否到达地面？

证明 在地面上测得的 μ 子的寿命

$$\tau=\frac{\tau_0}{\sqrt{1-(v/c)^2}}.$$

μ 子自产生到衰变的飞行距离

$$L=v\tau=\frac{v\tau_0}{\sqrt{1-(v/c)^2}}=9.47\ \mathrm{km}.$$

可见 $L>8.00$ km，故 μ 子能到达地面.

从 μ 子系来看，又该如何说明 μ 子可以到达地面这一现象呢？

例 3 一个立方物体相对地面静止时体积为 V_0，质量为 m_0，当该物体沿其一棱以速率 v 相对地面运动时，试求其运动时的体积和密度.

解 由地面观察者测得立方体的长宽高分别为

$$x=x_0\sqrt{1-\left(\frac{v}{c}\right)^2},\ y=y_0,\ x=x_0.$$

相应的体积为

$$V=xyz=x_0y_0z_0\sqrt{1-\left(\frac{v}{c}\right)^2}=v_0\sqrt{1-\beta^2}.$$

相应的密度为

$$\rho=\frac{m}{V}=\frac{m_0/\sqrt{1-\beta^2}}{V_0\sqrt{1-\beta^2}}=\frac{m_0}{V_0}\frac{1}{(\sqrt{1-\beta^2})^2}=\frac{m_0}{V_0(1-\beta^2)}.$$

式中 $\beta=\frac{v}{c}$. 很显然，运动物体的密度变大了.

例 4 （1）如果把电子由静止加速到速率为 $0.1c$，需对它做多少功？（2）如果将电子由速率为 $0.8c$ 加速到 $0.9c$，又需做多少功？

解 （1）由于对电子做的功等于电子动能的增量，因此

$$\Delta E_k=E_k=mc^2-m_0c^2=m_0c^2\left(\frac{1}{\sqrt{1-\frac{v^2}{c^2}}}-1\right)$$

$$=9.1\times10^{-31}\times(3\times10^8)^2\left(\frac{1}{\sqrt{1-0.1^2}}-1\right)$$

$$=4.12\times10^{-16}\ \text{J}=2.57\times10^3\ \text{eV}$$

（2）同理

$$\Delta E_k'=E_{k2}-E_{k1}=(m_2c^2-m_0c^2)-(m_1c^2-m_0c^2)$$

$$=m_2c^2-m_1c^2=m_0c^2\left(\frac{1}{\sqrt{1-\frac{v_2^2}{c^2}}}-\frac{1}{\sqrt{1-\frac{v_1^2}{c^2}}}\right)$$

$$=9.1\times10^{-31}\times3^2\times10^{16}\left(\frac{1}{\sqrt{1-0.9^2}}-\frac{1}{\sqrt{1-0.8^2}}\right)$$

$$=5.14\times10^{-14}\ \text{J}=3.21\times10^5\ \text{eV}.$$

本章自测

一、选择题

1. 狭义相对性原理指的是________.

（A）一切惯性系中物理规律都是相同的

（B）一切参照系中物理规律都是等价的

（C）物理规律是相对的

（D）物理规律是绝对的

（E）以上均是

2. 一光子以速度 c 运动，一人以 $0.9c$ 的速度去追，此人观察到的光子速度为________.

（A）$0.1c$ （B）c （C）$\sqrt{0.19}c$ （D）$0.9c$

3. 有下列各量中，对所有惯性系中的观察者均相同的是________.

(A) 物体的长度　　(B) 物体的速度

(C) 时间间隔　　(D) 真空中光的速度

4. 远方的一颗星以 $0.8c$ 的速度离开我们，接收到它辐射出来的闪光按 5 昼夜的周期变化，固定在此星上的参照系测得的闪光周期为________.

(A) 3 昼夜　(B) 4 昼夜　(C) 6.25 昼夜　(D) 8.3 昼夜

5. 有一直尺固定在 K' 系中，它与 Ox' 轴的夹角 $\theta'=45°$，如果 K' 系以匀速度沿 Ox 方向相对于 K 系运动，K 系中观察者测得该尺与 Ox 轴的夹角________.

(A) 大于 45°

(B) 小于 45°

(C) 等于 45°

(D) 当 K′系沿 Ox 正方向运动时大于 45°，而当 K' 系沿 Ox 负方向运动时小于 45°

6. 根据相对论力学，动能为 0.25 MeV 的电子，其运动速度约等于________.

(A) $0.1c$　　(B) $0.5c$

(C) $0.75c$　　(D) $0.85c$

(c 表示真空中的光速，电子的静能 $m_0c^2=0.51$ MeV)

7. 在狭义相对论中，下列说法中正确的是________.

(1) 一切运动物体相对于观察者的速度都不能大于真空中的光速

(2) 质量、长度、时间的测量结果都是随物体与观察者的相对运动状态而改变的

(3) 在一惯性系中发生于同一时刻，不同地点的两个事件在其他一切惯性系中也是同时发生的

(4) 惯性系中的观察者观察一个与他做匀速相对运动的时钟时，会看到这时钟比与他相对静止的相同的时钟走得慢些

(A) (1)、(3)、(4)　　(B) (1)、(2)、(4)

(C) (1)、(2)、(3)　　(D) (2)、(3)、(4)

8. 把一个静止质量为 m_0 的粒子，由静止加速到 $v=0.8c$（c 为真空中光速）需做的功等于________.

(A) $0.18m_0c^2$　　(B) $0.25m_0c^2$

(C) $0.36m_0c^2$　　(D) $0.67m_0c^2$

9. 在某惯性系中，两静止质量都是 m_0 的粒子以相同的速率 v 沿同一直线相向运动，碰撞后生成一个新的粒子，则新生粒子的质量为________.

(A) $2m_0$　　(B) $2m_0\sqrt{1-v^2/c^2}$

(C) $\frac{1}{2}m_0\sqrt{1-v^2/c^2}$ (D) $\frac{2m_0}{\sqrt{1-v^2/c^2}}$

二、填空题

1. 在某地发生两件事，静止位于该地的甲测得时间间隔为 4 s，若相对甲做匀速直线运动的乙测得时间间隔为 5 s，则乙相对于甲的运动速度是________.（c 表示真空中光速）

2. 天津和北京相距 120 km，在北京于某日上午 9 时整有一工厂因过载而断电，同日在天津于 9 时 0 分 0.000 3 s 有一自行车爆胎，有一飞船以 $v=0.8c$ 的速率沿天津—北京方向飞行，则观察这两个事件之间的时间间隔 $\Delta t'=$ ________，________事件发生在先.

3. 一火箭的固有长度为 L，相对于地面做匀速直线运动的速度为 v_1，火箭上有一个人从火箭的后端向火箭前端上的一个靶子发射一颗相对于火箭的速度为 v_2 的子弹. 在火箭上测得子弹从射出到击中靶的时间间隔是________.

4. 牛郎星距离地球约 16 光年，宇宙飞船若以________的匀速度飞行，将用 4 年的时间（宇宙飞船上的钟指示的时间）抵达牛郎星.

5. 一电子以 $0.99c$ 的速率运动（电子静止质量为 9.11×10^{-31} kg），则电子的总能量是________，电子的经典力学的动能与相对论动能之比是________.

6. 已知实验室中一个质子的速度是 $0.99c$，则它的相对论总能量 $E=$ ________；动量 $p=$ ________；动能 $E_k=$ ________.

7. 一个电子和一个正电子相碰，转化为电磁辐射（这一过程叫做正负电子湮灭）. 正、负电子的质量皆为 9.11×10^{-31} kg，设在湮灭前两电子恰是静止的，则电磁辐射的总能量 $E=$ ________.

8. 观察者甲以 $0.8c$ 的速度（c 为真空中光速）相对于静止的观察者乙运动，若甲携带一质量为 1 kg 的物体，则

(1) 甲测得此物体总能量为________；

(2) 乙测得此物体总能量为________.

9. π^+ 介子是不稳定粒子，平均寿命是 2.6×10^{-8} s（在它自己的参考系中测得）：

(1) 如果此粒子以相对实验室 $0.8c$ 的速度运动，那么实验室坐标系中测量的 π^+ 介子的寿命为________；

(2) π^+ 介子在衰变前运动的距离为________；

(3) 若不考虑相对论效应，π^+ 介子运动的距离是________.

三、计算与证明

1. 一艘宇宙飞船的船身固有长度为 $L_0=90$ m，相对于地面以 $v=0.8c$ （c

为真空中光速)的匀速度在地面观测站的上空飞过.

(1) 观测站测得飞船的船身通过观测站的时间间隔是多少?

(2) 宇航员测得船身通过观测站的时间间隔是多少?

2. 一隧道长为 L,宽为 d,高为 h,拱顶为半圆,如图 13-2 所示.设想一列车以极高的速度 v 沿隧道长度方向通过隧道,若从列车上观测,问:

(1) 隧道的尺寸如何?

(2) 设列车的长度为 l_0,它全部通过隧道的时间是多少?

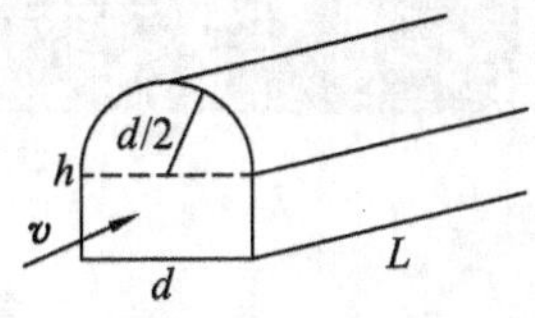

图 13-2

3. 从加速器中以速度 $v=0.8c$ 飞出的离子在它的运动方向上又发射出光子.请用洛伦兹速度变换式证明该光子相对于加速器的速度为 c.

4. 已知一粒子的动能等于其静止能量的 n 倍,求:

(1) 粒子的速率;

(2) 粒子的动量.

5. 一静止电子(静止能量为 0.51 MeV)被 1.3 MV 的电势差加速,然后以恒定速度运动.求:

(1) 电子在达到最终速度后飞越 8.4 m 的距离需要多少时间?

(2) 在电子的静止系中测量,此段距离是多少?

6. 氢弹利用聚变反应.在这反应中,四个氢核聚变成一个氦核,同时以各种辐射形式放出能量.每用 1 g 氢,约损失 0.006 g 的质量.求在这种反应中释放出来的能量与等量的氢被燃烧释放出来的能量的比值.(当被燃烧时,1 g 氢放出 1.3×10^5 J 的能量.液氢、液氧是近代火箭的高能推进剂.)

第14章

量子物理

学习基本要求

(1) 知道黑体辐射的实验规律,了解普朗克公式和普朗克能量量子化假设.

(2) 理解光电效应的实验规律及爱因斯坦光子理论,会用光子理论定量解释光电效应和康普顿效应的实验规律,能从能量和动量的角度理解光的粒子性.

(3) 了解氢原子光谱的实验规律,掌握氢原子的玻尔理论,理解能级的概念,会计算氢原子的定态能量和轨道半径以及跃迁时的发光频率,了解玻尔理论的局限性和历史意义.

(4) 理解德布罗意波,理解实物粒子的波粒二象性,会用德布罗意公式计算实物粒子的波长.

(5) 理解波函数及其统计解释,会用一维定态薛定谔方程处理一维问题.

基本定律和基本方法

1. 黑体辐射的描述和实验规律

(1) 辐出度和单色辐出度.

温度为 T 的物体单位面积上辐射出的包含各种波长在内的辐射功率,称为辐射出射度,简称辐出度,用 $M(T)$表示. 从温度为 T 的物体表面的单位面积上辐射出的波长介于 λ 与 $\lambda+\mathrm{d}\lambda$ 间的辐射功率 $\mathrm{d}M$ 与 $\mathrm{d}\lambda$ 的比值称为单色辐射出射度,简称单色辐出度,用 $M_\lambda(T)$表示. 两者的关系为

$$M(T)=\int_0^\infty M_\lambda(T)\mathrm{d}\lambda.$$

(2) 斯特藩-玻耳兹曼定律.

$$M=\sigma T^4,$$

式中，T 为物体的热力学温度，$\sigma=5.67\times10^{-8}\ \mathrm{W/(m^2\cdot K^4)}$称为斯特藩常量．利用斯特藩-玻耳兹曼定律可以估计一些物体的辐射功率．

(3) 维恩位移定律．

$$\lambda_m T=b,$$

式中，$b=2.897\times10^{-3}\ \mathrm{m\cdot K}$，称为维恩常量，$\lambda_m$ 为最大单色辐出度对应的波长．

利用维恩位移定律可以估计一些物体的温度．

2．普朗克能量子假设和普朗克公式

(1) 普朗克能量子假设：金属空腔壁中电子的振动可视为一维谐振子，对于频率为 ν 的谐振子，它吸收或者辐射的能量是不连续的，只能是 $h\nu$ 的整数倍，即

$$\varepsilon_n=nh\nu,$$

式中，n 为正整数，称为量子数．$n=1$ 时的能量

$$\varepsilon=h\nu,$$

称为能量子，式中，$h=6.626\ 075\ 5\times10^{-34}\ \mathrm{J\cdot s}$ 称为普朗克常量，它是物质世界最基本的自然常量之一．形象地说，物体不能辐射 $1.5h\nu$，$5.8h\nu$，$9.6h\nu$ 这样的能量．

(2) 普朗克公式．

$$M_\lambda(T)=\frac{2\pi hc^2\lambda^{-5}}{e^{\frac{hc}{k\lambda T}}-1}.$$

根据普朗克公式可以从理论上推出斯特藩－玻耳兹曼定律和维恩位移定律．

3．光电效应与爱因斯坦的光量子理论

(1) 光电效应．

光照射到某些金属表面时，有电子从金属表面逸出的现象称为光电效应．

(2) 光电效应的实验规律．

光电子的最大初动能与入射光的频率呈线性关系，与光强无关；单位时间内离开阴极的光电子数与光强成比例；对于某种金属来说，只有入射光的频率大于截止频率才能产生光电效应；光电效应具有瞬间响应特性．

(3) 光子假设和光电效应方程．

光束可以看成是由微粒构成的粒子流，这些粒子叫做光量子（光子）．每个光子的能量为

$$\varepsilon=h\nu,$$

式中，h 为普朗克常量．产生光电效应时，光子的能量与最大初动能遵守光电效应方程

$$h\nu=W+\frac{1}{2}mv^2,$$

式中,$W=h\nu_0$ 是金属材料电子的逸出功,ν_0是金属产生光电效应的截止频率.

(4) 康普顿效应.

X射线被物质散射时,散射光中含有波长发生变化了的成分的现象叫做康普顿效应.散射光与入射光的波长之差

$$\Delta\lambda=\lambda-\lambda_0=\frac{2h}{m_0c}\sin^2\frac{\theta}{2}.$$

此式称为康普顿散射公式,式中$\frac{h}{m_0c}$具有波长的量纲,称为电子的康普顿波长,以λ_c表示

$$\lambda_c=\frac{h}{m_0c}=2.43\times10^{-12}\ \mathrm{m}.$$

康普顿效应证实光子具有动量.

(5) 光的波粒二象性.

根据光子假设,光子的质量为

$$m=\frac{h\nu}{c^2}.$$

光子的动量

$$p=\frac{h}{\lambda}.$$

描述光子粒子性的量(ε 和 p)与描述光的波动性的量(ν 和 λ)通过普朗克常量 h 被联系起来,所以说,光具有波粒二象性.

4. 氢原子光谱及玻尔氢原子理论

(1) 氢原子光谱.

实验表明,氢原子光谱中各谱线的波数可以用里德堡公式

$$\tilde{\nu}=R\left(\frac{1}{m^2}-\frac{1}{n^2}\right)\quad(n>m,n,m\text{ 均为正整数})$$

表示,式中 $R=1.096\,775\,8\times10^7\ \mathrm{m}^{-1}$,称为里德堡常量.

(2) 玻尔理论的基本假设.

① 定态假设.

原子系统存在某些能量确定的稳定状态,这些状态称为定态.

② 角动量量子化条件:

只有电子的角动量满足 $L=n\hbar$(n 为正整数)的那些轨道才是稳定的,相应的轨道和能量分别称为定态轨道和定态能量,用 r_n,E_n 表示.

③ 频率条件:原子发射或吸收电磁波的频率由

$$\nu=\frac{|E_n-E_m|}{h}$$

决定，若 $E_n>E_m$，原子发射光子；若 $E_n<E_m$，原子吸收光子.

由这三大假设并借助牛顿定律可以计算出氢原子中电子运动的定态轨道半径和相应的定态能量.

(3) 玻尔理论对氢原子的应用结果.

① 能级.

$$E_n=\frac{E_1}{n^2}.$$

$E_1=-13.6\ \text{eV}$ 为氢原子基态能量.

② 轨道半径.

$$r_n=n^2r_1,$$

式中，$r_1=a_1=\frac{\varepsilon_0 h^2}{\pi m_0 e^2}=5.29\times10^{-11}\ \text{m}$ 称为玻尔半径.

③ 谱线波数.

$$\tilde{\nu}=R_{\text{理论}}\left(\frac{1}{m^2}-\frac{1}{n^2}\right),$$

式中，$R_{\text{理论}}=\frac{m_0 e^4}{8\varepsilon_0^2 h^3 c}=1.093\ 731\times10^7\ \text{m}^{-1}$，与实验测得的里德堡常量相符合.

5. 实物粒子的波粒二象性

能量为 E、动量为 p 的实物粒子的频率 ν 和波长 λ 可表示为

$$\nu=\frac{E}{h},$$

$$\lambda=\frac{h}{p}.$$

这种与实物粒子相联系的波称为物质波，又称为德布罗意波，λ 称为德布罗意波长.

6. 波函数和薛定谔方程

(1) 波函数.

量子力学中，由于微观粒子的波动性，其状态用波函数 $\psi(x,y,z,t)$ 来描述.

(2) 波函数的统计意义及标准条件.

① 波函数的统计意义.

在空间某处波函数的平方 $|\psi|^2$ 跟粒子在该处出现的概率成正比.

② 标准条件.

单值、有限、连续.

(3) 薛定谔方程.

量子力学中薛定谔方程相当于力学中的牛顿第二定律,波函数遵守薛定谔方程.

(4) 定态薛定谔方程.

很多情况下,势场 V 与时间无关而只是坐标的函数,此时粒子在空间出现的概率密度稳定不变,粒子的这种状态称为定态,可用分离变量的方法得到定态薛定谔方程.

(5) 一维定态薛定谔方程.

$$\left[-\frac{\hbar^2}{2m}\frac{\mathrm{d}^2}{\mathrm{d}x^2}+V(x)\right]\phi(x)=E\phi(x),$$

式中,$\phi(x)$称为一维定态波函数.

(6) 一维无限深方形势阱问题.

如果质量为 m 的粒子在一维无限深方形势阱中沿 x 轴运动,其势能函数可表示为

$$V(x)=\begin{cases}0, & 0<x<a,\\ \infty, & x\leqslant 0 \text{ 或 } x\geqslant a.\end{cases}$$

则通过求解一维薛定谔方程可得到其定态波函数

$$\psi_n(x)=\begin{cases}\sqrt{\dfrac{2}{a}}\sin\left(\dfrac{n\pi}{a}x\right), & 0<x<a,\\ 0, & x\leqslant 0 \text{ 或 } x\geqslant a.\end{cases}$$

粒子可能的能量(能级)为

$$E=E_n=\frac{\hbar^2 n^2\pi^2}{2ma^2}=\frac{n^2h^2}{8ma^2}\quad(n=1,2,3,\cdots).$$

可见,其能量是量子化的.

问题与讨论

问题 1 为什么几乎没有黑色的花?

答 如果花是黑颜色的,表明花对于可见光反射很小,也就是花将可见光波段的能量几乎都吸收了,与其他颜色的花相比,黑色花的温度将更高,这样的花很可能会由于没有及时将能量从其他途径释放掉的机制而枯死.

另外,对于虫媒花来说,黑色是昆虫的视觉盲点,因而无法完成授粉.

问题 2 既然任何物体都对外辐射能量,那漆黑的夜晚人们为什么看不见对方呢?

答 人体的辐射情况可以根据黑体的单色辐出度按波长的分布规律来估

算. 设正常人体体温为 310 K,根据维恩位移定律

$$\lambda_m T = b,$$

可得

$$\lambda_m = 9.3 \times 10^{-6}\ \text{m}.$$

由于此波长处于远红外波段,因此漆黑的夜晚人们看不见对方. 当然,也可以根据人体在可见光区的辐出度

$$M(T) = \int_{400}^{760} M_\lambda(T)\,\mathrm{d}\lambda$$

很小来说明. 式中的 $M_\lambda(T)$ 可由普朗克公式给出.

问题 3 用一定波长的光照射金属表面产生光电效应时,为什么逸出金属表面的光电子的速度大小不同?

答 金属中的电子是运动着的,它与金属中的离子有相互作用,不断与离子发生碰撞,导致它的动量发生变化. 电子吸收光子后,在逸出金属表面之前,与离子碰撞而损失的动量各不相同. 因此逸出金属表面的光电子的速度大小不同.

问题 4 光电效应和康普顿效应都包含有电子与光子的相互作用,这两种过程有什么不同?

答 光电效应和康普顿效应同为光子和电子的相互作用. 光电效应是电子吸收光的能量,克服金属表面的约束而成为光电子的过程. 康普顿效应是光子与电子发生完全弹性碰撞,光子被散射的过程,这一过程中能量、动量均守恒. 两种效应产生的概率与光子的能量有关. 光电效应中光子的能量相对较小,与原子外层电子的能量同一数量级,电子不能作为自由电子处理;而康普顿效应中 X 射线光子能量的数量级是 10^4 eV,相对来说,逸出功和电子热运动的能量均可忽略,原子外层电子可看作是自由的、静止的,可以把电子作为自由电子处理. 也就是说,光子被金属中的非自由电子吸收导致了光电效应,光子与自由电子的作用引起了康普顿效应.

需要说明的是,教材中关于康普顿效应的解释仍然是初步的,采用量子场论才能更圆满地解释康普顿效应,有兴趣的读者可以探究一下.

问题 5 物质波与机械波、电磁波有何异同?

答 物质波与机械波、电磁波一样具有干涉、衍射等波动特性,但物质波并不像机械波、电磁波那样代表某些实在的物理量的波动. 物质波是一种概率波,只有波函数的平方才有确定的物理意义,可以描述粒子在空间的概率密度分布.

问题 6 什么是波函数必须满足的标准条件? 波函数归一化是什么意思?

答 波函数必须满足的标准条件是单值、有限和连续.

波函数归一化是指概率密度在全空间的积分为 1，即

$$\int |\psi(r)|^2 \mathrm{d}V = 1.$$

只要在空间有一个粒子，遍及整个空间总是能找到这个粒子.

典型例题分析

例 1　测得某炉壁小孔的辐出度为 M，求：

(1) 炉内温度 T；

(2) 单色辐出度极大值所对应的波长 λ_m.

解　假定该炉壁小孔可以看成黑体，则由斯特藩-玻耳兹曼定律

$$M=\sigma T^4,$$

可得炉内温度

$$T=\left(\frac{M}{\sigma}\right)^{\frac{1}{4}}.$$

再根据维恩位移定律，即

$$\lambda_m T=b,$$

可求得其单色辐出度极大值所对应的波长

$$\lambda_m=\frac{b}{T}=b\left(\frac{\sigma}{M}\right)^{\frac{1}{4}}.$$

例 2　从铝中移出一个电子需要 4.2 eV 的能量，今有波长为 200 nm 的光投射到铝表面.试问：

(1) 由此发射出来的光电子的最大动能是多少？

(2) 遏止电势差为多大？

(3) 铝的截止(红限)波长有多大？

解　(1) 已知逸出功

$$W=4.2\ \mathrm{eV}.$$

据光电效应公式

$$h\nu=\frac{1}{2}mv^2+W,$$

则光电子最大动能

$$E_{\mathrm{kmax}}=\frac{1}{2}mv^2=h\nu-W=\frac{hc}{\lambda}-W$$

$$=\frac{6.63\times10^{-34}\times3\times10^8}{2\,000\times10^{-10}}-4.2\times1.6\times10^{-19}$$

$$=3.23\times10^{-19}\ \mathrm{J}=2.0\ \mathrm{eV}.$$

(2) 因为

$$eU_a = E_{\mathrm{kmax}} = \frac{1}{2}mv^2,$$

所以遏止电势差

$$U_a = \frac{3.23\times10^{-19}}{1.6\times10^{-19}} = 2.0\ \mathrm{V}.$$

(3) 红限频率 ν_0，因为 $h\nu_0 = W$，又 $\nu_0 = \frac{c}{\lambda_0}$，所以截止波长

$$\lambda_0 = \frac{hc}{W} = \frac{6.63\times10^{-34}\times3\times10^8}{4.2\times1.60\times10^{-19}}$$

$$= 2.96\times10^{-7}\ \mathrm{m} = 0.296\ \mu\mathrm{m}$$

例 3 试计算氢原子巴耳末系的长波极限波长和短波极限波长.

解 巴耳末系长波极限对应 $m=2, n=3$，即

$$\frac{1}{\lambda_{\max}} = R\left(\frac{1}{2^2} - \frac{1}{3^2}\right),$$

求得 $\lambda_{\max} = 658.1\ \mathrm{nm}$.

同理，短波极限对应 $m=2, n=\infty$，即

$$\frac{1}{\lambda_{\min}} = \frac{R}{2^2},$$

求得 $\lambda_{\min} = 365.16\ \mathrm{nm}$.

此题也可以直接用巴耳末公式求解.

例 4 实验发现基态氢原子可吸收能量为 12.75 eV 的光子.

(1) 试问氢原子吸收光子后将被激发到哪个能级？

(2) 受激发的氢原子向低能级跃迁时，可发出哪几条谱线？请将这些跃迁画在能级图上.

解 (1) 由氢原子能级公式

$$E_n = \frac{E_1}{n^2},$$

得

$$-13.6\ \mathrm{eV} + 12.75\ \mathrm{eV} = -0.85\ \mathrm{eV} = -\frac{13.6\ \mathrm{eV}}{n^2},$$

解得

$$n = 4.$$

或者由

$$\Delta E = Rhc\left(\frac{1}{1^2} - \frac{1}{n^2}\right)$$

解出

$$n=4.$$

相应的能级跃迁图为

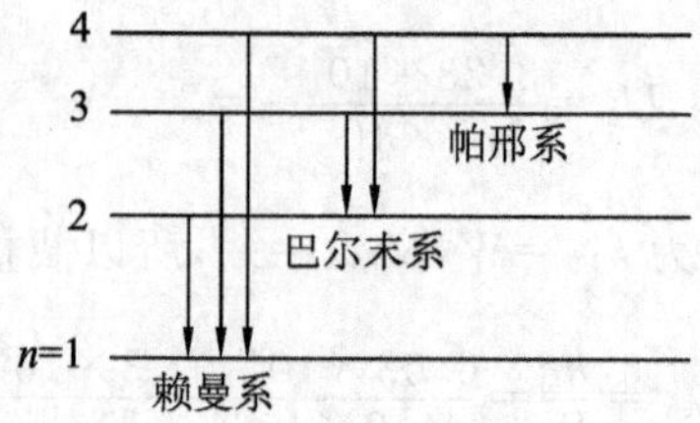

(2) 由能级跃迁图可以看出,可发出的谱线包括赖曼系 3 条,巴尔末系 2 条,帕邢系 1 条,共计 6 条.

例 5 α 粒子在磁感应强度为 $B=0.025$ T 的均匀磁场中沿半径为 $R=0.83$ cm 的圆形轨道上运动.

(1) 试计算其德布罗意波长(α 粒子的质量 $m_\alpha=6.64\times10^{-27}$ kg);

(2) 若使质量 $m=0.1$ g 的小球以与 α 粒子相同的速率运动,则其波长为多少?

解 (1) 由

$$R=\frac{mv}{qB},$$

并考虑到 α 粒子的带电量为 $2e$,可得

$$p_\alpha=qBR=2eBR.$$

由德布罗意公式得

$$\lambda_\alpha=\frac{h}{p_\alpha}=\frac{h}{2eBR}=9.98\times10^{-3}\ \text{nm}.$$

(2) 如小球与 α 粒子速率相同,即

$$v=\frac{2eBR}{m_\alpha},$$

同理可得

$$\lambda=\frac{h}{p}=\frac{h}{mv}=\frac{hm}{2eBRm_\alpha}=6.62\times10^{-34}\ \text{m}.$$

很显然,小球的波动性可以忽略不计.

例 6 如果粒子在一维无限深势阱中的波函数为 $\psi_4(x)=A\sin\frac{4\pi x}{a}(0\leqslant x\leqslant a)$,求:

(1) 归一化常数 A 和归一化波函数;

(2) 概率密度分布;

(3) 粒子在何处出现的概率密度最大；

(4) 粒子的能量.

解 (1) 利用波函数归一化条件

$$\int_V |\psi|^2 \mathrm{d}V = 1,$$

并考虑到是一维问题，有

$$A^2\int_0^a \sin^2\frac{4\pi x}{a}\mathrm{d}x = 1.$$

可求得归一化常数

$$A=\sqrt{\frac{2}{a}}.$$

相应的归一化波函数

$$\psi_4(x)=\sqrt{\frac{2}{a}}\sin\frac{4\pi x}{a}.$$

(2) 粒子在势阱中出现的概率密度

$$p=|\psi_4(x)|^2=\frac{2}{a}\sin^2\frac{4\pi x}{a}.$$

(3) 粒子出现的概率密度最大的位置可以通过对上式取极值条件，即令

$$\frac{\mathrm{d}p}{\mathrm{d}x}=\frac{16\pi}{a^2}\sin\frac{4\pi x}{a}\cos\frac{4\pi x}{a}=\frac{8\pi}{a^2}\sin\frac{8\pi x}{a}=0,$$

得

$$\sin\frac{8\pi x}{a}=0,$$

解得

$$x=\frac{a}{8}k,\quad k=1,2,3,\cdots,7.$$

再考虑到

$$\frac{\mathrm{d}^2p}{\mathrm{d}x^2}=\frac{64\pi^2}{a^3}\cos\frac{8\pi x}{a},$$

因此，只有当 k 为奇数才可使$\frac{\mathrm{d}^2p}{\mathrm{d}x^2}<0$，即

$$x=\frac{a}{8}k,\quad k=1,3,5,7$$

处粒子出现的概率密度最大.

(4) 由粒子的定态薛定谔方程

$$-\frac{\hbar^2}{2m}\frac{d^2\psi}{dx^2}=E\psi \quad (0<x<a),$$

可得粒子对应的定态能量

$$E=-\frac{\hbar^2}{2m\psi_4}\frac{\mathrm{d}^2\psi_4}{\mathrm{d}x^2}.$$

把

$$\psi_4(x)=\sqrt{\frac{2}{a}}\sin\frac{4\pi x}{a}$$

代入可得

$$E=\frac{2h^2}{ma}.$$

本章自测

一、选择题

1. 一黑体在 1 600 K 时的辐出度为 M_1，在 1 200 K 时的辐出度为 M_2，则 M_1/M_2 为________.

(A) 4/3　　(B) 64/27　　(C) 256/81　　(D) 16/9

2. 白炽灯工作时，灯丝的温度约为 2 400 K. 如果灯丝可看做黑体，其功率为 100 W，则灯丝的表面积约________ m^2.

(A) 5.3×10^{-8}　　(B) 1.00×10^{-6}

(C) 5.3×10^{-5}　　(D) 7.4×10^{-2}

3. 金属的光电效应的红限依赖于________.

(A) 入射光的频率

(B) 入射光的强度

(C) 金属的逸出功

(D) 入射光的频率和金属的逸出功

4. 已知一单色光照射在钠表面上，测得光电子的最大动能是 1.2 eV，而钠的红限波长是 540 nm，那么入射光的波长是________.

(A) 535 nm　　(B) 500 nm

(C) 435 nm　　(D) 355 nm

5. 以一定频率的单色光照射在某种金属上，测出其光电流的曲线如图中实线所示，然后在光强度不变的条件下增大照射光的频率. 测出其光电流的曲线如图中虚线所示. 满足题意的图是________.

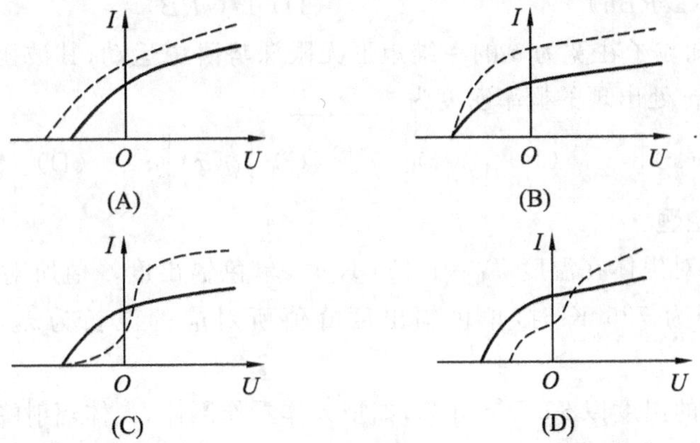

6. 光电效应和康普顿效应都包含有电子与光子的相互作用过程. 对此过程，在以下几种理解中正确的是________.

(A) 光电效应是电子吸收光子的过程

(B) 两种效应都相当于电子与光子的弹性碰撞过程

(C) 康普顿效应中光子和电子的碰撞过程不服从能量守恒定律

(D) 康普顿效应中光子和电子的碰撞过程不服从动量守恒定律

7. 在康普顿散射中，若散射光子与原来入射光子方向成 θ 角，当 θ 等于________时，散射光子的波长增大最多.

(A) 180°　　(B) 90°　　(C) 45°　　(D) 30°

8. 氢原子光谱的巴耳末系中波长最大的谱线波数（波长的倒数）为________.（R 为里德伯常数）

(A) $\frac{5R}{36}$　　(B) $\frac{R}{4}$　　(C) $\frac{R}{9}$　　(D) $\frac{R}{6}$

9. 若外来单色光把氢原子激发至第三激发态，则当氢原子跃迁回低能态时，可发出的可见光光谱线的条数是________.

(A) 1　　(B) 2　　(C) 3　　(D) 6

10. 一个光子和一个电子具有同样的波长，则________.

(A) 光子具有较大的动量　　(B) 电子具有较大的动量

(C) 它们具有相同的动量　　(D) 光子动量为零

11. 在 300 K 时达到热平衡的中子，其德布罗意波波长近似为________.

(A) 17.9 nm　　(B) 179 nm　　(C) 1.79 nm　　(D) 0.179 nm

12. 若 α 粒子（电量为 $2e$）在磁感应强度为 B 均匀磁场中沿半径为 R 的圆

形轨道运动，则 α 粒子的德布罗意波长是________.

(A) $h/(2eRB)$　　(B) $h/(eRB)$

(C) $1/(2eRBh)$　　(D) $1/(eRB)$

13. 已知粒子在宽为 a 的一维矩形无限深势阱中运动，其波函数为 $\psi(x)$，那么粒子在 x 处出现的概率密度为________.

(A) $|\psi(x)|$　　(B) $|\psi(x)|^2$　　(C) $|\psi(x)|a$　　(D) $|\psi(x)|^2a$

二、填空题

1. 一绝对黑体在温度 $T_1=1\,450$ K 时，单色辐出度峰值所对应的波长为 λ_1，当温度降为 725 K 时，单色辐出度峰值所对应的波长为 λ_2，则 λ_1/λ_2 等于________.

2. 人体的温度以 36.5 ℃计算，如把人体看作黑体，人体辐射峰值所对应的波长为________ μm.

3. 汞的截止频率为 1.09×10^{15} Hz，现用波长为 220 nm 的单色光照射，汞放出光电子的最大初动能为________ eV，遏止电压为________ eV.

4. 已知某金属的逸出功为 W，用频率为 ν_1 的光照射该金属能产生光电效应，则该金属的红限频率 $\nu_0=$________，相应的遏止电势差 $|U_a|=$________.

5. 功率为 P 的点光源，发出波长为 λ 的单色光，在距光源为 d 处，每秒钟落在垂直于光线的单位面积上的光子数为________，若 $\lambda=663$ nm，则光子的质量为________ kg.

6. 波长为 0.01 nm 的 X 射线经某物质散射后沿与入射方向成 60°角的方向散射. 假定被撞电子原来是静止的，则散射光的波长改变量为________ nm，电子获得的能量为________ J.

7. 在氢原子光谱中，赖曼系(由各激发态跃迁到基态所发射的各谱线组成的谱线系)的最短波长的谱线所对应的光子能量为________ eV.(里德伯常量 $R=1.097\times10^7\ \text{m}^{-1}$，普朗克常量 $h=6.63\times10^{-34}$ J·s，1 eV $=1.60\times10^{-19}$ J，真空中光速 $c=3\times10^8\ \text{m}\cdot\text{s}^{-1}$).

8. 若中子的德布罗意波长为 0.2 nm，则它的动能为________ J.(普朗克常量 $h=6.63\times10^{-34}$ J·s，中子质量 $m=1.67\times10^{-27}$ kg)

9. 设描述微观粒子运动的波函数为 $\psi(r,t)$，则 $\psi(r,t)$ 须满足的标准条件为________________，其归一化条件是________________.

三、计算题

1. 设某黑体的温度为 6 000 K，试问：

(1) 最大单色辐出度对应的波长 λ_m 为多大？

(2) 当 λ_m 增加 5 nm 时，辐出度的改变量与原辐出度之比为多大？

2. 当氢原子从某初始状态跃迁到激发能(从基态到激发态所需的能量)为 $\Delta E=10.19$ eV 的状态时，发射出光子的波长是 486 nm，试求该初始状态的能量和主量子数.(普朗克常量 $h=6.63\times10^{-34}$ J·s，1 eV$=1.60\times10^{-19}$ J)

3. 用波长 $\lambda_0=0.32$ nm 的射线做康普顿散射实验，在散射角 $\theta=67^\circ$方向上康普顿散射波波长是多少？反冲电子所获得的速度为多少？

4. 能量为 15 eV 的光子被氢原子中处于基态的电子吸收而形成一个光电子. 试求：

(1) 光电子脱离原子核时的速度；

(2) 光电子的德布罗意波波长.($h=6.63\times10^{-34}$ J·s，电子质量 $m_e=0.91\times10^{-30}$ kg)

5. 粒子在宽为 a 的一维无限深势阱中运动，其波函数为

$$\psi(x)=\sqrt{\frac{2}{a}}\sin\frac{3\pi x}{a}\quad(0<x<a).$$

试求概率密度的表达式和粒子出现的概率最大的各个位置.

自测题答案

上　篇

第 1 章

一、选择题

1. D　2. D　3. B　4. A　5. B　6. D　7. B　8. B　9. C　10. D

二、填空题

1. 5 m；　13 m.

2. $-5\boldsymbol{i}+4\boldsymbol{j}$；　$10\boldsymbol{i}$；　$-16\pi^2\boldsymbol{j}$；　$\dfrac{x^2}{25}+\dfrac{y^2}{16}=1$.

3. 4.19 m；　4.14×10^{-3} m/s；　与 x 轴成 60°角.

4. 4 s；　4 m/s^2.

5. $-c$；　$(b-ct)^2/R$.

6. $16Rt^2$；　4 rad/s^2.

7. $-\dfrac{g}{2}$.

8. $\dfrac{1}{3}ct^3$；　$2ct$；　c^2t^4/R.

9. $v_0{}^2\cos^2/g$.

10. $g\sin\theta$；　$g\cos\theta$.

三、计算题

1. 解　(1) 加速度与初速度同向

$$v=v_0+at=3+4\times7=31\ \text{m/s},$$

$$\Delta x=v_0t+\frac{1}{2}at^2=3\times7+\frac{1}{2}\times4\times7^2=119\ \text{m}.$$

(2) 加速度与初速度反向

$$v=v_0+at=3-4\times7=-25\ \text{m/s},$$

$$\Delta x=v_0t+\frac{1}{2}at^2=3\times7-\frac{1}{2}\times4\times7^2=-77\ \text{m},$$

路程为 77 m.

2. 解 (1) 因为 $x=3-5t+6t^2$,所以 $v=-5+12t$.

初始位置为 $x_0=3$ m,初始速度为 $v_0=-5$ m/s.

(2) $v=-5+12t$ m/s, $a=12$ m/s^2.

(3) 因为 $a=12$ m/s^2=常量且质点沿 x 轴做直线运动,所以质点做匀速直线运动.

3. 解 因为 $a=\frac{dv}{dt}=-kv$,所以

$$\frac{dv}{v}=-k dt,$$

$$\int_{v_0}^{v}\frac{dv}{v}=-k\int_0^t dt \Rightarrow v=v_0 e^{-kt}.$$

又因为 $v=\frac{dx}{dt}=v_0 e^{-kt}$, $\int_0^x dx=\int_0^t v_0 e^{-kt} dt$,所以

$$x=-\frac{v_0}{k}e^{-kt}\Big|_0^t=\frac{v_0}{k}(1-e^{-kt}).$$

4. 解 由 $a=\frac{dv}{dt}$可得

$$\int_{v_0}^{v} dv=\int_0^t a dt,$$

所以

$$v-v_0=\int_0^t -A\omega^2\cos\omega t dt=-A\omega\sin\omega t$$

即

$$v=-A\omega\sin\omega t.$$

再由 $v=\frac{dx}{dt}$ 可得 $\int_{x_0}^{x} dx=\int_0^t v dt$,所以

$$x-A=\int_0^t -A\omega\sin\omega t dt=-A+A\cos\omega t,$$

即

$$x=A\cos\omega t.$$

5. 解 因为

$$-kv^2=\frac{dv}{dt}\Rightarrow\frac{dv}{v^2}=-k dt,$$

$$\int_{v_0}^{v}\frac{1}{v^2}dv=-\int_0^t k dt\Rightarrow \frac{1}{v}-\frac{1}{v_0}=kt,$$

所以,

$$v=\frac{v_0}{kv_0t+1}.$$

6. 解 (1) $\omega=\frac{d\theta}{dt}=3t^2+4$,

$$\alpha=\frac{d\omega}{dt}=6t,$$

所以

$$t=2\text{ s}: \omega=3\times2^2+4=16\text{ rad}\cdot\text{s}^{-1},$$

$$\alpha=6\times2=12\text{ rad}\cdot\text{s}^{-2}.$$

(2) 由角量和线量的关系,得边缘一点的速度、切向加速度和法向加速度:

$$v=\omega r=\frac{1}{2}\omega D=0.2\times(3t^2+4),$$

$$a_t = \beta r = 6t \times 0.2 = 1.2t,$$

$$a_n = \omega^2 r = (3t^2 + 4)^2 \times 0.2.$$

$$t = 1\ \text{s 时},\ v = 1.4\ \text{m/s},\ a_t = 1.2\ \text{m/s},\ a_n = 9.8\ \text{m/s}^2.$$

所以

$$a = \sqrt{a_n^2 + a_t^2} = 9.87\ \text{m} \cdot \text{s}^{-2}$$

$\boldsymbol{a}$ 与 $\boldsymbol{v}$ 的夹角

$$\theta = \arctan \frac{a_n}{a_t} = \arctan \frac{9.8}{1.2} = 83.0°.$$

7. 解　因为 $\theta = 6 + 5t^2$，所以 $\omega = 10t, \alpha = 10$.

(1) $a_t = R\alpha = 2\ \text{m/s}^2$，$a_n = \omega^2 R = 20t^2\ \text{m/s}^2$.

当 $t = 2$ s 时，$a_t = R\alpha = 2\ \text{m/s}^2$，$a_n = \omega^2 R = 80\ \text{m/s}^2$.

(2) 当法向加速度与切向加速度大小恰好相等时，即

$$20t^2 = 2 \Rightarrow t^2 = 0.1$$

所以

$$\theta = 6 + 5t^2 = 6.5\ \text{rad}.$$

8. 解　由于

$$x = 2\sin 4t,\ y = 2\cos 4t,\ z = 4t.$$

可得

$$v_x = 8\cos 4t,\ v_y = -8\sin 4t,\ v_z = 4.$$

$$a_x = -32\sin 4t,\ a_y = -32\cos 4t,\ a_z = 0.$$

所以

$$v = \sqrt{v_x^2 + v_y^2 + v_z^2} = 4\sqrt{5}\ \text{m/s} = 8.94\ \text{m/s},$$

$$a = \sqrt{a_x^2 + a_y^2 + a_z^2} = 32\ \text{m/s}^2,$$

因为 $a_t = \frac{dv}{dt} = 0$，则 $a_n = a = 32\ \text{m/s}^2$，因此

$$\rho = \frac{v^2}{a_n} = 2.5\ \text{m}.$$

第 2 章

一、选择题

1. C　2. D　3. B　4. E　5. D　6. D　7. B　8. D　9. C　10. A　11. C　12. C

二、填空题

1. $2g$；　0.

2. $\sin\theta\sqrt{\frac{lg}{\cos\theta}}$；　$\frac{mg}{\cos\theta}$.

3. 2 N；　1 N.

4. 4 m/s；　2.5 m/s.

5. $3\sqrt{2mE}$.

6. $\sqrt{2}mv$；　指向正西南或南偏西 45°.

7. 0.003 s； 0.6 N·s； 2 g.

8. $2d$.

9. $GMm\frac{r_2-r_1}{r_1r_2}$； $GMm\frac{r_1-r_2}{r_1r_2}$.

10. $\sqrt{\frac{2g\cos\varphi}{r}}$； $3mg\cos\varphi$； 沿法线向外.

11. 动量、动能、功.

12. $4v/r$.

三、计算题

1. 解　受力分析右图所示.

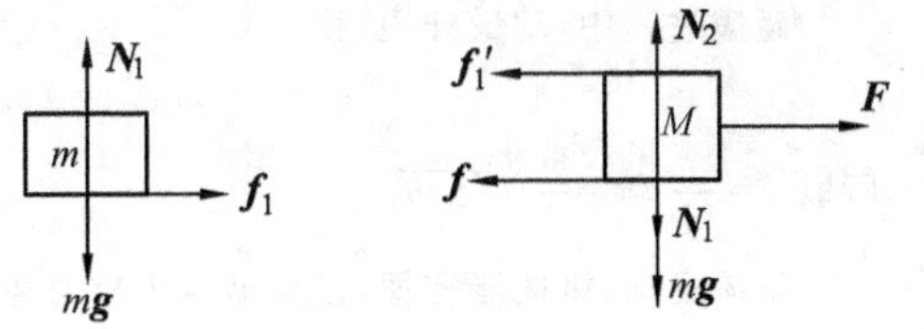

对于 m，有

$$f_1=ma_1.$$

对于 M，有

$$F-f-f_1'=Ma,$$
$$f_1=f_1'=\mu mg.$$

要把木板抽出，要求 $a\geqslant a_1$，所以

$$F\geqslant 2\mu(M+m)g=19.4\ \text{N}.$$

2. 解　受力分析如右图所示.

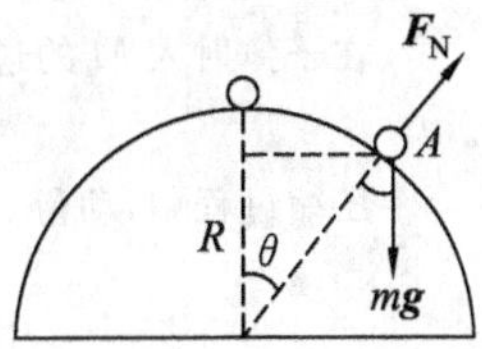

$$\begin{cases} mg\cos\theta-F_N=m\dfrac{v^2}{R}, \\ mgR(1-\cos\theta)=\dfrac{1}{2}mv^2. \end{cases}$$

当物体在 A 处脱离球面时，$F_N=0$，所以

$$\cos\theta=\frac{2}{3}\Rightarrow\theta=\arccos\frac{2}{3}.$$

即在与竖直方向夹角为 $\theta=\arccos\frac{2}{3}$ 脱离球面.

3. 解　受力分析如右图所示.

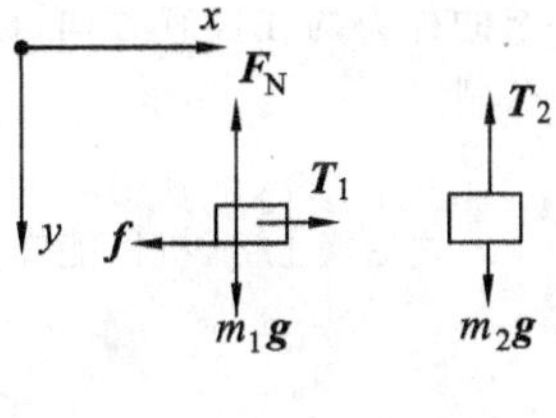

对于 m_1，有

$$T_1-\mu m_1g=m_1a_1.$$

对于 m_2，有

$$m_2g-T_2=m_2a_2,$$

$$T_2=2T_1,\ a_2=\frac{a_1}{2}.$$

联立解得

$$a_1=\frac{2m_2g-4\mu m_1g}{m_2+4m_1},\quad a_2=\frac{m_2g-2\mu m_1g}{m_2+4m_1}.$$

$$T_1=\frac{2+\mu}{m_2+4m_1}m_1m_2g,\quad T_2=\frac{4+2\mu}{m_2+4m_1}m_1m_2g.$$

4. 解　整个过程分为 3 个阶段：(1) 油灰下落过程，机械能守恒；(2) 油灰和盘子碰撞，

达共同速度，动量守恒；(3) 整体运动过程，机械能守恒.

盘子静止时，弹簧伸长 $\Delta l=0.1$ m，由平衡条件 $mg=k\Delta l$，得

$$k=\frac{mg}{y_1}=19.6\ \text{N/m}.$$

油灰下落过程，机械能守恒，得

$$\frac{1}{2}m_2 v_{20}^2=m_2 gh,$$

所以 $v_{20}=\sqrt{2gh}$.

碰撞过程中，动量守恒，得

$$m_2 v_{20}=(m_1+m_2)v,$$

所以 $v=\frac{1}{2}v_{20}=\frac{1}{2}\sqrt{2gh}$.

整体运动，机械能守恒，以最低点为重力势能零点，得

$$\frac{1}{2}(m_1+m_2)v^2+(m_1+m_2)gy_2+\frac{1}{2}ky_1^2=\frac{1}{2}k(y_1+y_2)^2.$$

因此 $y_2^2-0.2y_2-0.03=0$，解得 $y_2=0.3$ m.

5. 解　整个过程分为两个阶段：(1) 子弹射入 M 内，达共同速度，此阶段动量守恒；(2) 弹簧压缩，整体运动，弹簧压缩最大时，两物块达共同速度，此阶段动量、机械能守恒.

在子弹射入 M 的过程中，动量守恒，得

$$mv_0=(M+m)v_1.$$

压缩过程中，动量、机械能守恒，设最大伸长量为 Δl，则

$$(M+m)v_1=(2M+m)v_2,$$

$$\frac{1}{2}(M+m)v_1^2=\frac{1}{2}(2M+m)v_2^2+\frac{1}{2}k\Delta l^2,$$

所以 $\Delta l=mv_0\sqrt{\frac{M}{k(M+m)(2M+m)}}$.

6. 解　(1) 因穿透时间极短，故可认为物体未离开平衡位置. 因此，作用于子弹、摆系统上的外力均在竖直方向，故系统在水平方向动量守恒. 令子弹穿出时物体的水平速度为 v'，则

$$mv_0=mv+Mv'.$$

之后摆上升，机械能守恒，得

$$\frac{1}{2}Mv'^2=Mgh.$$

因为

$$v_0=500\ \text{m/s},\ v=100\ \text{m/s},\ m=1\ \text{g},\ M=1\ \text{kg},$$

所以

$$h=\frac{m^2(v_0-v)^2}{2M^2 g}=0.33\ \text{m}.$$

7. 解　根据功能原理，木块在水平面上运动时，摩擦力所做的功等于系统（木块和弹簧）机械能的增量.

由题意有

$$-f_r x=\frac{1}{2}kx^2-\frac{1}{2}mv^2.$$

又 $f_r=\mu_k mg$，则木块开始碰撞弹簧时的速率为

$$v=\sqrt{2\mu_k gx+\frac{kx^2}{m}}=5.83\ \text{m/s}.$$

第 3 章

一、选择题

1. B　2. C　3. B　4. B　5. B　6. C　7. B　8. A　9. D　10. C

二、填空题

1. 1.2；　$-\frac{\pi}{15}$.

2. π；　$\frac{\pi}{3}$.

3. 3.43；　$-\frac{2}{3}\pi$.

4. $x=0.02\cos\left(\frac{5}{2}t-\frac{\pi}{2}\right)$.

5. $x=0.04\cos\left(\pi t+\frac{\pi}{2}\right)$.

6. π.

7. $\frac{\pi}{4}$；　$x=0.02\cos\left(\pi t+\frac{\pi}{4}\right)$.

8. 0.37 m；　$x=0.37\cos\left(\frac{\pi}{2}t\pm\pi\right)$.

9. 200；　$\frac{5}{\pi}$.

10. 0.01；　$\frac{\pi}{6}$.

三、计算题

1. 解　将 $F=-\pi^2 x$ 与 $F=-kx$ 比较可知质点做简谐振动，其中 $k=\pi^2$.

因为

$$\omega=\sqrt{\frac{k}{m}}=\frac{\pi}{\sqrt{m}},$$

所以

$$T=\frac{2\pi}{\omega}=2\sqrt{m}.$$

2. 解　(1) 由 $v_m=\omega A$ 可得

$$\omega=\frac{v_m}{A}=1.5\ \text{s}^{-1}.$$

因此

$$T=\frac{2\pi}{\omega}=4.19\ \text{s}.$$

(2) $a_m=\omega^2 A=v_m\omega=4.5\times10^{-2}\ \text{m/s}^2$.

(3) 因为 $t=0$ 时，物体位于平衡位置且向 x 轴的负方向运动，可知 $\varphi=\frac{\pi}{2}$，所以运动方程为

$$x=0.02\cos\left(1.5t+\frac{\pi}{2}\right)\ \text{(SI)}.$$

3. 解　(1) 势能 $W_P=\frac{1}{2}kx^2$，总能量 $E=\frac{1}{2}kA^2$.

由题意得 $\frac{1}{2}kx^2=\frac{1}{4}kA^2$，所以

$$x=\pm\frac{A}{\sqrt{2}}=\pm4.24\times10^{-2}\ \text{m}.$$

(2) 周期 $T=\frac{2\pi}{\omega}=6\ \text{s}$.

从平衡位置运动到 $x=\pm\frac{A}{\sqrt{2}}$ 的最短时间 Δt 为 $\frac{T}{8}$，所以 $\Delta t=0.75\ \text{s}$.

4. 解　(1) 由题意得

$$F_m=kA,\quad A=x_m,\quad k=F_m/x_m.$$

$$E=\frac{1}{2}kx_m^2=\frac{1}{2}F_m x_m=0.16\ \text{J}.$$

(2)
$$\omega=\frac{v_m}{A}=\frac{v_m}{x_m}=2\pi\ \text{rad/s}.$$

由 $t=0$，$x_0=A\cos\varphi=0.2\ \text{m}$，$v_0=-A\omega\sin\varphi<0$ 得

$$\varphi=\frac{\pi}{3}.$$

则运动方程为

$$x=0.4\cos\left(2\pi t+\frac{\pi}{3}\right)\ \text{(SI)}.$$

5. 解　依合振动的振幅及初相公式可得

$$\begin{aligned}A&=\sqrt{A_1^2+A_2^2+2A_1A_2\cos\Delta\varphi}\\&=\sqrt{5^2+6^2+2\times5\times6\times\cos\left(\frac{3}{4}\pi-\frac{\pi}{4}\right)}\times10^{-2}\ \text{m}\\&=7.81\times10^{-2}\ \text{m}.\end{aligned}$$

$$\varphi=\arctan\frac{5\sin(3\pi/4)+6\sin(\pi/4)}{5\cos(3\pi/4)+6\cos(\pi/4)}=1.48\ \text{rad}.$$

所求的合成振动方程为

$$x=7.81\times10^{-2}\cos(10t+1.48)\ \text{(SI)}.$$

第4章

一、选择题

1. D　2. D　3. D　4. C　5. C　6. A　7. B　8. D　9. D　10. C

二、填空题

1. 向下；　向上；　向上.

2. 0.4；　10；　4.

3. 2.4；　6.

4. 0.8；　0.2；　125.

5. $y=2\times10^{-3}\cos\left[200\pi\left(t-\dfrac{x}{400}\right)-\dfrac{\pi}{2}\right]$.

6. $y=0.1\cos(4\pi t-2\pi x)$.

7. $a=-0.2\pi^2\cos\left(\pi t+\dfrac{3}{2}\pi\right)$.

8. $0.1\cos(4\pi t-\pi)$；　-0.4π.

9. 0.

10. $\sqrt{A_1^2+A_2^2+2A_1A_2\cos\left(2\pi\dfrac{L-2r}{\lambda}\right)}$.

三、计算题

1. 解　(1) $x_1=10$ m 的振动方程为

$$y=0.25\cos(125t-3.7)\ (\text{SI}).$$

$x_2=25$ m 的振动方程为

$$y=0.25\cos(125t-9.25)\ (\text{SI}).$$

(2) x_2 与 x_1 两点间相位差

$$\Delta\varphi=\varphi_2-\varphi_1=-5.55\ \text{rad}.$$

(3) x_1 点在 $t=4$ s 时的振动位移

$$y=0.25\cos(125\times4-3.7)\ \text{m}=0.249\ \text{m}.$$

2. 解　(1) $y=0.1\cos\left(4\pi t-\dfrac{2}{10}\pi x\right)=0.1\cos4\pi\left(t-\dfrac{1}{20}x\right)$ (SI).

(2) $t_1=\dfrac{T}{4}=\dfrac{1}{8}\text{s},x_1=\dfrac{\lambda}{4}=\dfrac{5}{2}\text{m}$ 处质点的位移

$$y_1=0.1\cos4\pi(T/4-\lambda/80)=0.1\cos4\pi\left(\frac{1}{8}-\frac{1}{8}\right)=0.1\ \text{m}.$$

(3) 振动速度

$$v=\frac{\partial y}{\partial t}=-0.4\pi\sin4\pi\left(t-\frac{x}{20}\right).$$

$$t_2=\frac{1}{2}T=\frac{1}{4}\ \text{s},$$

在 $x_1=\lambda/4=(10/4)$ m 处质点的振动速度

$$v_2=-0.4\pi\sin\left(\pi-\frac{\pi}{2}\right)=-1.26\ \text{m/s}.$$

3. 解 (1) 振动方程

$$y_0=0.06\cos\left(\frac{2\pi t}{2}+\pi\right)=0.06\cos(\pi t+\pi)\ (\text{SI}).$$

(2) 波动方程

$$\begin{aligned}y&=0.06\cos[\pi(t-x/u)+\pi]\\&=0.06\cos\left[\pi\left(t-\frac{x}{2}\right)+\pi\right]\ (\text{SI}).\end{aligned}$$

(3) 波长

$$\lambda=uT=4\text{m}.$$

4. 解 (1) 由点 P 的运动方向,可判定该波向左传播.

原点 O 处质点,$t=0$ 时 $\sqrt{2}A/2=A\cos\varphi$,$v_0=-A\omega\sin\varphi<0$,所以 $\varphi=\frac{\pi}{4}$.

O 处振动方程为

$$y_0=A\cos\left(500\pi t+\frac{\pi}{4}\right)\ (\text{SI}).$$

由图可判定波长 $\lambda=200$ m,故波动方程为

$$y=A\cos\left[2\pi\left(250t+\frac{x}{200}\right)+\frac{\pi}{4}\right]\ (\text{SI}).$$

(2) 距点 O 100 m 处质点的振动方程是

$$y_1=A\cos\left(500\pi t+\frac{5}{4}\pi\right).$$

振动速度表达式是

$$v=-500\pi A\cos\left(500\pi t+\frac{5}{4}\pi\right)\ (\text{SI}).$$

5. 解 $\Delta\varphi=\varphi_2-\varphi_1-\frac{2\pi}{\lambda}(r_2-r_1)=\frac{\pi}{4}-\frac{2\pi r_2}{\lambda}+\frac{2\pi r_1}{\lambda}=-\frac{\pi}{4}.$

$$A=\sqrt{A_1^2+A_2^2+2A_1A_2\cos\Delta\varphi}=0.464\ \text{m}.$$

第 5～6 章

一、选择题

1. B 2. C 3. C 4. B 5. C 6. A 7. B 8. D 9. A 10. D

二、填空题

1. 分子本身的线度与分子之间的平均距离相比可以忽略不计;除碰撞的一瞬间外,分子之间以及分子与容器壁之间的相互作用可以忽略;分子之间以及分子与容器壁之间的碰撞是完全弹性的,遵守能量守恒定律和动量守恒定律.

2. 分子数密度 n;分子的平均平动动能.

3. 气体分子热运动的每个自由度的平均能量.

4. 4×10^5 Pa.

5. 512.

6. $\frac{i}{2}kT$； RT.

7. $\frac{i}{2}pV$.

8. $\int_{100}^{\infty}f(v)\mathrm{d}v$； $\int_{100}^{\infty}Nf(v)\mathrm{d}v$.

9. $\sqrt{M_2/M_1}$.

10. 2 000； 500.

三、计算题

1. 解 因为

$$p=\frac{1}{3}nm\overline{v^2}=\frac{1}{3}\rho\overline{v^2},$$

所以

$$\rho=3p/\overline{v^2}=1.90\ \mathrm{kg/m^3}.$$

2. 解 (1) 单位体积分子数

$$n=p/kT=2.44\times10^{25}\ \mathrm{m^{-3}}.$$

(2) 氧气的密度

$$\rho=m/V=pM/RT=1.3\ \mathrm{kg\cdot m^3}.$$

(3) 氧气分子的平均平动动能

$$\bar{\varepsilon}_{kt}=3kT/2=6.21\times10^{-21}\ \mathrm{J}.$$

(4) 氧气分子的平均距离

$$\bar{d}=\sqrt[3]{1/n}=3.45\times10^{-9}\ \mathrm{m}.$$

3. 解 (1) 由 $E=\frac{m}{M}\frac{i}{2}RT$ 和 $pV=\frac{m}{M}RT$ 可得气体压强为

$$p=2E/(iV)=1.35\times10^5\ \mathrm{Pa}.$$

(2) 分子数密度 $n=N/V$,则该气体的温度为

$$T=p/(nk)=pV/(Nk)=3.62\times10^2\ \mathrm{K}.$$

4. 解 (1) 由于分子所允许的速率在 0 到 $2v_0$ 的范围内,由归一化条件可知曲线下的面积

$$S=\int_0^{2v_0}Nf(v)\mathrm{d}v=N,$$

即曲线下的面积表示系统分子总数 N.

(2) 从图中可知,在 0 到 v_0 区间内,$Nf(v)=av/v_0$;而在 v_0 到 $2v_0$ 区间内,$Nf(v)=a$. 利用归一化条件有

$$N=\int_0^{v_0}\frac{av}{v_0}\mathrm{d}v+\int_{v_0}^{2v_0}a\mathrm{d}v,$$

可得

$$a=2N/3v_0.$$

(3) 速率在 $v_0/2$ 到 $3v_0/2$ 间隔内的分子数为

$$\Delta N=\int_{v_0/2}^{v_0}\frac{av}{v_0}\mathrm{d}v+\int_{v_0}^{3v_0/2}a\mathrm{d}v=\frac{7}{12}N.$$

(4) 分子速率平方的平均值按定义为

$$\overline{v^2}=\int_0^{\infty}v^2\mathrm{d}N/N=\int_0^{\infty}v^2f(v)\mathrm{d}v.$$

故分子的平均平动动能为

$$\bar{\varepsilon}_{kt}=\frac{1}{2}m\overline{v^2}=\frac{1}{2}m\left(\int_0^{v_0}\frac{a}{Nv_0}v^3\mathrm{d}v+\int_{v_0}^{2v_0}\frac{a}{N}v^2\mathrm{d}v\right)=\frac{31}{36}mv_0^2.$$

5. 解 (1) 因为 T 相等,所以

氧气分子平均平动动能=氢气分子平均平动动能 $\bar{\varepsilon}_{kt}=6.21\times10^{-21}$ J.

$$\sqrt{\overline{v^2}}=\sqrt{2\bar{\varepsilon}_{kt}/m}=483\ \mathrm{m/s}$$

(2) $T=2\bar{\varepsilon}_{kt}/(3k)=300$ K.

第7章

一、选择题

1. C 2. C 3. D 4. B 5. B 6. D 7. B 8. D 9. A 10. B

二、填空题

1. $4N/C$; 向上.

2. $\dfrac{\lambda_1}{\lambda_1+\lambda_2}d$.

3. πR^2E.

4. 0; 高斯面上各点.

5. $\dfrac{q}{4\pi\varepsilon_0r^2}$; 0.

6. 0; $\lambda/(2\varepsilon_0)$.

7. $\oint_L\boldsymbol{E}\cdot\mathrm{d}\boldsymbol{l}=0$; 单位正电荷在静电场中沿任意闭合路径绕行一周,电场力作功等于零;有势(或保守力).

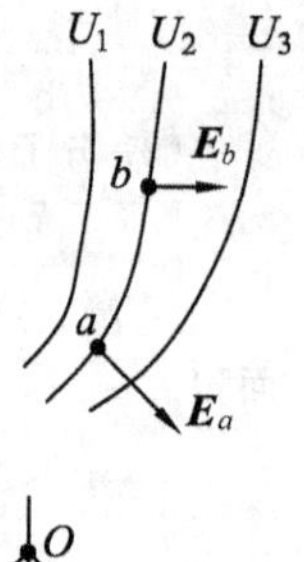

8. $q/(6\pi\varepsilon_0R)$.

9. $\dfrac{q_1q_2}{4\pi\varepsilon_0r}$.

10. 见右图; >.

三、计算题

1. 解 设两小球带电 $q_1=q_2=q$,小球受力如右图所示.

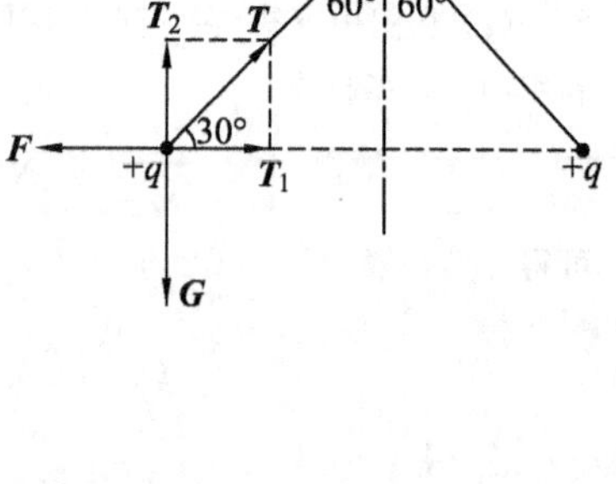

$$F=\frac{q^2}{4\pi\varepsilon_0R^2}=T\cos30^\circ, \qquad ①$$

$$mg=T\sin 30^\circ. \qquad ②$$

联立①②得

$$\frac{mg4\pi\varepsilon_0 R^2}{q^2}=\tan 30^\circ \qquad ③$$

其中，$r=l\sin 60^\circ=\frac{\sqrt{3}}{2}\times 6\times 10^{-2}=3\sqrt{3}\times 10^{-2}$ m，$R=2r$. 代入式③，即得

$$q=1.01\times 10^{-7}\ \text{C}.$$

2. 解　把圆环分成无限多线元 dl，dl 所带电量为 $dq=\frac{2Q}{\pi R}dl$，产生的场强为 $d\boldsymbol{E}$. 则 $d\boldsymbol{E}$ 的大小为

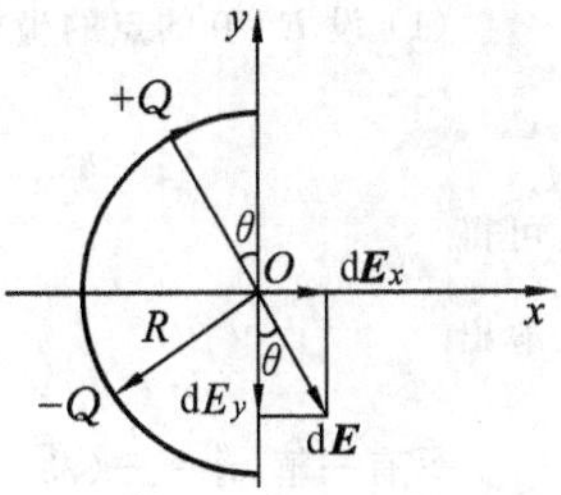

$$d\boldsymbol{E}=\frac{Qdl}{2\pi^2\varepsilon_0 R^3}=\frac{Qd\theta}{2\pi^2\varepsilon_0 R^2}.$$

把 $d\boldsymbol{E}$ 分解成 dE_x 和 dE_y，则

$$dE_x=\sin\theta dE,$$

$$dE_y=\cos\theta dE.$$

由于 $+Q$，$-Q$ 带电量的对称性，x 轴上的分量相互抵消，则

$$E_x=0,$$

$$E_y=2\int dE_y=2\int\cos\theta dE=\int_0^{\frac{\pi}{4}}\frac{Q\cos\theta d\theta}{\pi^2\varepsilon_0 R^2}=\frac{Q}{\pi^2\varepsilon_0 R^2},$$

所以圆环在 O 点产生的场强为

$$\boldsymbol{E}=-\frac{Q}{\pi^2\varepsilon_0 R^2}\boldsymbol{j}.$$

3. 解　由题意知

$$E_x=200\ \text{N/C},\ E_y=300\ \text{N/C},\ E_z=0.$$

平行于 xOy 平面的两个面的电场强度通量

$$\Phi_{e1}=\boldsymbol{E}\cdot\boldsymbol{S}=\pm E_z S=0.$$

平行于 yOz 平面的两个面的电场强度通量

$$\Phi_{e2}=\boldsymbol{E}\cdot\boldsymbol{S}=\pm E_x S=\pm 200b^2\ \text{N}\cdot\text{m}^2/\text{C},$$

"+"，"−"分别对应于右侧和左侧平面的电场强度通量.

平行于 xOz 平面的两个面的电场强度通量

$$\Phi_{e3}=\boldsymbol{E}\cdot\boldsymbol{S}=\pm E_y S=\pm 300b^2\ \text{N}\cdot\text{m}^2/\text{C},$$

"+"，"−"分别对应于上和下平面的电场强度通量.

4. 解　由高斯定理可得场强分布为

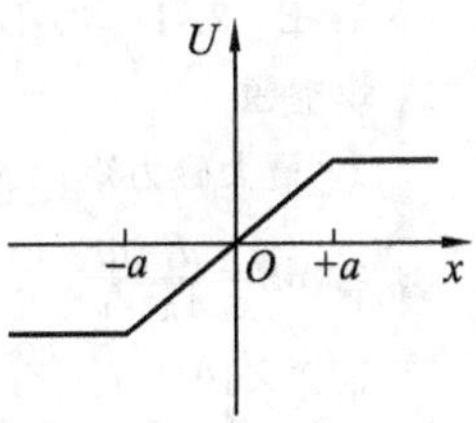

$$\begin{cases}E=-\sigma/\varepsilon_0, & -a<x<a,\\ E=0, & -\infty<x<-a, a<x<+\infty.\end{cases}$$

由此可求电势分布：在 $-\infty<x\leqslant -a$ 区间，

$$U=\int_x^0 E\mathrm{d}x=\int_x^{-a}0\mathrm{d}x+\int_{-a}^0 -\sigma\mathrm{d}x/\varepsilon_0=-\sigma a/\varepsilon_0.$$

在 $-a\leqslant x\leqslant a$ 区间，

$$U=\int_x^0 E\mathrm{d}x=\int_x^0 \frac{-\sigma}{\varepsilon_0}\mathrm{d}x=\frac{\sigma x}{\varepsilon_0}.$$

在 $a\leqslant x<\infty$ 区间

$$U=\int_x^0 E\mathrm{d}x=\int_x^a 0\mathrm{d}x+\int_a^0 \frac{-\sigma}{\varepsilon_0}\mathrm{d}x=\frac{\sigma a}{\varepsilon_0}.$$

5. 解　设点电荷 q 所在处为坐标原点 O，x 轴沿两点电荷的连线.

(1) 设 $\boldsymbol{E}=0$ 的点的坐标为 x'，则

$$\boldsymbol{E}=\frac{q}{4\pi\varepsilon_0 x'^2}\boldsymbol{i}-\frac{3q}{4\pi\varepsilon_0 (x'-d)^2}\boldsymbol{i}=0,$$

可得

$$2x'^2+2dx'-d^2=0,$$

解出

$$x'=-\frac{1}{2}(1+\sqrt{3})d.$$

另有一解 $x''_2=\frac{1}{2}(\sqrt{3}-1)d$ 不符合题意，舍去.

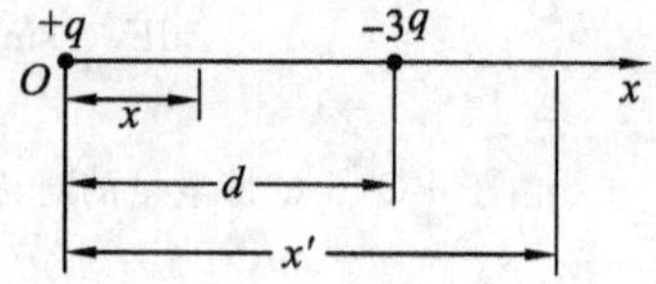

(2) 设坐标 x 处 $U=0$，则

$$U=\frac{q}{4\pi\varepsilon_0 x}-\frac{3q}{4\pi\varepsilon_0 (d-x)}$$
$$=\frac{q}{4\pi\varepsilon_0}\left[\frac{d-4x}{x(d-x)}\right]=0,$$

得 $d-4x=0$，$x=d/4$.

6. 解　设内球上所带电荷为 Q，则两球间的电场强度的大小为

$$E=\frac{Q}{4\pi\varepsilon_0 r^2}\quad (R_1<r<R_2).$$

两球的电势差

$$U_{12}=\int_{R_1}^{R_2} E\mathrm{d}r=\frac{Q}{4\pi\varepsilon_0}\int_{R_1}^{R_2}\frac{\mathrm{d}r}{r^2}=\frac{Q}{4\pi\varepsilon_0}\left(\frac{1}{R_1}-\frac{1}{R_2}\right).$$

所以

$$Q=\frac{4\pi\varepsilon_0 R_1 R_2 U_{12}}{R_2-R_1}=2.14\times10^{-9}\ \mathrm{C}.$$

第 8 章

一、选择题

1. E　2. D　3. B　4. B　5. B　6. A　7. C　8. C　9. D　10. A

二、填空题

1. 最大磁力矩；　磁矩.

2. $\mathrm{d}\boldsymbol{B}=\frac{\mu_0}{4\pi}\frac{I\mathrm{d}\boldsymbol{l}\times\boldsymbol{r}}{r^3}$.

3. 2×10^{-6} T.

4. L 包围的电流代数和；　L 上的磁感强度；　内外的所有.

5. $\frac{\mu_0 IS_1}{S_1+S_2}$.

6. 3.14×10^{-3} T.

7. $\mu_0\pi nIR^2$.

8. $\mu_0 i$； 沿轴线向右.

9. $\dfrac{mv_0}{qB}$.

10. 0.3 N·m.

三、计算题

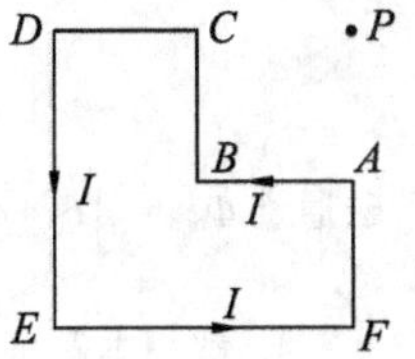

1. 解 如右图所示，由于点 P 在 CD，AF 的延长线上，它们在点 P 产生的磁感强度为零. 这样

$$\boldsymbol{B}_P=\boldsymbol{B}_{AB}+\boldsymbol{B}_{BC}+\boldsymbol{B}_{DE}+\boldsymbol{B}_{EF}.$$

$$B_{AB}=\frac{\mu_0 I}{4\pi a}(\cos\theta_1-\cos\theta_2)，方向\otimes，$$

式中，$\cos\theta_1=0$，$\cos\theta_2=-a/(\sqrt{2}a)=-1/\sqrt{2}$. 所以 $B_{AB}=\dfrac{\mu_0 I}{4\pi\sqrt{2}a}$，同理

$$B_{BC}=\frac{\mu_0 I}{4\pi\sqrt{2}a}，方向\otimes.$$

同样

$$B_{DE}=B_{EF}=\frac{\mu_0 I}{8\pi\sqrt{2}a}，方向\odot.$$

所以

$$B=\frac{2\mu_0 I}{4\sqrt{2}\pi a}-\frac{\mu_0 I}{4\sqrt{2}\pi a}=\frac{\sqrt{2}\mu_0 I}{8\pi a}，方向\otimes.$$

2. 解 如图所示，圆心点 O 磁场由直电流 $A\infty$ 和 $B\infty$ 及两段圆弧上电流 I_1 与 I_2 所产生，但圆心点 O 在 $A\infty$ 和 $B\infty$ 的延长线上，其在点 O 产生的磁场为零. 由于两段圆弧形导线并联（电阻分别为 R_1，R_2），因此

$$\frac{I_1}{I_2}=\frac{R_2}{R_1}=\frac{\theta}{2\pi-\theta}.$$

I_1 产生的磁感强度 $\boldsymbol{B}_1$ 方向垂直纸面向外，

$$B_1=\frac{\mu_0 I_1}{2R}\frac{(2\pi-\theta)}{2\pi}.$$

I_2 产生的磁感强度 $\boldsymbol{B}_2$ 方向垂直纸面向里，

$$B_2=\frac{\mu_0 I_2}{2R}\frac{\theta}{2\pi}.$$

因此

$$\frac{B_1}{B_2}=\frac{I_1(2\pi-\theta)}{I_2\theta}=1,$$

则有

$$\boldsymbol{B}_O=\boldsymbol{B}_1+\boldsymbol{B}_2=0.$$

3. 解　由安培环路定理

$$\oint_l \boldsymbol{B} \cdot \mathrm{d}\boldsymbol{l} = \mu_0 \sum I,$$

距轴线为 r 处的磁感强度 B 满足

$$B 2\pi r = \mu_0 \frac{Ir^2}{R^2},$$

所以

$$B = \frac{\mu_0 Ir}{2\pi R^2}.$$

磁通量 $\Phi_m = \int_s \boldsymbol{B} \cdot \mathrm{d}\boldsymbol{S} = \int_0^R \frac{\mu_0 Ir}{2\pi R^2} l \mathrm{d}r = \frac{\mu_0 Il}{4\pi} = 2 \times 10^{-5}$ Wb.

4. 解　本题可以采用填补法求解. 如用电流密度 $\left(j = \frac{I}{\pi(R^2 - r^2)}\right)$ 与实心部分相同的长圆柱体填满空腔空间，则各点磁感强度可看作半径为 R、电流密度为 j、电流为 I_1 的完整大圆柱导体磁感强度 B_1 和半径为 r、电流密度同为 j、电流为 I_2 的小圆柱导体磁感强度 B_2 之差.

(1) 大圆柱轴线上的磁感强度大小 B_o.

由于完整大圆柱导体在其轴线上的磁感强度 $B_1 = 0$，而且点 O 在小圆柱外部，因此

$$B_o = B_2 = \frac{\mu_0 I_2}{2\pi a} = \frac{\mu_0}{2\pi a} j \cdot \pi r^2 = \frac{\mu_0}{2\pi a} \frac{Ir^2}{R^2 - r^2}.$$

(2) 空心部分轴线上点 O' 点磁感强度的大小 $B_{o'}$.

由于填进去的小圆柱导体在其轴线上的磁感强度 $B_2 = 0$，而且点 O' 在大圆柱内部，因此

$$B_{o'} = B_1 = \frac{\mu_0 I_1 a}{2\pi R^2} = \frac{\mu_0 a}{2\pi R^2} j \cdot \pi R^2 = \frac{\mu_0 Ia}{2\pi(R^2 - r^2)}.$$

5. 解　(1) $\boldsymbol{F}_{CD}$ 方向垂直 CD 向右，由于 CD 上各处的磁感强度大小相同，因此

$$F_{CD} = I_2 b B_{CD} = I_2 b \frac{\mu_0 I_1}{2\pi d} = 8.0 \times 10^{-4}\ \mathrm{N}.$$

同理 $\boldsymbol{F}_{FE}$ 方向垂直 FE 向左

$$F_{FE} = I_2 b B_{FE} = I_2 b \frac{\mu_0 I_1}{2\pi(d+a)} = 8.0 \times 10^{-5}\ \mathrm{N}.$$

$\boldsymbol{F}_{CF}$ 方向垂直 CF 向下，由于 CD 上各处的磁感强度大小并不相同，其大小必须通过积分得到

$$F_{CF} = \int_d^{d+a} \frac{\mu_0 I_1 I_2}{2\pi r} \mathrm{d}r = \frac{\mu_0 I_1 I_2}{2\pi} \ln \frac{d+a}{d} = 9.2 \times 10^{-5}\ \mathrm{N}.$$

同理，$\boldsymbol{F}_{ED}$ 方向垂直 ED 向上，大小为

$$F_{ED} = F_{CF} = 9.2 \times 10^{-5}\ \mathrm{N}.$$

(2) 合力 $\boldsymbol{F} = \boldsymbol{F}_{CD} + \boldsymbol{F}_{FE} + \boldsymbol{F}_{CF} + \boldsymbol{F}_{ED}$ 方向向右，大小为

$$F = 7.2 \times 10^{-4}\ \mathrm{N}.$$

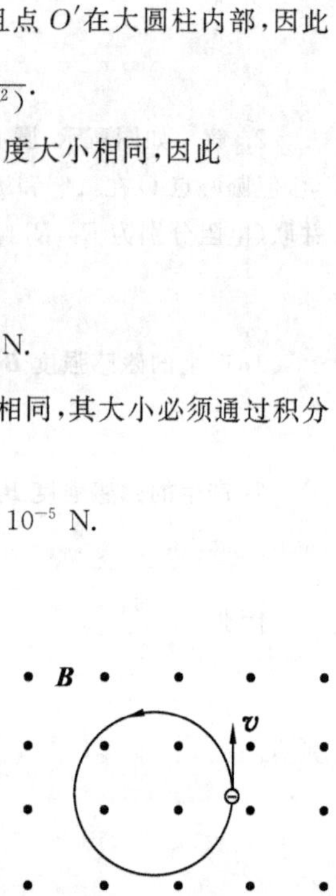

6. 解　(1) 轨迹如右图所示.

(2) 电子做圆周运动的向心力就是洛伦兹力，这样

$$evB=m\frac{v^2}{r}.$$

电子速度 $\boldsymbol{v}$ 的大小

$$v=\frac{eBr}{m}=1.8\times10^7\ \text{m/s}.$$

(3) $E_k=\frac{1}{2}mv^2=1.6\times10^{-16}$ J.

第 9 章

一、选择题

1. C 2. C 3. C 4. D 5. B 6. A 7. B 8. C 9. D 10. C 11. D 12. D

二、填空题

1. 界面； 折射率.

2. -263； 1.05 cm.

3. $2.70e$

4. 0.75.

5. 变小;变小.

6. 1.40.

7. r_1^2/r_2^2.

8. 子波； 子波干涉.

9. 500 nm(或 5×10^{-4} mm).

10. 3.0 mm.

11. 13.86 cm.

三、计算题

1. 解 根据薄透镜的物像关系式

$$\frac{1}{S}+\frac{1}{S'}=\frac{1}{f}.$$

(1) 按题意和符号法则,物距和焦距均为正值,即有 $S=30$ cm, $f=10$ cm.解得像距

$$S'=\frac{Sf}{S-f}=15.0\ \text{cm}.$$

横向放大率

$$m=\frac{y'}{y}=-\frac{S'}{S}=-\frac{1}{2}.$$

成像为倒立缩小的实像.

(2) 按题意, $S=f=10.0$ cm,解得像距 $S'\to\infty$.

当物体置于会聚薄透镜焦平面时,通过透镜的光线互相平行,不能成像.

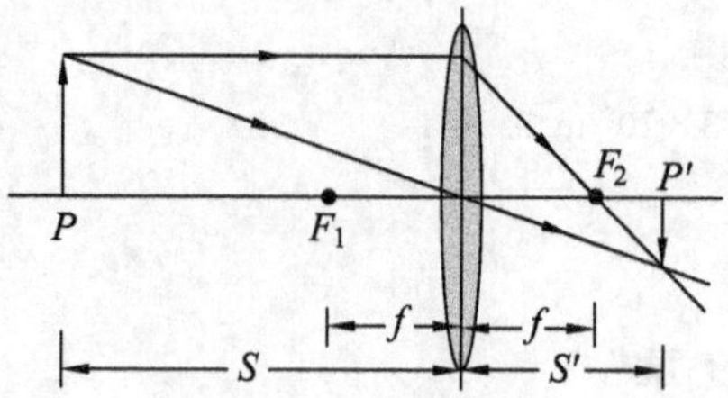

题 1(1) 光线图

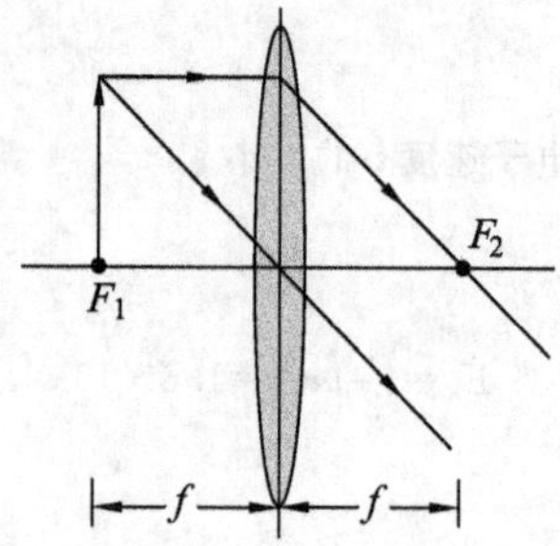

题 1(2) 光线图

2. 解 对第一个透镜,根据薄透镜的物像关系式

$$\frac{1}{S_1}+\frac{1}{S_1'}=\frac{1}{f_1},$$

其中 $f_1=8.0\ \mathrm{cm}$,$S_1=12\ \mathrm{cm}$,解得像距

$$S_1'=12\ \mathrm{cm}.$$

横向放大率

$$\beta_1=\frac{h'}{h}=-\frac{S_1'}{S_1}=-1.$$

对第二个透镜,有

$$\frac{1}{S_2}+\frac{1}{S_2'}=\frac{1}{f_2},$$

由 $f_2=6.0\ \mathrm{cm}$,$S_2=\Delta L-S_1'=24\ \mathrm{cm}$,解得像距 $S_2'=8.0\ \mathrm{cm}$,像在第二个透镜右侧 8.0 cm 处,则横向放大率

$$\beta_2=\frac{h''}{h'}=-\frac{S_2'}{S_2}=-\frac{1}{3}.$$

已知物高 $h=8\ \mathrm{cm}$,则像高为

$$h''=h\beta_1\beta_2=\frac{8}{3}\ \mathrm{cm}=2.7\ \mathrm{cm},$$

成正立缩小的实像.

3. 解 相邻明条纹间距为

$$\Delta x=\frac{\lambda D}{a}.$$

代入 $a=1.2\ \mathrm{mm}$, $\lambda=6.0\times10^{-4}\ \mathrm{mm}$, $D=500\ \mathrm{mm}$ 可得

$$\Delta x=0.25\ \mathrm{mm}.$$

4. 解 由公式 $x=kD\lambda/a$ 可知波长范围为 $\Delta\lambda$ 时,明纹彩色宽度为

$$\Delta x_k=kD\Delta\lambda/a.$$

由 $k=1$ 可得,第一级明纹彩色带的宽度为

$$\Delta x_1=500\times(760-400)\times10^{-6}/0.25=0.72\ \mathrm{mm}.$$

由 $k=5$ 可得,第五级明纹彩色带的宽度为

$$\Delta x_5=5\Delta x_1=3.6\ \mathrm{mm}.$$

5. 解　设介质薄膜的厚度为 e，上、下表面反射均为由光疏介质到光密介质，故不计附加程差．当光垂直入射 $i=0$ 时，依公式有

对于 λ_1：

$$2n'e=\frac{1}{2}(2k+1)\lambda_1. \qquad ①$$

对于 λ_2：

$$2n'e=k\lambda_2. \qquad ②$$

由式①②解得

$$k=\frac{\lambda_1}{2(\lambda_2-\lambda_1)}=3.$$

将 k,λ_2,n' 代入式②得

$$e=\frac{k\lambda_2}{2n'}=7.78\times10^{-4}\ \text{mm}.$$

6. 解　原间距

$$l_1=\lambda/2\theta=1.5\ \text{mm},$$

改变后，

$$l_2=l_1-\Delta l=0.5\ \text{mm},$$

θ 改变后，

$$\theta_2=\lambda/2l_2=6\times10^{-4}\ \text{rad},$$

改变量

$$\Delta\theta=\theta_2-\theta=4.0\times10^{-4}\ \text{rad}.$$

7. 解　根据暗环半径公式有

$$r_k=\sqrt{k\lambda R},\ r_{k+10}=\sqrt{(k+10)\lambda R}.$$

由以上两式可得

$$R=\frac{r_{k+10}^2-r_k^2}{10\lambda}=4\ \text{m}.$$

8. 解　(1) 对于第一级暗纹，有

$$a\sin\varphi_1\approx\lambda.$$

因 φ_1 很小，则

$$\tan\varphi_1\approx\sin\varphi_1=\lambda/a.$$

故中央明纹宽度

$$\Delta x_0=2f\tan\varphi_1=2f\lambda/a=1.2\ \text{cm}.$$

(2) 对于第二级暗纹，有

$$a\sin\varphi_2\approx2\lambda,$$

$$x_2=f\tan\varphi_2\approx f\sin\varphi_2=2f\lambda/a=1.2\ \text{cm}.$$

9. 解　设第三级暗纹在 φ_3 方向上，则有

$$a\sin\varphi_3=3\lambda.$$

此暗纹到中心的距离为

$$x_3 = f\tan\varphi_3.$$

因为 φ_3 很小，可认为 $\tan\varphi_3 \approx \sin\varphi_3$，所以

$$x_3 \approx 3f\lambda/a.$$

两侧第三级暗纹的距离是

$$2x_3 = 6f\lambda/a = 8.0\ \text{mm}.$$

所以

$$\lambda = \frac{2x_3 a}{6f} = 500\ \text{nm}.$$

下 篇

第1章

一、选择题

1. D 2. B 3. C 4. B 5. D 6. C 7. C 8. B 9. B 10. A

二、填空题

1. 4 s； −15 m/s.

2. $4M/(mR)$； $\dfrac{16M^2t^2}{m^2R^3}$.

3. $\dfrac{1}{2}mgl$； $2g/(3l)$.

4. $\dfrac{J}{J+mR^2}\omega_0$.

5. $\dfrac{1}{2}Ma$.

6. $\dfrac{6v_0}{(4+3M/m)l}$.

7. 0； $\dfrac{3g}{2l}$.

8. $\dfrac{1}{3}\omega_0$.

9. $\dfrac{1}{2}\mu mgl$.

10. $M\omega_0/(M+2m)$.

三、计算题

1. 解　设在某时刻之前，飞轮已转动了 t_1 时间，由于初角速度 $\omega_0=0$，则

$$\omega_1 = \alpha t_1. \quad ①$$

而在某时刻后 $t_2=5$ s 时间内，转过的角位移为

$$\theta = \omega_1 t_2 + \frac{1}{2}\alpha t_2^2. \quad ②$$

将已知量 $\theta=100$ rad，$t_2=5$ s，$\alpha=2\ \text{rad/s}^2$ 代入式②，得

$$\omega_1 = 15 \text{ rad/s},$$

从而 $t_1 = \omega_1/\alpha = 7.5$ s，即在某时刻之前，飞轮已经转动了 7.5 s.

2. 解　由转动定理，有 $M = J\alpha$，则

$$\alpha = \frac{M}{J} = \frac{2\times0.4\times392\times0.4}{8.0} = 15.68 \text{ rad/s}.$$

制动过程可视为匀减速转动，有 $\alpha = \Delta\omega/\Delta t$，则

$$\Delta t = \Delta\omega/\alpha = 41.9/15.68 = 2.67 \text{ s}.$$

3. 解　摆对 o 轴的转动惯量 J 等于杆对 o 轴的转动惯量 J_l 加上圆盘对 o 轴的转动惯量 J_r，即 $J = J_l + J_r$. 根据平行轴定理

$$J_l = \frac{1}{12}m_l l^2 + m_l\left(\frac{l}{2}\right)^2 = \frac{1}{3}m_l l^2,$$

$$J_r = \frac{1}{2}m_r r^2 + m_r(l+r)^2,$$

$$J = \frac{1}{3}m_l l^2 + \frac{1}{2}m_r r^2 + m_r(l+r)^2 = 26 \text{ kg}\cdot\text{m}^2.$$

4. 解　由题意得

$$m_2 g - T_2 = m_2 a,$$

$$T_1 - m_1 g = m_1 a,$$

$$(T_2 - T_1)r = J\alpha,$$

$$a = r\alpha,$$

$$y = \frac{1}{2}at^2.$$

联立上述式子，计算可得

$$J = 1.39\times10^{-2} \text{ kg}\cdot\text{m}^2$$

5. 解　(1) 受力分析如右图所示

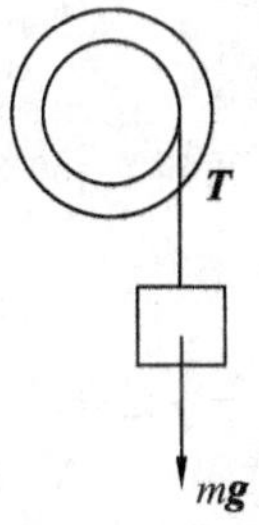

m 匀速下落，由牛顿第二定律和转动定理得

对于 m：$mg - T = 0$；

对于轮轴：$Tr - M_f = 0$.

所以摩擦力矩为 $M_f = mgr$.

改变重物，摩擦力矩不变.

(2) m 换成 M，由牛顿第二定律和转动定理得

对于 M：$Mg - T = Ma$；

对于轮轴：$Tr - M_f = J\alpha$.

又有

$$a = r\alpha,\ h = \frac{1}{2}at^2,\ M_f = mgr.$$

所以轮轴的转动惯量为

$$J = \frac{M(g - r\alpha)r - M_f}{\alpha} = \frac{(M-m)gr^2t^2 - 2Mhr^2}{2h}.$$

(3) 绳上张力为

$$T=M(g-r\alpha)=M\left(g-\frac{2h}{t^2}\right).$$

6. 解　受力分析如右图所示.

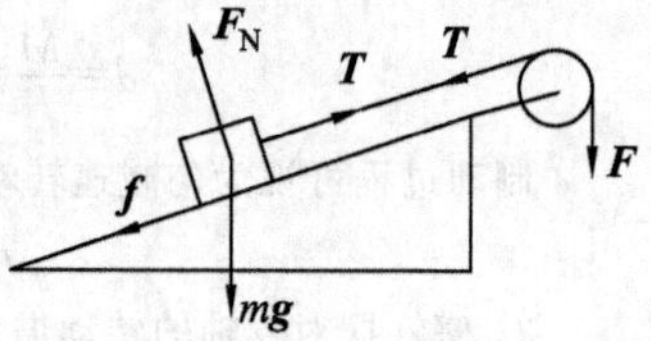

$$f=\mu mg\cos\theta.$$

由牛顿第二定律和转动定理得

对于 J：$M-TR=J\alpha$；

对于 m：$T-mg\sin\theta-\mu mg\cos\theta=ma$.

且有 $a=R\alpha$,所以

$$a=\frac{MR-mgR^2(\sin\theta+\mu\cos\theta)}{J+mR^2}.$$

7. 解　将子弹、杆构成的物体系作为研究对象.

整个过程可分为两个阶段研究.

第一阶段,子弹与杆发生完全非弹性碰撞,获得共同的角速度 ω,此过程时间极短,可认为杆原地未动.由于在此过程中,外力矩为零,因此角动量守恒,

$$mv_0 l=\left(ml^2+\frac{1}{3}Ml^2\right)\omega,$$

所以

$$\omega=\frac{mv_0}{(m+M/3)l}=\frac{0.01\times200}{(0.01+2.97/3)\times1.0}=2.0\ \text{rad/s}$$

第二阶段,子弹与杆以共同的初角速度 ω 摆动到最大角度 θ,由于在此过程中,只有重力做功,所以物体系的机械能守恒,物体系原来的动能等于重力势能的增量

$$\frac{1}{2}\left(ml^2+\frac{1}{3}Ml^2\right)\omega^2=mgl(1-\cos\theta)+Mg\frac{l}{2}(1-\cos\theta),$$

所以

$$\cos\theta=1-\frac{(m+M/3)l}{(2m+M)g}\omega^2=1-\frac{(0.01+2.97/3)\times1.0\times2.0^2}{(2\times0.01+2.97)\times9.8}\approx0.8635,$$

可得 $\theta=30°34'$.

第 2 章

一、选择题

1. A　2. C　3. D

二、填空题

1. $\rho gl^2/Y$.

2. $1.2\times10^8\ \text{N/m}^2$；　$-0.4\times10^8\ \text{N/m}^2$；　$0.6\times10^8\ \text{N/m}^2$.

3. $\frac{YS}{l_0}$；　$\frac{2YS}{l_0}$.

4. $\frac{F_n}{S}$；　$\frac{\Delta l}{l_0}$；　$\frac{1}{2}F_n\Delta l$.

5. 4∶9.

三、计算题

1. 解　设铝杆与钢杆的长度、横截面、杨氏模量、应力分别为 l_1, S_1, Y_1, σ_1, l_2, S_2, Y_2, σ_2. 显然，

$$\sigma_1 = F/S_1,\ \sigma_2 = F/S_2.$$

设铝杆和钢杆所能承担的最大负荷分别为 $F_{1\max}$, $F_{2\max}$，则

$$F_{1\max} = \sigma_{1\max} S_1 = 7.8\times10^7\times4.0\times10^{-4} = 3.12\times10^4\ \mathrm{N},$$

$$F_{2\max} = \sigma_{2\max} S_2 = 13.7\times10^7\times1.0\times10^{-4} = 1.37\times10^4\ \mathrm{N}.$$

整个杆的最大负荷应取钢杆的最大负荷 $F_{\max} = 1.37\times10^4$ N.

根据拉伸形变的胡克定律，对于铝杆有 $\frac{F_{\max}}{S_1} = Y\frac{\Delta l_1}{l_1}$，所以，

$$\Delta l_1 = \frac{F_{\max} l_1}{Y_1 S_1};$$

对于钢杆，同样有

$$\Delta l_2 = \frac{F_{\max} l_2}{Y_2 S_2}.$$

整个杆的伸长量是

$$\begin{aligned}\Delta l &= \Delta l_1 + \Delta l_2 = F_{\max}\left(\frac{l_1}{Y_1 S_1} + \frac{l_2}{Y_2 S_2}\right)\\ &= 1.37\times10^4\times\left(\frac{3.0}{6.9\times10^{10}\times4.0\times10^{-4}} + \frac{2.0}{19.6\times10^{10}\times1.0\times10^{-4}}\right) = 2.89\times10^{-3}\ \mathrm{m}\end{aligned}$$

2. 解　建立右图所示坐标 O-x，原点 O 在中性层. 梁的弯曲是由不同程度的拉伸压缩形变组成.

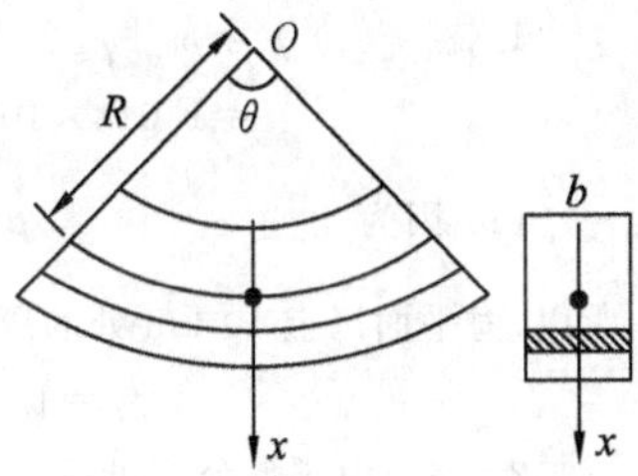

在坐标 x 处，取一体元 $\mathrm{d}v = bL\mathrm{d}x$，

其应变

$$\varepsilon = \frac{(R+x)\theta - R\theta}{R\theta} = \frac{x}{R},$$

其形变势能密度

$$E_{\mathrm{p}}^0 = \frac{1}{2}Y\varepsilon^2 = \frac{1}{2}Y\left(\frac{x}{R}\right)^2,$$

其形变势能

$$\mathrm{d}E_{\mathrm{p}} = \frac{1}{2}Y\left(\frac{x}{R}\right)^2 bL\mathrm{d}x = \frac{YbL}{2R^2}x^2\mathrm{d}x.$$

在整个梁中积分，即得到整个梁的形变势能

$$E_{\mathrm{p}} = \frac{YbL}{2R^2}\int_{-h/2}^{h/2} x^2\mathrm{d}x = \frac{YLbh^3}{24R^2}.$$

3. 解　隔离 AB，以点 A 为轴. 由力矩平衡条件，有

$$T\times\frac{0.8}{\sqrt{1.0^2+0.8^2}}\times1.0 = W\times(1.0+0.6),$$

所以

$$W = 0.39T.$$

隔离 CD，杆 CD 应力

$$\sigma=T/S,$$

所以

$$T=\sigma S=\sigma\pi(D/2)^2.$$

杆能承受的最大拉力

$$T_{\max}=\frac{\pi D^2}{4}\sigma_{\max}=\frac{1}{4}\times 3.14\times 0.02^2\times 16\times 10^7=5.02\times 10^4\ \text{N}.$$

B 处能悬挂的最大重量

$$W_{\max}=0.39T_{\max}=1.96\times 10^4\ \text{N}.$$

第3章

一、选择题

1. D 2. B 3. B 4. D 5. C

二、填空题

1. $3G$.

2. $p_0\mathrm{e}^{-\frac{\rho_0 g}{p_0}y}$.

3. 2.46×10^5 Pa.

4. 5 cm/s.

5. 0； 0.

三、计算题

1. 解 (1) $p=p_0+\rho gh$

$$=1.013\times 10^5+1.03\times 10^3\times 9.8\times 300=3.13\times 10^6\ \text{Pa}.$$

(2) 因为 $p=p_0\mathrm{e}^{-\alpha y}$，$\alpha=\dfrac{\rho_0 g}{p_0}=0.117/\text{km}$，

所以，海平面以上 10 km 处的压强

$$p=1.013\times 10^5\mathrm{e}^{-0.117\times 10}=0.314\times 10^5\ \text{Pa}.$$

2. 解 由压强公式可得

$$p_A-p_1=\rho gh_1,$$
$$p_1-p_2=\rho' g\Delta h,$$
$$p_B-p_2=\rho g(\Delta h+h_2),$$
$$p_A-p_B=(p_1+\rho gh_1)-(p_2+\rho gh_2+\rho g\Delta h),$$
$$(p_1-p_2)+\rho g(h_1-h_2-\Delta h)=\rho' g\Delta h-\rho g\Delta h.$$

用厘米水银柱高表示为

$$p_A-p_B=\Delta h-\Delta h/13.6=50-50/13.6=46.3\ \text{cmHg}.$$

也可以忽略管中水的重量，近似认为压强差为 50 cmHg.

优点：测压差方便，压强计的高度不需太大.

3. 解 (1) 对 1，2 两点，由伯努利方程可得

$$p_0+\rho gh=p_0+\frac{1}{2}\rho v_2^2.$$

所以

$$v_2=\sqrt{2gh}.$$

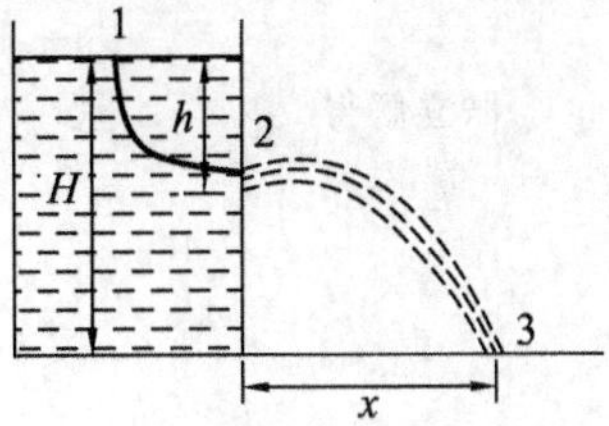

水从小孔流出后做平抛运动，其落地时间为

$$H-h=\frac{1}{2}gt^2,$$

则

$$t=\sqrt{\frac{2(H-h)}{g}},$$

所以水平射程为

$$x=v_2 t=2\sqrt{h(H-h)}.$$

由$\frac{dx}{dh}=0$得，在$h=\frac{H}{2}$处开孔可有最大水平射程.

(2) 最大水平射程 $x=H$.

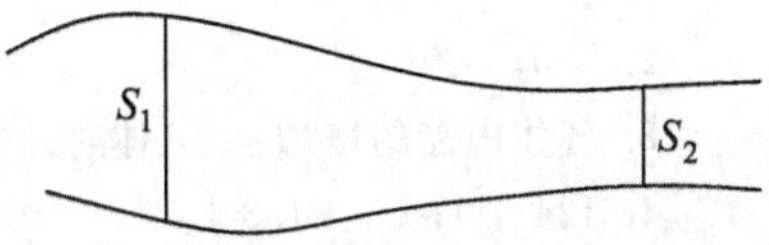

4. 解　取如右图所示流管与截面.

因为

$$S_1=10.0\ \text{cm}^2,\ S_2=5.0\ \text{cm}^2,$$
$$p_1-p_2=300\ \text{Pa},\ h_2-h_1=0,$$

又由连续性方程得 $S_1v_1=S_2v_2$，所以

$$v_2=\frac{S_1v_1}{S_2}=2v_1.$$

由伯努利方程可得

$$p_1+\frac{1}{2}\rho v_1^2=p_2+\frac{1}{2}\rho v_2^2.$$

联立解得

$$v_1=\sqrt{\frac{2(p_1-p_2)}{3\rho}}.$$

因此流量

$$Q=S_1v_1=S_2v_2=\sqrt{\frac{2(p_1-p_2)}{3\rho}}S_1=4.47\times10^{-4}\ \text{m}^3/\text{s}.$$

5. 解　由于水面很大，设点 D,A,B,C 在同一流线上且 $v_D=0$.

由伯努利方程可得

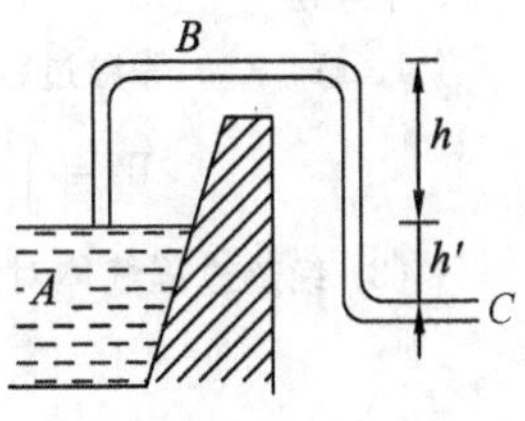

对于点 D,A：$p_0=p_A+\frac{1}{2}\rho v_A^2$；

对于点 D,B；$p_0=p_B+\frac{1}{2}\rho v_B^2+\rho gh$；

对于点 D,C：$p_0=p_C+\frac{1}{2}\rho v_C^2-\rho gh'$；

对于点 D,E：$p_0=p_0+\frac{1}{2}\rho v_E^2-\rho gh'$.

由连续性方程得 $Sv_A=Sv_B=Sv_C=Sv_E$，所以

$$v_A = v_B = v_C = v_E = v.$$

联立解得

$$v = \sqrt{2gh'},$$

$$p_A = p_0 - \rho g h',$$

$$p_B = p_0 - \rho g(h + h'),$$

$$p_C = p_0.$$

第 4～6 章

一、选择题

1. C 2. C 3. D 4. D 5. B 6. D 7. D 8. D 9. A 10. B 11. C 12. B

二、填空题

1. $-|W_1|$；$-|W_2|$.

2. >0； >0.

3. 气体内能的增加； 气体对外做功； 气体内能增加和对外做功.

4. 124.7 J； −84.3 J.

5. $\frac{3}{2}p_1V_1$； 0.

6. S_1+S_2； $-S_1$.

7. 400.

8. 500； 100.

9. 33.3%； 50%； 66.7%.

10. 热功转换； 热传导.

11. 离子键； 共价键； 金属键； 范德瓦尔斯键； 氢键.

12. 短程有序； 长程无序.

13. 1.27×10^4.

14. 潜热； 体积突变.

15. 4×10^6.

16. 2.77×10^{-4}.

三、计算题

1. 解 (1) 等温过程气体对外做的功为

$$W = \int_{V_0}^{3V_0} p\mathrm{d}V = \int_{V_0}^{3V_0} \frac{RT}{V}\mathrm{d}V = RT\ln 3 = 2.72\times10^3\ \mathrm{J}.$$

(2) 绝热过程气体对外做的功为

$$W = \int_{V_0}^{3V_0} p\mathrm{d}V = p_0V_0^{\gamma}\int_{V_0}^{3V_0} V^{-\gamma}\mathrm{d}V$$

$$= \frac{3^{1-\gamma}-1}{1-\gamma}p_0V_0 = \frac{1-3^{1-\gamma}}{\gamma-1}RT = 2\ 200\ \mathrm{J}.$$

2. 解 (1) $\Delta E = C_{V,\mathrm{m}}(T_2 - T_1) = \frac{5}{2}(p_2V_2 - p_1V_1)$.

(2) $W=\frac{1}{2}(p_1+p_2)(V_2-V_1)$.

W 为梯形面积，根据相似三角形有 $p_1V_2=p_2V_1$，则

$$W=\frac{1}{2}(p_2V_2-p_1V_1).$$

(3) $Q=\Delta E+W=3(p_2V_2-p_1V_1)$.

3. 解　系统经 ABC 过程所吸收的热量及对外所做的功分别为

$$Q_{ABC}=326\ \text{J},\ W_{ABC}=126\ \text{J}.$$

则由热力学第一定律可得由 A 到 C 过程中系统内能的增量为

$$\Delta E_{AC}=Q_{ABC}-W_{ABC}=200\ \text{J}.$$

由此可得从 C 到 A，系统内能的增量为

$$\Delta E_{CA}=-200\ \text{J}.$$

从 C 到 A，系统所吸收的热量为

$$Q_{CA}=\Delta E_{CA}+W_{CA}=-252\ \text{J}.$$

4. 解　(1) 在 $A\to B$ 的等温过程中，$\Delta E_T=0$，所以

$$Q_T=W_T=\int_{V_1}^{V_2}p\mathrm{d}V=\int_{V_1}^{V_2}\frac{p_1V_1}{V}\mathrm{d}V=p_1V_1\ln\frac{V_2}{V_1}.$$

将 $p_1=1.013\times10^5$ Pa，$V_1=0.01\ \text{m}^3$ 和 $V_2=0.02\ \text{m}^3$ 代入上式，得

$$Q_T\approx 702\ \text{J}.$$

(2) $A\to C$ 等体和 $C\to B$ 等压过程中，因为 A，B 两态温度相同，所以 $\Delta E_{ABC}=0$，因此

$$Q_{ACB}=W_{ACB}=W_{CB}=P_2(V_2-V_1).$$

又

$$p_2=(V_1/V_2)p_1=0.5\ \text{atm},$$

所以

$$Q_{ACB}=0.5\times1.013\times10^5\times(0.02-0.01)\approx507\ \text{J}.$$

5. 解　由图得

$$p_A=400\ \text{Pa},\ p_B=p_C=100\ \text{Pa},$$
$$V_A=V_B=2\ \text{m}^3,\ V_C=6\ \text{m}^3.$$

(1) $C\to A$ 为等体过程，据方程 $p_A/T_A=p_C/T_C$ 得

$$T_C=T_Ap_C/p_A=75\ \text{K}.$$

$B\to C$ 为等压过程，据方程 $V_B/T_B=V_CT_C$ 得

$$T_B=T_CV_B/V_C=225\ \text{K}.$$

(2) 根据理想气体状态方程，可求出气体的摩尔数 ν 为

$$\nu=\frac{p_AV_A}{RT_A}=0.321\ \text{mol}.$$

由 $\gamma=1.4$ 知该气体为双原子分子气体，$C_{V,\text{m}}=\frac{5}{2}R$，$C_{p,\text{m}}=\frac{7}{2}R$.

$B\to C$ 等压过程吸热

$$Q_2=\frac{7}{2}\nu R(T_C-T_B)=-1\ 400\ \text{J}.$$

$C\to A$ 等体过程吸热

$$Q_3=\frac{5}{2}\nu R(T_A-T_C)=1\ 500\ \text{J}.$$

循环过程 $\Delta E=0$,整个循环过程净吸热

$$Q=W=\frac{1}{2}(p_A-p_C)(V_B-V_C)=600\ \text{J}.$$

所以 $A\rightarrow B$ 过程净吸热

$$Q_1=Q-Q_2-Q_3=500\ \text{J}.$$

6. 解 循环过程中系统做的净功为

$$W=W_{AB}+W_{CD}=\frac{m}{M}RT_1\ln\frac{V_2}{V_1}+\frac{m}{M}RT_2\ln\frac{V_1}{V_2}$$
$$=\frac{m}{M}R(T_1-T_2)\ln\frac{V_2}{V_1}=5.76\times10^3\ \text{J}.$$

系统吸热的总量为

$$Q=Q_{AB}+Q_{DA}=W_{AB}+\Delta E_{DA}$$
$$=\frac{m}{M}RT_1\ln\frac{V_2}{V_1}+\frac{m}{M}C_{V,\text{m}}(T_1-T_2)$$
$$=\frac{m}{M}RT_1\ln\frac{V_2}{V_1}+\frac{m}{M}\frac{5}{2}R(T_1-T_2)$$
$$=3.81\times10^4\ \text{J}.$$

所以循环效率

$$\eta=W/Q=15\%.$$

7. 解 (1) 体心立方结构如右图所示,其原胞的基矢为

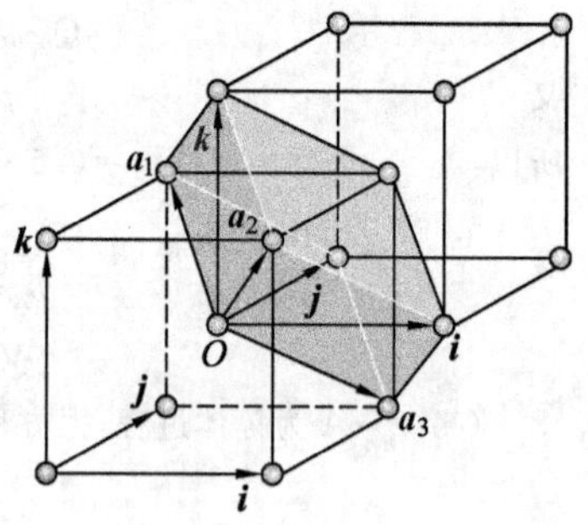

$$\begin{cases}\boldsymbol{a}_1=\dfrac{a}{2}(-\boldsymbol{i}+\boldsymbol{j}+\boldsymbol{k}),\\ \boldsymbol{a}_2=\dfrac{a}{2}(\boldsymbol{i}-\boldsymbol{j}+\boldsymbol{k}),\\ \boldsymbol{a}_3=\dfrac{a}{2}(\boldsymbol{i}+\boldsymbol{j}-\boldsymbol{k}).\end{cases}$$

由此可以得到原胞的体积为

$$V=\boldsymbol{a}_1\cdot(\boldsymbol{a}_2\times\boldsymbol{a}_3)=\frac{a^3}{2}.$$

(2) 体心立方顶点上每一结点为八个体心立方所共有,只有八分之一属于体心立方.体心立方共八个顶点,因此总共有一个结点属于体心立方.体心立方内部还有一个结点(原子),因此总共有两个结点属于体心立方.体心立方的结点数为 2.

(3) 体心立方的结点数为 2,而原胞体积占了体心立方体积的 1/2,所以原胞的结点数为 1.

(4) 顶点上结点和体心的结点是最邻近结点.取顶点坐标为(0,0,0),其邻近一体心结点坐标为$\left(\frac{a}{2},\frac{a}{2},\frac{a}{2}\right)$,则最邻近结点间距离为

$$d=\sqrt{\left(\frac{a}{2}\right)^2+\left(\frac{a}{2}\right)^2+\left(\frac{a}{2}\right)^2}=\frac{\sqrt{3}a}{2}.$$

(5) 从一个顶角来看，一个面心立方中有一个最近邻，这个顶角周围有 8 个体心立方，所以体心立方最近邻结点(原子)数目为 8.

第 7 章

一、选择题

1. D　2. B　3. C　4. D　5. B　6. A　7. B　8. D　9. B　10. B

二、填空题

1. $2U/3$.

2. $-q$;　$-q$.

3. 无极分子；电偶极子.

4. $\lambda/(2\pi r)$;　$\lambda/(2\pi g\varepsilon_0 g\varepsilon_r r)$.

5. $q/(4\pi\varepsilon_0\varepsilon_r R)$.

6. ε_r;　1;　ε_r.

7. W_{e0}/ε_r.

8. 3.36×10^{11} V/m.

三、计算题

1. 解　(1) 由静电感应，金属球壳的内表面上有感生电荷 $-q$，外表面上带电荷 $q+Q$.

(2) 不论球壳内表面上的感生电荷是如何分布的，因为任一电荷元离点 O 的距离都是 a，所以由这些电荷在点 O 产生的电势为

$$U_{-q}=\frac{\int dq}{4\pi\varepsilon_0 a}=\frac{-q}{4\pi\varepsilon_0 a}.$$

(3) 球心点 O 处的总电势为分布在球壳内外表面上的电荷和点电荷 q 在点 O 产生的电势的代数和

$$\begin{aligned}U_O&=U_q+U_{-q}+U_{Q+q}\\&=\frac{q}{4\pi\varepsilon_0 r}-\frac{q}{4\pi\varepsilon_0 a}+\frac{Q+q}{4\pi\varepsilon_0 b}=\frac{q}{4\pi\varepsilon_0}\left(\frac{1}{r}-\frac{1}{a}+\frac{1}{b}\right)+\frac{Q}{4\pi\varepsilon_0 b}.\end{aligned}$$

2. 解　设导体球带电 q，取无穷远处为电势零点，则导体球电势

$$U_0=\frac{q}{4\pi\varepsilon_0 r},$$

内球壳电势

$$U_1=\frac{Q_1-q}{4\pi\varepsilon_0 R_1}+\frac{Q_2}{4\pi\varepsilon_0 R_2}.$$

二者等电，即

$$\frac{q}{4\pi\varepsilon_0 r}=\frac{Q_1-q}{4\pi\varepsilon_0 R_1}+\frac{Q_2}{4\pi\varepsilon_0 R_2}.$$

解得

$$q=\frac{r(R_2Q_1+R_1Q_2)}{R_2(R_1+r)}.$$

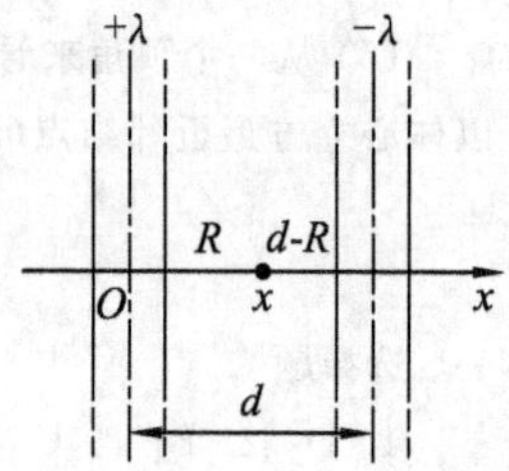

3. 解　以左边的导线轴线上一点作原点，x 轴通过两导线并垂直于导线. 两导线间 x 处的场强为

$$E=\frac{\lambda}{2\pi\varepsilon_0 x}+\frac{\lambda}{2\pi\varepsilon_0(d-x)},$$

两导线间的电势差为

$$U=\frac{\lambda}{2\pi\varepsilon_0}\int_R^{d-R}\left(\frac{1}{x}+\frac{1}{d-x}\right)\mathrm{d}x$$

$$=\frac{\lambda}{2\pi\varepsilon_0}\left(\ln\frac{d-R}{R}-\ln\frac{R}{d-R}\right)=\frac{\lambda}{\pi\varepsilon_0}\ln\frac{d-R}{R}.$$

设导线长为 L 的一段上所带电量为 Q，则有 $\lambda=Q/L$，故单位长度的电容

$$C=Q/(LU)=\lambda/U=\frac{\pi\varepsilon_0}{\ln\dfrac{d-R}{R}}.$$

4. 解　(1) 两极板间电位移的大小为

$$D=\sigma=Q/S.$$

在介质中的场强大小分别为

$$E_1=D/(\varepsilon_0\varepsilon_{r1})=Q/(\varepsilon_0\varepsilon_{r1}S),$$
$$E_2=D/(\varepsilon_0\varepsilon_{r2})=Q/(\varepsilon_0\varepsilon_{r2}S).$$

两板间电势差

$$U_{12}=E_1d_1+E_2d_2=\frac{Q}{\varepsilon_0S}\left(\frac{d_1}{\varepsilon_{r1}}+\frac{d_2}{\varepsilon_{r2}}\right)=\frac{Q(d_1\varepsilon_{r2}+d_2\varepsilon_{r1})}{\varepsilon_0\varepsilon_{r1}\varepsilon_{r2}S}.$$

电容

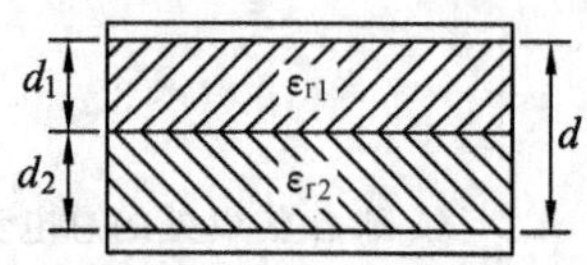

$$C=\frac{Q}{U_{12}}=\frac{\varepsilon_0\varepsilon_{r1}\varepsilon_{r2}S}{d_1\varepsilon_{r2}+d_2\varepsilon_{r1}}.$$

(2) 电场能量

$$W=\frac{1}{2}CU_{12}^2=\frac{(d_1\varepsilon_{r2}+d_2\varepsilon_{r1})Q^2}{2\varepsilon_0\varepsilon_{r1}\varepsilon_{r2}S}.$$

第 8 章

一、选择题

1. C　2. A　3. D　4. D　5. C

二、填空题

1. 抗磁.

2. 不等于；　等于.

3. $A\cdot m^{-1}$.

4. 传导电流.

5. 2.67×10^{-4} T；　63.7 $A\cdot m^{-1}$.（真空的磁导率 $\mu_0=4\pi\times10^{-7}\ T\cdot m\cdot A^{-1}$）

三、计算题

1. 解 (1) 由题意得

$$\oint_l \boldsymbol{H} \cdot \mathrm{d}\boldsymbol{l} = I'.$$

而 $I' = \dfrac{I}{\pi R^2} \cdot \pi r^2$，则

$$H = \frac{Ir}{2\pi R^2} \quad (r<R),$$

$$B = \mu H = \frac{\mu I r}{2\pi R^2} \quad (r<R).$$

(2)

$$\oint_l \boldsymbol{H} \cdot \mathrm{d}\boldsymbol{l} = I,$$

$$H = \frac{I}{2\pi r} \ (r>R),$$

$$B = \mu_0 H = \frac{\mu_0 I}{2\pi r} \quad (r>R).$$

2. 解 (1) $H = \dfrac{N}{L} I = \dfrac{400}{0.4} \times 20 = 2 \times 10^4$ A/m.

(2) $\mu_r = \dfrac{B}{\mu_0 H} = 39.8$.

第 9 章

一、选择题

1. D 2. D 3. D 4. D 5. A 6. A 7. D 8. B 9. D 10. C

二、填空题

1. $\dfrac{\mu_0 n I_0 \omega a^2}{R}$.

2. 0.

3. 电源； BLv； 洛伦兹力.

4. $\dfrac{1}{2} B\omega L^2 \sin^2\theta$.

5. $\dfrac{1}{2} B\omega R^2$； 点 O.

6. 变化磁场； 闭合曲线.

7. $\dfrac{\mu N^2 S}{l}$.

8. 50 V.

9. 1.6 J.

10. $\phi_{21} = \phi_{12}$.

11. 大于； B； A.

三、计算题

1. 解　设流过导线截面的感应电量为 q，则由感应电量公式

$$q=\frac{\Phi_1-\Phi_2}{R}.$$

可见，感应电量只与磁通量的变化有关，而与磁通量变化快慢无关. 因为

$$\Phi_1=\int \boldsymbol{B}\cdot \mathrm{d}\boldsymbol{S}=\int_{d-\frac{a}{2}}^{d+\frac{a}{2}}\frac{\mu_0 I}{2\pi r}b\cdot \mathrm{d}r=\frac{\mu_0 I}{2\pi}b\ln\frac{d+\frac{a}{2}}{d-\frac{a}{2}},$$

$$\Phi_2=-\frac{\mu_0 I}{2\pi}b\ln\frac{d+\frac{a}{2}}{d-\frac{a}{2}},$$

因此，

$$q=\frac{2\Phi_1}{R}=\frac{\mu_0 Ib}{\pi R}\ln\frac{d+\frac{a}{2}}{d-\frac{a}{2}}.$$

2. 解　由于转动过程中，整个导体回路的磁通量没有发生变化，因此回路的总电动势 $\varepsilon=0$. 这同时说明切割磁感线的两条边的动生电动势大小相等，环绕方向相反，即 bc 边的电动势方向由 b 指向 c，ac 边的电动势方向由 a 指向 c. 由于在电源内部，电动势的方向由低电势点指向高电势点，因此 $V_a<V_c$. 而 bc 边的电动势与配套教材例 9.3 的相同，即

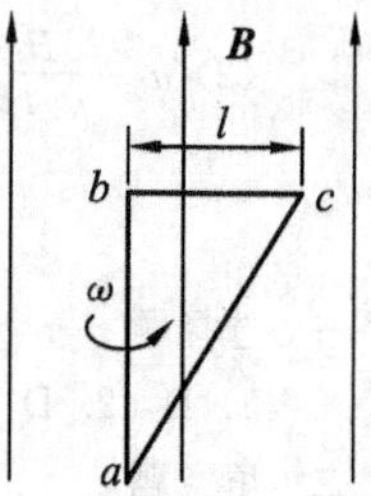

$$V_a-V_c=-B\omega l^2/2.$$

3. 解　两个载同向电流的长直导线在如图坐标 x 处所产生的磁场为

$$B=\frac{\mu_0}{2\pi}\left(\frac{1}{x}+\frac{1}{x-r_1+r_2}\right).$$

选顺时针方向为线框回路正方向，则

$$\begin{aligned}\Phi=\int B\mathrm{d}S&=\frac{\mu_0 Ia}{2\pi}\left(\int_{r_1}^{r_1+b}\frac{\mathrm{d}x}{x}+\int_{r_1}^{r_1+b}\frac{\mathrm{d}x}{x-r_1+r_2}\right)\\&=\frac{\mu_0 Ia}{2\pi}\ln\left(\frac{r_1+b}{r_1}\cdot\frac{r_2+b}{r_2}\right),\end{aligned}$$

所以

$$\begin{aligned}\varepsilon&=-\frac{\mathrm{d}\Phi}{\mathrm{d}t}=-\frac{\mu_0 a}{2\pi}\ln\left[\frac{(r_1+b)(r_2+b)}{r_1 r_2}\right]\frac{\mathrm{d}I}{\mathrm{d}t}\\&=-\frac{\mu_0 I_0 a\omega}{2\pi}\ln\left[\frac{(r_1+b)(r_2+b)}{r_1 r_2}\right]\cos\omega t.\end{aligned}$$

4. 解　设在 N_1 匝的线圈 1 中通电流 I_1，在 N_2 匝的线圈 2 中通电流 I_2.

(1) 因为 $R\gg a$，环中 B 可视为大小均匀.

线圈 1 中，电流 I_1 产生的磁场

$$B_1=\frac{\mu_0 I_1 N_1}{2\pi R}.$$

线圈 1 的磁通量

$$\Phi_{11}=B_1 S=B_1\times\pi a^2=\frac{\mu_0 I_1 N_1 a^2}{2R}.$$

线圈 1 的磁通链

$$\Psi_{11}=N_1\Phi_{11}=\frac{\mu_0 I_1 N_1^2 a^2}{2R}.$$

线圈 1 的自感系数

$$L_1=\frac{\Psi_{11}}{I_1}=\frac{\mu_0 N_1^2 a^2}{2R}.$$

同样可求出

$$L_2=\frac{\mu_0 N_2^2 a^2}{2R}.$$

(2) 电流 1 在线圈 2 中产生的磁通

$$\Phi_{21}=B_1 S=\frac{\mu_0 I_1 N_1 a^2}{2R},$$

磁链

$$\Psi_{21}=N_2\Phi_{21}=\frac{\mu_0 I_1 N_1 N_2 a^2}{2R},$$

互感

$$M=\frac{\Psi_{21}}{I_1}=\frac{\mu_0 N_1 N_2 a^2}{2R}.$$

(3) 因为 $L_1\cdot L_2=\frac{\mu_0 N_1^2 N_2 a^4}{4R}=M^2$,所以

$$M=\sqrt{L_1 L_2}.$$

5. 解　由题意可知,两平行长直导线中电流相同而反向,可视为在无限远连通的闭合回路. 设两平行长直导线构成的闭合载流回路所产生的磁场通过圆环的磁通量为 Φ,则 Φ 与 I 之比即为系统的互感. 如右图所示,设在无限远连通的两平行直导线构成的闭合回路中的电流为 I,则在此闭合回路平面中,由无限长载流直导线产生磁场的公式可知,与其中一根长直载流导线相距为 r 处的磁场为

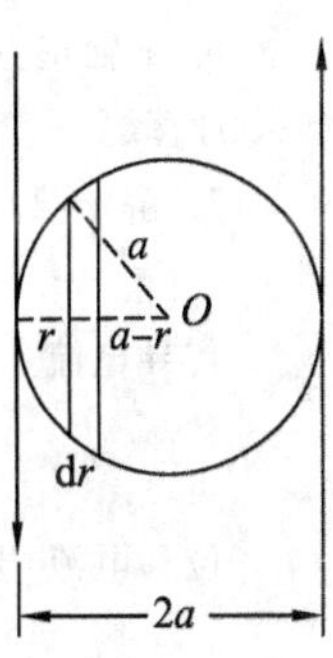

$$B(r)=\frac{\mu_0 I}{2\pi}\left(\frac{1}{r}+\frac{1}{2a-r}\right).$$

$B(r)$的方向垂直于纸面向外. 因此,通过半圆环 S' 的磁通量为

$$\begin{aligned}\Phi'&=\int_{S'}\boldsymbol{B}\cdot\mathrm{d}\boldsymbol{S}\\&=\int_0^a\frac{\mu_0 I}{2\pi}\left(\frac{1}{r}+\frac{1}{2a-r}\right)2\sqrt{a^2-(a-r)^2}\,\mathrm{d}r\\&=\mu_0 Ia.\end{aligned}$$

通过整个圆环面的磁能量为

$$\Phi=2\Phi'=2\mu_0 Ia,$$

由互感系数的定义，两平行无限长导线与嵌在其间的圆环之间的互感系数为

$$M=\frac{\Phi}{I}=2\mu_0 a.$$

6. 解　(1) 选顺时针方向为线框回路的绕行方向. 由磁场的分布及方向可知，在如图两块阴影部分上的磁通量互相抵消，故穿过线框的磁通量为

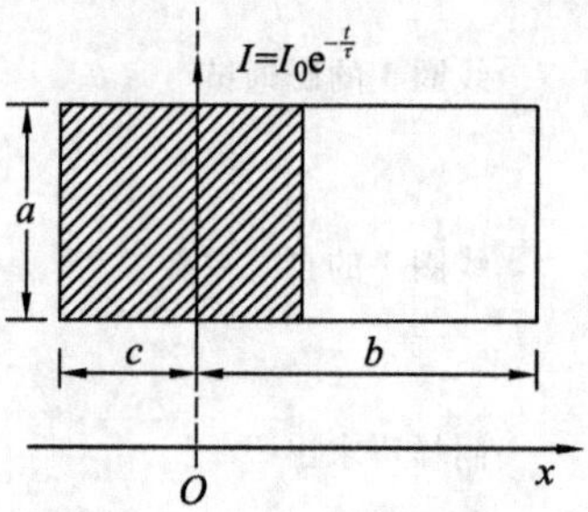

$$\Phi=\int B\mathrm{d}S=\frac{\mu_0 I}{2\pi}a\int_c^b\frac{\mathrm{d}x}{x}=\frac{\mu_0 I}{2\pi}a\ln 3,$$

互感为

$$M=\frac{\Phi}{I}=\frac{\mu_0 a}{2\pi}\ln 3.$$

(2) 由电磁感应定律可知，线框中的互感电动势为

$$\varepsilon_M=-M\frac{\mathrm{d}I}{\mathrm{d}t}=\frac{\mu_0 a}{2\pi\tau}I_0 e^{-\frac{t}{\tau}}\ln 3>0.$$

这说明互感电动势为顺时针方向.

第 10 章

一、选择题

1. D　2. D　3. C

二、填空题

1. 时间.

2. 位移.

3. 横波；　相同.

4. 电磁波能流密度矢量；　$\boldsymbol{S}=\boldsymbol{E}\times\boldsymbol{H}$.

5. C；　B；　A.

6. x 轴正方向；　x 轴负方向.

三、计算题

1. 解　(1) $t=0$ 时，$q=0$. 根据 RC 电路的规律，电容器上的电量

$$q=C\varepsilon(1-e^{-\frac{t}{RC}}).$$

传导电流

$$I_c=\frac{\mathrm{d}q}{\mathrm{d}t}=\frac{\varepsilon}{R}e^{-\frac{t}{RC}}.$$

位移电流

$$I_d=I_c=\frac{\varepsilon}{R}e^{-\frac{t}{RC}}.$$

在合上开关的瞬间，即 $t=0$ 时，

$$I_c=I_d=\frac{\varepsilon}{R}.$$

(2) $t=t_0$ 时，

$$I_d=\frac{\varepsilon}{R}e^{-\frac{t}{RC}}\bigg|_{t=t_0}=\frac{\varepsilon}{R}e^{-\frac{t_0}{RC}}.$$

2. 解 (1) 根据电容器极板带电情况，可知电场强度 $\boldsymbol{E}$ 的方向水平向右(电位移矢量 $\boldsymbol{D}$ 的方向与 $\boldsymbol{E}$ 的方向相同). 因电容器中为真空，故 $D=\varepsilon_0 E$. 忽略边缘效应，电场只分布在两板之间的空间内，且为匀强电场. 已知圆板的面积 $S=\pi R^2$，故穿过该面积的 D 通量为

$$\Psi_D=SD=\pi R^2\varepsilon_0 E.$$

由位移电流的定义式，得电容器两板间位移电流为

$$\begin{aligned}I_d&=\frac{d\Psi_D}{dt}=\pi R^2\varepsilon_0\frac{dE}{dt}\\&=\pi\times(5\times10^{-2})^2\times8.85\times10^{-12}\times1\times10^{12}\\&=7.0\times10^{-2}\ \text{A}.\end{aligned}$$

因 $\frac{dE}{dt}>0$，所以 $\frac{d\boldsymbol{E}}{dt}$ 的方向与 $\boldsymbol{E}$ 的方向相同，即位移电流的方向与 $\boldsymbol{E}$ 的方向相同.

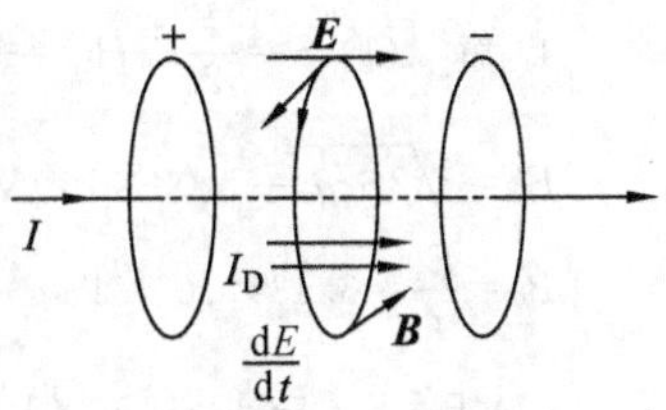

(2) 由于忽略边缘效应，则可认为两极板间的电场变化率是相同，极板间的位移电流是轴对称分布的. 因此由它所产生的磁场对于两板中心线也具有轴对称性. 在平行板电容器中沿极板边缘作以半径为 R 的圆，其上 $\boldsymbol{H}$ 的大小相等，选积分方向与 $\boldsymbol{H}$ 方向一致，则由安培环路定理可得

$$\oint_l \boldsymbol{H}\cdot d\boldsymbol{l}=H\cdot2\pi R=I\text{（全电流）}.$$

因在电容器内传导电流 $I_c=0$，位移电流为 I_d，则全电流为

$$I=I_0+I_d=I_d,$$

所以

$$H=\frac{I_d}{2\pi R}.$$

极板边缘的磁感应强度为

$$B=\mu_0 H=\frac{\mu_0 I_d}{2\pi R}=\frac{4\pi\times10^{-7}\times7\times10^{-2}}{2\pi\times(5\times10^{-2})}=2.8\times10^{-7}\ \text{T}.$$

根据右手螺旋定则，可知电容器边缘处的磁感应强度 $\boldsymbol{B}$ 的方向，如图所示.

3. 解 (1) 如图所示，作一半径为 r 的环路，并取顺时针方向为正，穿过该环路的电位移通量为

$$\phi_D=\iint_S \boldsymbol{D}\cdot d\boldsymbol{S}=DS=\varepsilon_0 E\pi r^2.$$

当 $r=R$ 时，得到穿过整个圆柱形区域的总电位移通量. 位移电流为

$$I_d=\frac{d\phi_D}{dt}=\varepsilon_0\pi R^2\frac{dE}{dt},$$

$$j_d=\varepsilon_0\frac{dE}{dt}.$$

(2) 根据非稳恒场的安培环路定理

$$\oint_L \boldsymbol{H} \cdot \mathrm{d}\boldsymbol{l} = I_{\mathrm{d}} = j_{\mathrm{d}} S.$$

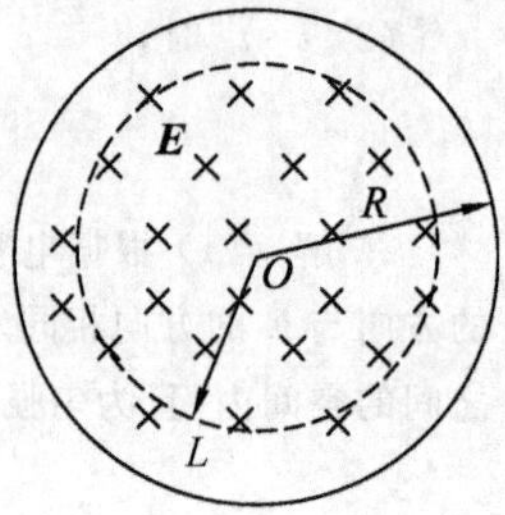

由电场的分布特征可知,如图环路上各点的磁场强度是均匀分布的,故有

$$H 2\pi r = j_{\mathrm{d}} S = \varepsilon_0 \frac{\mathrm{d}E}{\mathrm{d}t} \pi r^2.$$

可得

$$H = \frac{\varepsilon_0}{2} r \frac{\mathrm{d}E}{\mathrm{d}t},$$

$$B = \mu_0 H,$$

则

$$B = \mu_0 H = \frac{\mu_0 \varepsilon_0}{2} r \frac{\mathrm{d}E}{\mathrm{d}t}.$$

磁感强度的方向为顺时针方向.

4. 解 (1) $\bar{S} = \frac{1}{2} E_0 H_0 = \frac{E_0^2}{2c\mu_0}$.

$E_0 = \sqrt{2\bar{S} c \mu_0} = 1.03 \times 10^3$ V/m.

$B_0 = \frac{E_0}{c} = 3.43 \times 10^{-6}$ T.

(2) $P = \bar{S} \cdot 4\pi r^2 = 3.96 \times 10^{26}$ W.

第 11～12 章

一、选择题

1. A 2. B 3. C 4. B 5. D 6. B 7. B 8. D 9. C 10. A 11. B 12. D 13. C

二、填空题

1. 视度; 瞳孔.

2. $m_2 = |p_2'/p_2| = 5.16$.

3. 480 nm.

4. $\frac{3\lambda}{2n}$.

5. $\frac{3}{2}\lambda$.

6. 0.644 mm.

7. 30°.

8. 632.6 或 633.

9. $\varphi = \sin\varphi = \frac{\lambda}{2d} = 0.276$ rad.

10. 60°(或 π/3); $9I_0/32$.

11. $\cos^2\alpha_1/\cos^2\alpha_2$.

12. 部分； 37.

13. 完全(线)偏振光； 垂直于入射面； 部分偏振光.

14. 遵守通常的折射； 不遵守通常的折射.

三、计算题

1. 解 $l_r=-500\ \text{mm}=-0.5\ \text{m}$,

所以$\frac{1}{l_r}=2D=200$度,需带200度的眼镜.

焦距 $f'=l_r=-500\ \text{mm}$.

2. 解 (1) 对于目镜 $s_2'=-250\ \text{mm}$, $f_2=20\ \text{mm}$,利用透镜成像公式,求得

$$s_2=18.52\ \text{mm}.$$

对于物镜

$$s_1'=f_1+f_2+\Delta-s_2=156.5\ \text{mm},\ f_1=2\ \text{mm},$$

利用透镜成像公式,求得 $s_1=2.026\ \text{mm}$. 被观测物离物镜的距离应为 2.026 mm.

(2) 显微镜的视角放大率 M=物镜的横向放大率 $m_1\times$目镜的视角放大率 M_2

$$|M|=|m_1M_2|=\left|\frac{s_1'}{s_1}\times\frac{s_2'}{f_2}\right|=965.$$

3. 解 油膜上、下两表面反射光的光程差为 $2ne$,由反射相消条件有

$$2ne=(2k+1)\lambda/2=(k+1/2)\lambda\quad(k=0,1,2,\cdots).\qquad ①$$

当 $\lambda_1=500\ \text{nm}$ 时,有

$$2ne=(k_1+1/2)\lambda_1=k_1\lambda_1+250.\qquad ②$$

当 $\lambda_2=700\ \text{nm}$ 时,有

$$2ne=(k_2+1/2)\lambda_2=k_2\lambda_2+350.\qquad ③$$

因 $\lambda_2>\lambda_1$,所以 $k_2<k_1$;又因为 λ_1 与 λ_2 之间不存在 λ_3 满足 $2ne=(k_3+1/2)\lambda_3$,即不存在 $k_2<k_3<k_1$ 的情形,所以 k_2,k_1 应为连续整数,即

$$k_2=k_1-1\qquad ④$$

由式②、③、④可得

$$k_1=(k_2\lambda_2+100)/\lambda_1=(7k_2+1)/5=[7(k_1-1)+1]/5,$$

则 $k_1=3$, $k_2=k_1-1=2$.

可由式②求得油膜的厚度为

$$e=(k_1\lambda_1+250)/(2n)=673.1\ \text{nm}.$$

4. 解 两界面反射光均有半波损失,暗纹条件

$$2nh=(2k-1)\frac{\lambda}{2}.$$

由已知题意知,最大 $k=7$,所以

$$h=\frac{(2\times7-1)\times589.3}{4\times1.5}=1\ 276.8\ \text{nm}.$$

5. 解 (1) 由光栅衍射主极大公式得

$$a+b=\frac{k\lambda}{\sin\varphi}=2.4\times10^{-4}\ \text{cm}.$$

(2) 若第三级不缺级，则由光栅公式得

$$(a+b)\sin\varphi'=3\lambda.$$

由于第三级缺级，则对应于最小可能的 a，φ' 方向应是单缝衍射第一级暗纹：两式比较，得

$$a\sin\varphi'=\lambda,$$

$$a=(a+b)/3=0.8\times10^{-4}\ \text{cm}.$$

(3) $$(a+b)\sin\varphi=k\lambda\ (\text{主极大}),$$

$$a\sin\varphi=k'\lambda\ (\text{单缝衍射极小})\ (k'=1,2,3,\cdots),$$

因此，$k=3,6,9,\cdots$缺级.

又因为 $k_{\max}=(a+b)/\lambda=4$，所以实际呈现 $k=0,\pm1,\pm2$ 级明纹($k=\pm4$ 在 $\pi/2$ 处看不到).

6. 解 (1) 设夹角为 α，则透射光强

$$I=I_0\cos^2\alpha.$$

通过第一块偏振片之后，光强为 $1/2I_0$，通过第二块偏振片之后

$$I=\frac{1}{2}I_0\cos^2\alpha.$$

由题意透射光强为入射光强的 1/3 得 $I=I_0/3$，则

$$\alpha=\arccos\sqrt{\frac{1}{6}}=35.26°.$$

(2) 同样由题意当透射光强为最大透射光强的 1/3 时，也就是透射光强为入射光强的 1/6，可得

$$\alpha=54.74°.$$

7. 解 (1) 由布儒斯特定律 $\tan i_0=1.33$ 得

$$i_0=53.1°.$$

此 i_0 即为所求的入射角

(2) 若以 r 表示折射角，由布儒斯特定律可得

$$r=0.5\pi-i_0=36.9°.$$

8. 解 (1) 设原光强为 I_0，则

$$I_1=\frac{1}{2}I_0\cos^2 60°,$$

$$I_2=\frac{1}{2}I_0\cos^2 30°\cos^2 30°.$$

所以

$$I_2=I_1\ \frac{\cos^2 30°\cos^2 30°}{\cos^2 60°}=3I_1.$$

由 $n=\dfrac{c}{v}=\dfrac{\lambda_c}{\lambda_n}$ 得

$$\lambda_o=\frac{\lambda_c}{n_o}=\frac{589.0}{1.65}=356.97\ \text{nm},$$

$$\lambda_e=\frac{\lambda_c}{n_e}=\frac{589.0}{1.486}=396.37\ \text{nm}.$$

(2) 因为 $n_o=\dfrac{\sin 50°}{\sin\varphi_o}$，所以

$$\varphi_o=\arcsin\frac{\sin 50°}{n_o}=27.66°,$$

$$\varphi_e=\arcsin\frac{\sin 50°}{n_e}=31.03°.$$

因此 $\Delta\varphi=3.37°$.

第 13 章

一、选择题

1. A 2. B 3. D 4. A 5. A 6. C 7. B 8. D 9. D

二、填空题

1. $(3/5)c$.

2. $\Delta t'=-1.03\times10^{-3}$ s； 北京断电.

3. $\dfrac{L}{v_2}$.

4. $0.97c$.

5. 5.81×10^{-13} J； 0.08.

6. $E=7.09m_0c^2$； $p=7.02m_0c$； $E_K=6.09m_0c^2$.

7. $E=1.64\times10^{-13}$ J.

8. 9×10^{16} J； 1.50×10^{17} J.

9. $\Delta t=4.3\times10^{-8}$ s； $s=10.3$ m； $s_0=6.24$ m.

三、计算题

1. 解 (1) 观测站测得飞船船身的长度为

$$L=L_0\sqrt{1-\left(\frac{v}{c}\right)^2}=54\ \text{m},$$

则

$$t_1=\frac{L}{v}=2.25\times10^{-7}\ \text{s}.$$

(2) 宇航员测得飞船船身的长度为 L_0，则

$$t_2=\frac{L_0}{v}=3.75\times10^{-7}\ \text{s}.$$

2. 解 (1) 从列车上观察，隧道的长度缩短，其他尺寸均不变.

隧道长度为

$$L'=L\sqrt{1-\frac{v^2}{c^2}}.$$

(2) 从列车上观察，隧道以速度 v 经过列车，它经过列车全长所需时间为

$$t'=\frac{L'}{v}+\frac{l_0}{v}=\frac{L\sqrt{1-(v/c)^2}+l_0}{v}.$$

这也即列车全部通过隧道的时间.

3. 证明　设加速器为 S 系，离子为 S' 系，利用 $v_x=\dfrac{v'_x+u}{1+\dfrac{uv'_x}{c^2}}$，则

$$v_x=\frac{v'_x+u}{1+\dfrac{uv'_x}{c^2}}=\frac{c+0.8c}{1+\dfrac{0.8c\times c}{c^2}}=c.$$

4. 解　(1) 依题意知 $E_k=nm_0c^2$，又 $E_k=mc^2-m_0c^2$，所以

$$\frac{m_0c^2}{\sqrt{1-\dfrac{v^2}{c^2}}}-m_0c^2=nm_0c^2,$$

则有
$$1-\frac{v^2}{c^2}=\frac{1}{(n+1)^2},$$

整理得 $v=\dfrac{c\sqrt{n(n+2)}}{n+1}$.

(2) 由 $E^2=p^2c^2+m_0^2c^4$，而 $E=(n+1)m_0c^2$，得

$$p=m_0c\sqrt{n(n+2)}.$$

5. 解　(1) 由

$$m_0c^2=0.51\ \text{MeV},\ E_k=1.3\ \text{MeV}.$$

可得

$$mc^2=m_0c^2+E_k=1.81\ \text{MeV}$$

考虑到 $m=\dfrac{m_0}{\sqrt{1-\dfrac{v^2}{c^2}}}$，则

$$\sqrt{1-\frac{v^2}{c^2}}=\frac{m_0c^2}{mc^2},$$

即

$$v=0.96c=2.88\times10^8\ \text{m}\cdot\text{s}^{-1},$$

因此，

$$t=\frac{l}{v}=\frac{8.4}{2.88\times10^8}=2.92\times10^{-8}\ \text{s}.$$

(2) 由 $l'=l\sqrt{1-\dfrac{v^2}{c^2}}$，有

$$l'=8.4\times\sqrt{1-0.96^2}=2.37\ \text{m}.$$

6. 解　$\Delta E=\Delta mc^2=0.006\times10^{-3}\times(3\times10^8)^2=5.4\times10^{11}$ J.

$$\Delta E'=1.3\times10^5\ \text{J},$$

则
$$\frac{\Delta E}{\Delta E'}=\frac{5.4\times10^{11}}{1.3\times10^5}=4.2\times10^6.$$

第 14 章

一、选择题

1. C 2. C 3. C 4. D 5. B 6. A 7. A 8. A 9. D 10. C 11. D 12. A 13. B

二、填空题

1. 1/2.

2. 9.36.

3. 1.13； 1.13.

4. A/h； $(h/e)(\nu_1-\nu_0)$.

5. $P\lambda/(4\pi d^2 hc)$； 3.33×10^{-36} kg.

6. 0.001 2 nm； 2.14×10^{-15}.

7. 13.6.

8. 3.29×10^{-21}.

9. 单值,有限,连续； $\int|\Psi|^2\mathrm{d}x\mathrm{d}y\mathrm{d}z=1$.

三、计算题

1. 解 (1) 设 T 表示原来温度,则根据维恩位移定律 $\lambda_{\mathrm{m}}T=b$ 可得

$$\lambda_{\mathrm{m}}=483\ \mathrm{nm}.$$

(2) 要使黑体辐射最强的波长向长波方向移动,必须使黑体的温度降低. 设 T_1 表示降低后的温度,则 $\lambda_{m1}T_1=b$,有

$$T_1=\frac{b}{\lambda_{m1}}=\frac{b}{\lambda_m+\Delta\lambda}=\frac{2.898\times10^{-3}}{4.83\times10^{-7}+0.05\times10^{-7}}=593\ 9\ \mathrm{K}.$$

根据斯特藩-玻耳兹曼定律,黑体降温前辐出度 $M=\sigma T^4$,降温后单位时间总辐射能 $M_1=\sigma T_1^4$,故

$$\frac{M_1-M}{M}=\frac{\sigma t_1^4-\sigma T^4}{\sigma T^4}=\frac{T_1^4-T^4}{T^4}=\frac{5\ 939^4-6\ 000^4}{6\ 000^4}=-4\%.$$

2. 解 所发射的光子能量为

$$\varepsilon=hc/\lambda=2.56\ \mathrm{eV}.$$

氢原子在激发能为 10.19 eV 的能级时,其能量为

$$E_{\mathrm{k}}=E_1+\Delta E=-3.41\ \mathrm{eV}.$$

氢原子在初始状态的能量为

$$E_n=\varepsilon+E_{\mathrm{k}}=-0.85\ \mathrm{eV}.$$

该初始状态的主量子数为

$$n=\sqrt{\frac{E_1}{E_n}}=4.$$

3. 解 由康普顿散射公式

$$\Delta\lambda=\frac{2h}{m_0c}\sin^2\frac{\theta}{2}$$

得康普顿散射波的波长

$$\lambda=\lambda_0+\Delta\lambda=\lambda_0+\frac{2h}{m_0 c}\sin^2\frac{\theta}{2}=0.548\ \text{nm}.$$

根据相对论性动能公式,反冲电子增加的能量

$$\Delta E=h\nu_0-h\nu=hc\left(\frac{1}{\lambda_0}-\frac{1}{\lambda}\right)=m_0 c^2\left(\frac{1}{\sqrt{1-\frac{v^2}{c^2}}}-1\right).$$

解得 $v=0.65c$.

4. 解 (1) 基态氢原子的电离能 $E_1=13.6$ eV,因此光电子脱离原子核时的动能

$$\begin{aligned}E_k&=E-E_1=15-13.6=1.4\ \text{eV}\\&=2.24\times10^{-19}\ \text{J}.\end{aligned}$$

其速度

$$\begin{aligned}v&=\sqrt{\frac{2E_k}{m}}=\sqrt{\frac{2\times2.24\times10^{-19}}{0.91\times10^{-30}}}\\&=7.02\times10^{5}\ \text{m/s}.\end{aligned}$$

(2) 光电子的德布罗意波波长

$$\begin{aligned}\lambda&=\frac{h}{mv}=\frac{6.63\times10^{-34}}{0.91\times10^{-30}\times7.02\times10^{5}}\\&=1.04\times10^{-9}\ \text{m}=1.04\ \text{nm}\end{aligned}$$

5. 解 $|\phi(x)|^2=\frac{2}{a}\sin^2\frac{3\pi x}{a}\quad(0<x<a)$.

$|\phi(x)|^2$ 取最大,则 $\sin^2\frac{3\pi x}{a}=1$,那么

$$\frac{3\pi x}{a}=(2k+1)\frac{2}{\pi},\ k=0,1,2,$$

所以 $x=\frac{a}{6},\frac{a}{2},\frac{5a}{6}$ 为 $|\phi(x)|^2$ 最大的位置.

参考文献

[1] 马文蔚:《物理学》(第五版),高等教育出版社,2006 年.

[2] 黄海清,张孟,张远和:《物理学教程导教、导学、导考》,西北工业大学出版社,2006 年.

[3] 赵近芳:《大学物理学》,高等教育出版社,2002 年.

[4] 胡盘新,汤毓骏:《普通物理学(第六版)思考题分析与拓展》,高等教育出版社,2008 年.

[5] 宋庆功:《普通物理学学习辅导精析》,科学出版社,2009 年.

[6] 毛骏健,顾牡:《大学物理学》,高等教育出版社,2006 年.

[7] 向义和:《大学物理导论》,清华大学出版社,1999 年.

[8] 倪光炯,王炎森,钱景华,等:《改变世界的物理》(第二版),复旦大学出版社,1999 年.

[9] 戴兵,杨建华:《大学物理学习指导》,苏州大学出版社,2010 年.